Emerich Coreth

Was ist der Mensch?

Emerich Coreth

Was ist der Mensch?

Grundzüge
philosophischer Anthropologie

4. neu bearbeitete Auflage

Tyrolia-Verlag · Innsbruck – Wien

Mitglied der Verlagsgruppe „engagement“

CIP-Kurztitelaufnahme der Deutschen Bibliothek

Coreth, Emerich:
Was ist der Mensch?: Grundzüge philos. Anthropologie / Emerich Coreth. –
4., neu bearb. Aufl. – Innsbruck; Wien: Tyrolia-Verlag, 1986
ISBN 3-7022-1601-4

Gesamtherstellung in der Verlagsanstalt Tyrolia Gesellschaft m. b. H., Innsbruck

Inhaltsverzeichnis

Vorwort

Die Frage nach dem Menschen ist eine Grundfrage des Menschen, der sich selbst verstehen will. Sie ist auch eine Grundfrage im philosophischen Denken der Gegenwart, das den Menschen in seinem Wesen zu ergründen sucht. Philosophische Anthropologie ist zu einem zentralen Anliegen geworden; sie fordert einen gebührenden Platz im Ganzen philosophischer Lehre und Forschung.

Die vorliegenden Grundzüge einer philosophischen Anthropologie gehen auf Vorlesungen zurück, die ich mehrmals an der Universität Innsbruck gehalten habe. Wenn diese Vorlesungen jetzt in etwas erweiterter und ergänzter Form erscheinen, soll das Buch vor allem unseren Studenten gewidmet sein, die sich daraus den wesentlichen Inhalt selbst erarbeiten können. Es möchte aber darüber hinaus als Lehr- und Lernbehelf seine Dienste anbieten, weil – trotz der Überfülle an Literatur – immer noch weithin Unklarheit darüber besteht, was philosophische Anthropologie methodisch und thematisch eigentlich ist oder sein soll. Schließlich wendet sich das Buch auch an weitere Kreise, die in der Frage nach dem Wesen des Menschen Orientierung suchen. Aus diesem Grund ist das Buch mit Absicht nicht allzu fachlich gehalten, sondern, wie ich hoffe, einigermaßen lesbar und verständlich geschrieben. Auch in der Philosophie verliert die Sprache ihren Sinn, wenn sie aufhört, ihre Funktion als Medium des Verstehens zu erfüllen.

Doch steht auch dieser Versuch vor dem Problem, daß eine philosophische Anthropologie immer nur eine Auswahl und Zusammenschau bieten kann. Wollte sie allen Aspekten und Problemen mit der nötigen Gründlichkeit nachgehen, so würde sie uferlos. Über jedes Kapitel dieses Buches könnte man wieder umfangreiche Werke schreiben. Und manche Themen, die man vielleicht erwarten möchte, sind bewußt übergangen. Doch wurde versucht, die wichtigsten Grundzüge herauszuheben, aus denen sich ein philosophisch begründetes Menschenbild ergibt. Dabei wurden hier Themen wiederaufgenommen, die ich früher in anderem Zusammenhang behandelt habe. Vor allem geht meine einstige Schrift „Grundfragen des menschlichen Daseins“ (Innsbruck 1956) in überarbeiteter Form in dieses Buch ein und wird in seiner früheren Gestalt nicht mehr erscheinen. Auch wurden einige anthropologisch relevante Inhalte aus meiner „Metaphysik“ (Innsbruck 1961, ^{3}1980) übernommen. In einzelnen Punkten waren sachliche Überschneidungen mit den „Grundfragen der Hermeneutik“ (Freiburg 1969) und mit anderen Publikationen fast unvermeidlich, weil hier eine synthetische Darstellung angestrebt wird. Über ihre – durch Umfang und Eigenart – engen Grenzen hinausweisen und zu weiterem Studium anregen wollen die Angaben der wichtigsten neueren Literatur zu den einzelnen Themen und Problemen.

Emerich Coreth SJ

Zur vierten Auflage

Nach seiner ersten Ausgabe (1973) ist dieses Buch schon in der dritten, immer noch unveränderten Auflage (1980) wieder vergriffen. Es hat sich, wie es scheint, vielerorts als Lehr- und Lernbehelf bewährt. Für eine Neuausgabe, die weiterhin diesem Zweck dienen soll, war eine Überarbeitung verlangt, die hier in der vierten, verbesserten Auflage des Buches vorliegt.

Inhalt und Eigenart bleiben gewahrt; es ist das gleiche, aber nicht ganz dasselbe wie zuvor. Viele, zumeist kleine Änderungen wurden vorgenommen. Die einzelnen Kapitel sind durch Untertitel aufgegliedert, die das Thema, seine jeweilige Problematik und den Gedankengang übersichtlicher gestalten sollen. An zahlreichen Stellen sind Verbesserungen und Ergänzungen des Textes angebracht; sie wollen noch größerer Klarheit und Verständlichkeit dienen. Auch wurden sämtliche Literaturangaben revidiert. Die Anmerkungen beschränken sich auf die wichtigsten Hinweise. Nähere Angaben finden sich im Literaturverzeichnis, worin eine Auswahl bedeutsamer, auch neuerer und neuester Werke angeführt wird. Die Werke klassischer Autoren sind darin nicht aufgenommen; sie werden in der allgemein üblichen Weise zitiert.

Vielen Dank für bereitwillige Mitarbeit schulde ich Herrn Dr. Siegfried Battisti, der mir seit der ersten Ausgabe wertvollen Beistand geleistet hat, und Herrn Dr. Bernhard Braun, der an der Gestaltung der Neuausgabe, besonders in der Zusammenstellung der Literaturangaben, der Namen- und Sachregister, viel geholfen hat.

So ist das Buch, wie ich hoffe, soweit „verbessert“, daß es weiter und noch besser seine Aufgabe erfüllen kann, eine, wenn auch menschlich bruchstückhafte, darin aber gültige Antwort zu geben auf die Frage, die den Menschen unserer Zeit mehr denn je bedrängt: Was ist der Mensch?

Emerich Coreth SJ

Einführung

1. DIE FRAGE NACH DEM MENSCHEN

a) Frage und Vorwissen

Was ist der Mensch? Das ist eine Frage, wie es unzählige Fragen gibt, die sich uns aufdrängen, sowohl im alltäglichen Leben als auch im wissenschaftlichen Forschen. Wir fragen nach der Welt und nach den Dingen, nach der Materie und dem Leben, nach ihrem Wesen und ihren Gesetzen. Was ist das alles und was ist sein Sinn? Und – was ist der Mensch? Das ist eine Frage wie viele andere Fragen und doch von ganz eigener Art, weil sie den fragenden Menschen selbst betrifft, ihn selbst in Frage stellt. Der Mensch fragt nach dem eigenen Wesen. Er muß danach fragen, weil er sich selbst fragwürdig ist. Aber er wird sich umso fragwürdiger, je mehr der Zeitgeist und das Zeitgeschehen ihn in Frage stellen, ihn mit Verwirrung und Auflösung menschlicher Ordnungen bedrohen, ihn vor das Rätsel, sogar die scheinbare Sinnlosigkeit seines Daseins stellen. So erhebt sich mit neuem Ernst und neuer Dringlichkeit die Frage nach dem Wesen des Menschen, nach seiner Stellung in der Welt und nach dem Sinn seines Daseins. Wenn wir aber diese Frage stellen, so gibt sie uns – weil sie uns selbst betrifft – schon eine erste Antwort: Der Mensch ist der Fragende. Er ist derjenige, der fragen kann und fragen muß.

Fragen kann nur der Mensch. Das kann nicht der Stein, nicht die Pflanze und nicht das Tier. Sie gehen unter in der dumpfen Fraglosigkeit ihres Daseins. Auch das Tier, obwohl es seine Umwelt wahrnimmt, kann nicht fragen. Es bleibt gebunden an die jeweilige Gegebenheit der Erscheinung, ohne sie übersteigen und nach verborgenen Hintergründen befragen zu können. Was sich ihm zeigt, bleibt ihm fraglos. Es steht unter der Möglichkeit zu fragen. Nur der Mensch ist in die Möglichkeit und Notwendigkeit des Fragens gestellt. Das ist die seltsame Auszeichnung seines Wesens. Was ist das aber für ein Wesen, das durch Fragen-Können und Fragen-Müssen von allem anderen abgehoben ist? Was ist das für ein Wesen, das in seinem Fragen sich selbst fragwürdig wird und nach dem eigenen Wesen fragen muß: Was ist der Mensch?

Nach dem eigenen Wesen fragen kann nur der Mensch. Hier gilt erst recht: Das kann kein anderes Ding, kein anderes Lebewesen in der Welt. Sie stehen in bewußtloser, darum fragloser Vorhandenheit. Sie können sich nicht nach dem eigenen Wesen befragen. Nur der Mensch ist der Fragende, der alles, sogar sich selbst, nach seinem Wesen befragt und damit die Unmittelbarkeit des Gegebenen auf seinen Grund hin übersteigt.

Jede Frage hat *Bedingungen* ihrer Möglichkeit. Fragen kann ich nur, wenn ich das, wonach ich frage, noch nicht weiß; sonst ist das Fragen durch das Wissen überholt und nicht mehr möglich. Fragen kann ich jedoch nur, wenn ich das, wonach ich frage, doch schon weiß; sonst hat die Frage noch keine Richtung und kein Ziel, sie ist als Frage noch nicht möglich. Sie setzt ein Vorwissen um das Erfragte voraus. Es ist noch leer, noch unbestimmt. Es ist ein Wissen, worin „ich weiß, daß ich nicht weiß", wie schon *Sokrates* sagte, d. h. ein Wissen darum, daß ich nicht alles weiß und nichts vollkommen weiß, also ein Wissen um die Grenzen des Wissens, wissendes Nichtwissen – „docta ignorantia", wie es bei *Augustinus* und *Nicolaus Cusanus* heißt. Aber wissen um die Grenzen des Wissens bedeutet schon ausgreifen über die Grenzen des unmittelbar Gegebenen und zuvor Gewußten hinaus – im Vorgriff nach Weiterem, was ich noch nicht weiß, aber wissen will und deshalb erfrage. Fragen ist nur möglich in einem zuvor erschlossenen Horizont, der das bisherige Einzelwissen übersteigt und die Bewegung des Fragens erweckt.

Der Mensch fragt nach dem eigenen Wesen. Dies ist nur möglich, weil er immer schon um sich selbst weiß, weil er durch Selbstbewußtsein und *Selbstverständnis* ausgezeichnet ist. Dadurch erhebt er sich über die blinde Naturgebundenheit des untermenschlich Seienden. Nur weil der Mensch um sich selbst weiß und sich selbst – selbstverständlich – versteht, kann er sich selbst befragen. Doch ist es ein Wissen, das die Frage nicht aufhebt, sondern ermöglicht. Nur weil der Mensch sich selbst nicht voll begreift, weil er sich selbst rätselhaft und geheimnisvoll bleibt, weil sein Sich-Wissen zugleich ein Nicht-Wissen, sein Selbstverständnis zugleich ein Unverständnis ist, kann und muß er fragen nach seinem eigenen und eigentlichen Wesen. So ist der Mensch in ein seltsames Zwielicht gestellt. Er weiß um sich als geistig sich selbst besitzendes, sich selbst verstehendes Wesen. Aber er ist hineingebunden in die Dunkelheit des stofflichen Seins und Geschehens, das ihm ein volles Selbstbegreifen verwehrt. Diese Zweiheit bestimmt das Wesen des Menschen. Ihr entspringen Möglichkeit und Notwendigkeit seines Fragens.

So gibt sich diese Frage selbst schon die erste Antwort, die zwar nur vorläufig und noch entfaltungsbedürftig ist, aber unserem weiteren Fragen und Forschen nach dem Wesen des Menschen die Richtung weist. Was der Mensch immer schon ursprünglich und unmittelbar, aber noch nicht in reflexer Ausdrücklichkeit von sich weiß, muß ans Licht gehoben und ausdrücklich gemacht werden. Jenes ursprüngliche Selbstverständnis, das all unser ausdrückliches, zumeist gegenständliches Erkennen, Sprechen und Handeln stets gegenwärtig ermöglicht, begleitet, bedingt und durchdringt, muß thematisch freigelegt, aufgehellt und ausgelegt werden in einer Rückbesinnung darauf, was wir selbst sind und als was wir uns beständig erfahren und verstehen.

Das scheint sehr einfach. Es geht hier doch um das Bekannteste und Selbstverständlichste. Aber gerade dies richtig in den Blick zu bringen und thematisch zu machen, ist schwerer als der Vollzug empirisch-gegenständlicher Erkenntnis, die in der Richtung unseres natürlichen und spontanen Verhaltens zur Welt liegt und jederzeit auf den sichtbar und greifbar gegebenen Gegenstand verweisen kann. Hier ist hingegen eine Umkehr und Einkehr erfordert, in der sich leicht Vorurteile, verkürzte oder verzerrte Sichtweisen auswirken und zu einseitigen Fehldeutungen des menschlichen Wesens führen. Überdies kommt die Frage, auch wenn sie auf dem richtigen Wege – mit dem Blick auf das Ganze des menschlichen Daseins – die Antwort sucht, nie endgültig ans Ziel. Das Wesen des Menschen zeigt immer neue Tiefen und Geheimnisse, es fordert zu immer neuem Fragen heraus. Darum ist dies eine nie verstummende Menschheitsfrage. Sie kann nicht zur Ruhe kommen, solange es menschliches Denken gibt, das fragend und forschend unterwegs ist. Wenn auch in der Geschichte verschiedene, vielleicht sogar – wirklich oder scheinbar – gegensätzliche Antworten gegeben werden, so zeigen sie doch gültige Phänomene oder Probleme auf, die eine philosophische Auslegung des menschlichen Daseins aufzunehmen hat.

b) Zum Methodenproblem

Daher stellt sich die Frage, was philosophische Anthropologie eigentlich ist oder sein soll; wie sie demnach methodisch anzusetzen und durchzuführen ist. Es ist das *Problem der Methode,* das hier aber nur in ersten, grundsätzlichen Hinweisen beantwortet werden kann; die Methode muß sich an der Sache selbst bewähren und fortbestimmen. In der Gegenwart steht eine Vielzahl empirischer *Einzelwissenschaften* im Dienst anthropologischer Forschung: Biologie und Physiologie, Entwicklungs- und Verhaltensforschung, empirische Psychologie und Soziologie, Völkerkunde, Kultur- und Religionswissenschaft, alles, was man heute unter dem Titel „Humanwissenschaften" zusammenfaßt. Man spricht von medizinischer, psychologischer und soziologischer Anthropologie, von Kultur- und Religionsanthropologie. Der Name „Anthropologie" ist längst nicht mehr einem philosophischen Anliegen vorbehalten. Weil aber alle Einzelwissenschaften in ihrem Gegenstand und ihrer Methode begrenzt sind, können sie zwar bedeutsame Teilaspekte des Menschen beibringen, müssen aber in die Ganzheit integriert werden, um für das Gesamtverständnis des Menschen fruchtbar zu werden. Sie können daher eine *philosophische Anthropologie* nicht ersetzen, deren Aufgabe es ist, die Ganzheit des Menschen zu erfassen und zu ergründen. Aber wie?
Besteht ihre Aufgabe darin, die Ergebnisse wissenschaftlicher Erforschung des Menschen zur Synthese eines „Menschenbildes" zu integrieren? Dann bleibt die Frage, ob bei der gegenwärtigen, für den einzelnen unüberschaubaren Breite anthropologischer Forschung eine solche Synthese überhaupt möglich und wissenschaftlich verantwortbar ist; ob sie nicht von vornherein unter dem Schicksal steht, eine willkürlich zusammengeraffte Auswahl einzelwissenschaftlicher Erkenntnisse zu werden. Eine solche Synthese wäre von fragwürdigem Wert. Noch grundsätzlicher stellt sich die Frage: Woher nimmt die Synthese heterogener Elemente das Prinzip ihrer Einheit und Ordnung? Die nachträgliche Einigung einer Vielheit von Einzelinhalten setzt als Bedingung ihrer Möglichkeit die vorgängige Einheit des Ganzen voraus. Diese vorausgesetzte Ganzheit thematisch zu machen, ist eine philosophische Aufgabe. Bloße Sammlung einzelwissenschaftlicher Ergebnisse, welche die vorgängige, als Bedingung vorausgesetzte Einheit und Ganzheit nicht einholt, ist noch keine philosophische Anthropologie.

Das zu leisten übersteigt grundsätzlich den Möglichkeitsbereich einer *Einzelwissenschaft.* Es liegt in ihrem Wesen, daß sie einen bestimmt begrenzten Teilbereich der Wirklichkeit aussondert und unter bestimmt begrenzter Rücksicht erforscht. Darin gründet die Schärfe wissenschaftlicher Fragestellung. Sie beschränkt sich auf einen bestimmten Aspekt und entwickelt die entsprechenden Methoden, sieht aber von anderen Aspekten und Zusammenhängen ab, die nicht ihrem Gegenstandsbereich angehören und ihren Methoden nicht faßbar sind. Die Einzelwissenschaft ist wesentlich abstrakt. Sie erreicht nicht das konkrete Ganze. Wenn sich auch viele Einzelwissenschaften mit dem Menschen befassen, so richtet sich jede von ihnen auf einen bestimmt begrenzten Aspekt der menschlichen Wirklichkeit. Keine kann den ganzen Menschen erreichen. Keine kann etwas aussagen über das Wesen des Menschen.

Insofern die Einzelwissenschaft überdies *Erfahrungswissenschaft* im Sinne empirisch-gegenständlicher Wissenschaft ist, dringt sie nicht zum eigentlichen Menschlichen vor, das den Menschen zum Menschen macht. Jede empirische Wissenschaft ist einem bestimmten Gegenstand oder Gegenstandsbereich zugeordnet, der „objektiv" erfaßt werden soll. Sie hat es mit dem zu tun, was als „Gegenstand" vorfindbar und erforschbar ist. Das erkennende Subjekt setzt sich dem Gegenstand als seinem anderen gegenüber. Wenn sich die wissenschaftliche Forschung dem Menschen – oder richtiger: einem Teilaspekt des Menschen – zuwendet, so macht sie ihn zum „Gegenstand", der von außen her festgestellt, beobachtet, erforscht wird. Die Einzelwissenschaft objektiviert, sie vergegenständlicht. Sie kann nicht anders; es gehört zu ihrem Wesen. Es ist aber zugleich ihre Grenze. Sie kann das eigentlich Menschliche nicht erreichen, weil es grundsätzlich nicht in der Sphäre der Gegenständlichkeit liegt. Diejenigen Dimensionen, welche den Menschen als solchen auszeichnen, sein Selbstverständnis bestimmen und die Sinnganzheit menschlichen Daseins erschließen, treten nicht in das Blickfeld einer objektiv-empirischen Wissenschaft und können mit ihren gegenständlichen Methoden niemals erfaßt werden. Empirisch-einzelwissenschaftliche Anthropologie kann daher – auch in der breitesten Ausfächerung – die ursprüngliche Ganzheit des Menschen nicht einholen – setzt diese aber notwendig voraus. Warum?

Ein *Vorverständnis* dessen, was Menschsein bedeutet, ist vorausgesetzt, wenn eine empirisch-einzelwissenschaftliche Erkenntnis anthropologisch relevant werden soll. Wenn etwa der Biologe eine Erkenntnis gewinnt, die auch für menschliche Lebensprozesse bedeutsam ist, so sagt ihm seine Erkenntnis als solche nicht, was der Mensch ist. Er muß es schon zuvor wissen, um seine Einsichten als anthropologisch relevant zu erkennen. Wenn der Entwicklungsforscher auf ein Fossil stößt, in dem er einen menschlichen Schädelknochen erkennt oder vermutet – vielleicht einen höchst bedeutsamen Fund –, so sagt ihm dieser Knochen nichts darüber, was der Mensch ist. Er muß es zuvor wissen, um diesen Einzelfund in seiner anthropologischen Bedeutung zu erfassen. Dasselbe gilt vom Historiker oder Archäologen, der Reste von Werkzeugen oder Bauwerken aus ferner Zeit entdeckt. Sie mögen kulturhistorisch sehr bedeutsam sein. Sie sind es aber nicht dadurch, daß sie selbst etwas aussagen über den Menschen, sondern nur dadurch, daß sie auf dem Hintergrund eines Vorwissens um den Menschen, um sein Handeln und Verhalten, als menschliche Werke verstanden und kulturgeschichtlich eingeordnet werden.

Dies gilt aber auch von Wissenschaften, die sich direkt mit dem Menschen befassen. Der Mediziner erwartet von seiner Wissenschaft nicht eine Antwort auf die Frage, was der Mensch sei; sondern weil er es weiß und sich von daher dem Menschen verpflichtet weiß, sucht er Mittel und Wege zu erforschen, dem leidenden Menschen zu helfen. Auch der Psychologe ist in seiner empirischen Einzelforschung geleitet durch ein vorgängiges Wissen um den Menschen, das sein Interesse an den psychischen Vorgängen erweckt und die Möglichkeit schafft, Einzeldaten wissenschaftlicher Erkenntnis in sein Verständnis des Menschen zu integrieren. Ebenso setzt der Soziologe ein Wissen um den Menschen voraus, dessen soziales Verhalten er zu erforschen sucht.

Diese Beispiele zeigen allgemein: Ein Gegenstand empirisch-einzelwissenschaftlicher Erkenntnis wird nicht dadurch anthropologisch relevant, daß er aussagt, was der Mensch ist; sondern dadurch, daß wir zuvor – als Menschen uns selbst erfahrend und verstehend – wissen, was Menschsein heißt, gewinnen empirische Einzelerkenntnisse erst ihre anthropologische Bedeutsamkeit.

Daraus folgt, daß einzelwissenschaftliche Erkenntnisse keinen philosophisch legitimen Ansatz der Anthropologie bieten. Dasjenige, was thematisch zu machen Aufgabe einer philosophischen Reflexion auf den Menschen ist, setzen sie immer schon voraus. Das gilt etwa von der Entwicklungsgeschichte. Ihre Erforschung mag noch so aufschlußreich sein; doch wäre es philosophisch naiv, sie zum Ansatz einer Anthropologie zu nehmen. Die Frage nach dem Wesen des Menschen ist nicht gleichbedeutend mit der Frage nach seinem Werden. Sie wird nicht beantwortet durch entwicklungsgeschichtliche Fakten oder Theorien. Auch wenn der Mensch genetisch von tierischen Lebensformen abstammt, folgt daraus nicht, daß er ein Tier ist – sei es ein höherentwickelter oder unterentwickelter Affe (was auch schon behauptet wurde). Vielmehr können die Fakten der Entwicklungsgeschichte nur unter Voraussetzung eines vorgängigen Wissens um den Menschen anthropologisch verstanden und gedeutet werden. Wir müssen zuvor wissen, was der Mensch ist, um sinnvoll fragen zu können, wie er geworden ist. Ebenso fragwürdig ist es, vom Unterschied zwischen Mensch und Tier auszugehen, das Wesen des Menschen also durch Abhebung vom tierischen Leben und Verhalten bestimmen zu wollen und dafür Material aus Biologie, Tierpsychologie und vergleichender Verhaltensforschung beizubringen. Sicher können solche Erkenntnisse anthropologisch bedeutsam werden, aber nur unter der Voraussetzung des vorgängig menschlichen Selbstverständnisses, von dem her wir analog – in einer sehr problematischen Analogie – tierisches Verhalten zu verstehen suchen. Um den Menschen vom Tier her zu verstehen, müssen wir zuvor das Tier vom Menschen her verstehen. Und darin liegt das Problem. Es wird gedankenlos übersprungen, wenn vom Tier naiv anthropomorphe Aussagen gemacht werden, von intelligentem Verhalten, von Wissen und Wollen, von Liebe und Haß des Tieres gesprochen wird. Erst versetzt der Mensch sich selbst in das Tier hinein, um sich sodann vom Tier her verstehen zu wollen, vielleicht sogar weitreichende Konsequenzen für die Deutung und Bewertung menschlich-sittlichen Verhaltens daraus zu ziehen.

Ähnliches gilt, wenn man das Verhalten und die kulturellen Leistungen des Frühmenschen zur Auslegung des menschlichen Wesens heranziehen will, ohne sich dessen bewußt zu sein, daß wir die Erscheinungen und Verhaltensweisen des „primitiven“ Menschen überhaupt nur von uns her – im Horizont unseres eigenen Selbstverständnisses – menschlich verstehen und auslegen können. Erst muß man sich in eine fremde Welt hineinversetzen, um sich sodann wieder davon abzusetzen und von daher sich selbst zu verstehen. In einem solchen Verfahren liegt ein hermeneutisches Problem von fundamentalem Gewicht. Eine Anthropologie, die philosophisch sein will, darf dies nicht übersehen, sondern muß darauf reflektieren. Jedenfalls ist ein menschliches Selbstverständnis vorausgesetzt. Zu seiner thematischen Auslegung kann es auf anders bezogen und von anderem abgehoben, aber niemals durch anderes ersetzt oder übersprungen werden.

c) Vorverständnis und Auslegung

Die Frage nach dem Wesen des Menschen verlangt, daß die *Voraussetzung* eingeholt, das ursprünglich menschliche Wissen und Verstehen seiner selbst thematisch gemacht und ausgelegt wird. Dieses Wissen ist jedoch ein „Vorwissen", dieses Verständnis ein „Vorverständnis". Damit soll gesagt sein, daß es jedem ausdrücklichen, inhaltlich bestimmten Wissen und Verstehen einzelhafter Gegebenheiten vorausliegt. Es bildet ein Ganzes, das dem Einzelnen vorgeordnet ist. Es ist eine Gesamtschau, welche die Einzelinhalte umgreift und in der Sinnganzheit ihres Zusammenhangs erfaßt. Daher bleibt es zumeist, nämlich bei „natürlicher" Einstellung des Bewußtseins, unthematisch im Hintergrund thematischer Einzelerkenntnisse. Das heißt, es ist nicht „Thema" ausdrücklicher Intention und geht doch mitbestimmend in diese ein. Es ist nicht als Gegenstand gegeben und kann nicht gegenständlich – wie ein einzelner empirischer Gegenstand – erfaßt werden. Doch geht es bedingend und bestimmend in unser gesamtes Verhalten und Sprechen ein, sowohl in das theoretische Erkennen und Verstehen als auch in das praktische Wollen und Handeln. Es bildet den Gesamthorizont, in dem wir verstehend uns selbst vollziehen. Damit ist nicht – oder nicht nur – ein reines Apriori gemeint, das allein schon mit dem Wesen des Menschen gegeben wäre. Vielmehr ist es ein *konkretes Apriori*, zusammengewachsen aus der gesamten Erfahrung, die wir, in unserer Welt lebend, mit uns selbst gemacht haben. Es ist Resultat verstehender Selbsterfahrung. Da diese Erfahrung sich beständig an neuen Inhalten weiter entfaltet, wird auch das Selbstverständnis dadurch fortgebildet, erweitert und vertieft. Dies geschieht in neuen Einzelerfahrungen und -entscheidungen, die jedoch in die Ganzheit des Selbstverständnisses eingehen. Es bildet ein Vorverständnis, aus dem wir weitere Inhalte der Erfahrung erfassen, wie sich umgekehrt die Ganzheit des Selbstverständnisses durch Einzelinhalte konstituiert und modifiziert.

Soll das Selbstverständnis jedoch thematisch ausgelegt werden, so genügt es – einerseits – nicht, Einzelphänomene aufzugreifen und auszulegen, ohne sie auf ihren Grund zu reflektieren und in das Ganze zu integrieren. Doch kann – anderseits – dieses Ganze nicht unmittelbar in sich selbst erfaßt und ausdrücklich gemacht werden, sondern doch wieder nur von Einzelphänomenen her, an denen sich als deren Bedingung und Hintergrund das Ganze erschließt. Es ist eine Dialektik zwischen dem jeweils thematischen Einzelphänomen und seinem unthematisch vorausgesetzten Hintergrund, aus dessen Ganzheit wir das einzelne verstehen und auslegen. Wie kann dieses dialektische Verhältnis methodisch in den Griff gebracht werden. Darin liegt das eigentliche Problem.

Als methodischer Zugang bietet sich an, von einem *privilegierten Phänomen* auszugehen, das dadurch „ausgezeichnet" ist, daß sich an ihm Grundverfassungen des menschlichen Daseins erschließen. Man mag ausgehen von den Phänomenen des menschlichen Fragens und Erkennens, von der Erfahrung des Gewissens, von Freiheit oder Liebe. Man kann mit *Jaspers* „Grenzsituationen" zum Ansatz nehmen oder mit *Heidegger* existenziale Angst und Sorge, Geworfenheit und Verfallenheit, das „Sein zum Tode". Man kann auch mit *M. Buber* die Ich-Du-Beziehung oder mit G. Marcel die interpersonale Kommunikation und Partizipation als Ansatz wählen. Es gibt hier eine Vielfalt von Möglichkeiten. Sie sind berechtigt, solange die menschliche Ganzheit nicht auf ein bestimmtes Einzelphänomen reduziert und dadurch schon verkürzt wird, sondern von einem anthropologisch zentralen Phänomen her als Sinneinheit und Strukturganzheit erfaßt werden soll.

Doch ist auch ein solches Vorgehen methodisch nicht problemlos. Man kann ein Einzelphänomen nur deshalb für „privilegiert" halten und zum entscheidenden Ansatz wählen, weil man meint, gerade an diesem Phänomen die Ganzheit des Menschseins aufweisen zu können. Dem liegt also schon eine Vorentscheidung voraus, die wieder in einem Vorverständnis der Ganzheit gründet; es wird zur Norm der Bewertung und zum Kriterium der Auswahl. Ein leitendes Vorverständnis wird also vorausgesetzt, nicht aber in seiner normgebenden Geltung ausgewiesen und gerechtfertigt. Je mehr also der Anspruch erhoben wird, von einem – noch so privilegierten – Einzelphänomen her die Ganzheit des Menschen erfassen zu wollen, umso größer wird die Gefahr einer willkürlichen und einseitigen Sicht, die das Gesamtphänomen verfälscht.

Um diesem Problem zu entgehen, ist es erfordert, eine Vielheit von Phänomenen menschlicher Selbsterfahrung heranzuziehen und auszuwerten. Es gibt keinen einzelnen, absolut gültigen Ausgangspunkt, kein schlechthin privilegiertes Phänomen. Menschsein bedeutet eine wesentliche Pluralität von Dimensionen, in denen wir nicht nur die Welt, sondern auch uns selbst erfahren. Dennoch ist der Mensch eine konkrete Ganzheit, die Pluralität gründet in einer Struktureinheit, die es zu erfassen gilt. Die Vielheit von Einzelphänomenen offenbart das Ganze nur insofern, als sie schon zuvor vom Ganzen her verstanden und aus dem Zusammenhang der – schon vorausgesetzten und vorauserschlossenen – Strukturganzheit ausgelegt werden. Ein Vorverständnis des Menschen ist als Bedingung jeder verstehenden Auslegung des Menschseins schon vorausgesetzt. Das Problem kehrt immer wieder. Wie immer man das Vorverständnis in den Griff zu bringen sucht, scheint es von neuem zu entgleiten. Es liegt dem Zugriff schon voraus als dasjenige, in dessen Licht jede reflexive Selbstauslegung geschieht.

d) Phänomen und Reflexion

Was sich hier zeigt, ist ein hermeneutischer Zirkel, aber in der konkreten Gestalt eines *anthropologischen Zirkels.* Er bedeutet, daß es niemals einen völlig voraussetzungslosen Ausgangspunkt gibt, von dem her eine philosophische Anthropologie entwikkelt werden könnte. Es ist immer schon der konkrete, jeweils bestimmte, in seiner Welt sich selbst erfahrende und verstehende Mensch, der nach dem Wesen des Menschen fragt. Das konkrete Vorverständnis kann gar nicht ausgeschaltet werden. Wir können uns selbst nicht überspringen. Wir können uns aus unserem konkreten Dasein nicht herausreflektieren in ein reines „Ich denke". Wir bringen immer schon uns selbst mit; unseren geschichtlichen Standort, unsere konkrete Selbst- und Welterfahrung, unseren Horizont des Verstehens. Das konkrete Vorverständnis, das daraus erwächst, soll aber auch nicht – selbst wenn es möglich wäre – ausgeschaltet werden. Es ist die notwendige Bedingung unseres Fragens nach dem Menschen. Es eröffnet uns den Verständniszugang zu dem, wonach wir fragen. Aber es muß – als Vorverständnis – offengehalten werden für ein tieferes und volleres Verstehen. Und es muß reflektiert, auf den Grund seiner Möglichkeit zurückgeführt werden. Erst dadurch kann sich erschließen, was wir – als Menschen – eigentlich sind.

Dies verlangt ein methodisches Vorgehen, in dem sich phänomenologische, transzendentale und ontologische Elemente verbinden. Wir müssen ausgehen von den *Phänomenen,* d. h. den Erscheinungen oder Gegebenheiten, in denen wir uns selbst erfahren und verstehen. Dabei ist zu beachten: Das Wesen zeigt sich im Wirken. Schon aus dem Wirken eines Dinges, etwa der Funktion eines Werkzeugs in einem Handlungszusammenhang, erkennen wir, was es „ist". Aus dem Wirken der Lebewesen, Pflanzen und Tiere, aus der Eigenart, wie sie Einflüsse von außen aufnehmen, verarbeiten, im eigenen Wirken darauf reagieren, erkennen wir, was sie wesenhaft sind. So tut sich auch das Wesen des Menschen in der Art und Weise seines Wirkens kund: in seinem aktiven Verhalten, seiner eigenen Stellungnahme zu dem, was ihm in seiner Welt begegnet und auf ihn einwirkt. Das Grundphänomen ist also das Wirken als aktiver Selbstvollzug, eigene Selbstverwirklichung, worin das Wesen sich darstellt und entfaltet.
Ein Phänomen, welcher Art auch immer, ist aber nur dadurch gegeben, daß es mir zum Bewußtsein kommt, im Licht meines Bewußtseins erscheint. Bewußtsein gibt es nur in bewußten Akten. Wenn ich erkenne, weiß ich, daß ich erkenne; wenn ich etwas will, so weiß ich, daß ich es will... Darin liegt die Auszeichnung eines geistigen Wesens, daß es in seinem Wirken „bei sich" ist, bewußt sich selbst besitzt und, was daraus folgt, frei über sich selbst verfügt. Wir müssen daher über eine äußere Phänomenologie des menschlichen Verhaltens in der Welt hinausgehend und tiefer dringend unser bewußtes Wirken, Erkennen, Wollen und Handeln, wie es uns von innen her, in eigener Selbsterfahrung gegeben ist, in seiner Eigenart zu erfassen suchen.

Der phänomenologische Methodenansatz weist aber über sich hinaus. Es gibt nie ein rein und voraussetzungslos „Gegebenes"oder „Erscheinendes". Das, was sich zeigt, wird immer schon „als etwas" verstanden. Dies setzt einen Horizont des Verstehens voraus, in dem das Einzelphänomen sich aus einem Sinnzusammenhang erschließt. Es steht also unter Bedingungen seiner Möglichkeit, die es aufzuhellen gilt. Wenn wir die Rückfrage nach den Bedingungen der Möglichkeit des sich verstehenden Selbstvollzugs – in bewußten Akten des Erkennens und Wissens, des Streben und Wollens – im Anschluß an Kant als *transzendentale* Reflexion bezeichnen, so ist diese nicht ein vom phänomenologischen Ansatz völlig verschiedenes, sondern ein von ihm her erfordertes Methodenelement.

Wenn wir eine transzendentale Reflexion aufnehmen, sind Klarstellungen verlangt, um Mißverständnissen vorzubeugen. Hier, in einer philosophischen Anthropologie, geht es nicht allein um rein apriorische Bedingungen, die mit der Wesensverfassung des Menschen als endlicher Vernunft (Kant) oder als Geist in Welt (K. Rahner) gesetzt sind, sondern es geht auch um das konkrete, empirisch-geschichtliche Apriori, das jedem von uns aus seiner Erfahrungs- und Verständniswelt gegeben ist, ihm bestimmte, wenn auch bedingte Sichtweisen und Möglichkeiten des Denkens und Sprechens eröffnet; dies kann nie übersprungen und in ein endgültiges, schlechthin absolutes Wissen (Hegel) aufgehoben werden. Soweit es dennoch um transzendentale Reflexion auf rein apriorische, mit dem Wesen des Menschen gegebene Bedingungen geht, die vor allem aus den grundlegenden Vollzugsweisen des Erkennens (Wissens) und Strebens (Wollens) aufzuweisen sind, so ist damit nicht das rein formal bedingende und bestimmende Apriori eines transzendentalen Subjekts gemeint, also die Reduktion auf reine Subjektivität, die bei Kant ontologisch nicht nur ungeklärt, sondern auch – weil für ihn Metaphysik unmöglich ist – grundsätzlich unklärbar bleibt. Auch und erst recht nicht gemeint ist ein transzendentales Subjekt als überindividuell allgemeine, sogar absolute Größe vom „absoluten Ich“ (Fichte) bis zum „absoluten Geist“ (Hegel), woran das endliche Geistwesen teilhat und wodurch es aufgehoben wird in einen allgemeinen und notwendigen Geistprozeß. Dies alles liegt nicht in der Konsequenz transzendentalen Fragens und Denkens, wenn dieses zurückgebunden bleibt an die Grunderfahrungen unseres Menschseins, diese aber aus den vorgängigen Bedingungen – oder Gründen – im Wesen des Menschen zu ergründen sucht.

Das heißt, daß die transzendentale Reflexion zu *ontologischem* Denken führen und sich darin vollenden muß. Es geht zentral darum, die ontologische Wesenskonstitution des Menschen zu ermitteln. Weil sie nie unmittelbar in sich selbst gegeben ist, sondern dem bewußten Selbstvollzug – in Akten des Erkennens, Strebens, Handelns – als Ursprungsgrund vorausliegt, kann sie nur dadurch erreicht werden, daß diese Vollzugsweisen transzendental auf die Bedingungen ihrer Möglichkeit zurückgeführt, dadurch in ihrer Eigenart aufgehellt und aus dem ontologischen Wesen des Menschen begründet werden. Es ist schon gut aristotelisch, auch nach Thomas von Aquin, daß die Potenz (dynamis) nur aus dem Akt (energeia) erkannt werden kann, aber dem Wesen (ousia als essentia) die Potenzen oder Fähigkeiten zu entsprechenden Akten entspringen. Wenn wir hier von Vollzug oder Vollzugsweisen sprechen, so ist das „exercitium“ (exercere) z. B. bei Thomas gemeint: nicht nur als üben, sondern ausüben, durchführen oder verwirklichen, verstanden als Wirken, Aktivität, „actus“ (energeia), aber im Sinne der „actio“, oder umgekehrt „actio“, das Wirken oder die Handlung, als „actus“, d. h. als eine im Wirken gesetzte oder zu setzende Seinswirklichkeit. Aus der Eigenart des Selbstvollzugs, der Selbstverwirklichung des Menschen – in diesem Sinn – muß deren ontologischer Grund in der Wesenskonstitution des Menschen aufgedeckt und ausgelegt werden.

Dazu ist jedoch erfordert, daß schon im Ansatz einer philosophischen Anthropologie der *Gesamthorizont* thematisch gemacht wird, in dem der Mensch sich selbst erfährt und versteht. Er findet sich aber nicht als reine Subjektivität vor, sondern konkret als Mensch in seiner *Welt.* Daher muß zunächst die „Welt des Menschen" in den Blick gebracht werden. Nur der Mensch hat eine Welt und ist in der Welt. Sie ist ein Grundphänomen des menschlichen Daseins. Wird aber der Vollzug des Menschen in seiner Welt nach den Bedingungen seiner Möglichkeit befragt, so zeigt sich, daß er sich nicht allein aus seiner Welt versteht, daß die Welt nicht den letzten Horizont des menschlichen Selbstvollzugs bildet, sondern offen ist und über sich hinausweist auf das Sein. Der Mensch kann sich selbst nur verstehen aus seinem Bezug auf das Sein, im steten Ausgriff auf das *Sein.* Er erfährt jeden Inhalt seiner Welterfahrung als Seiendes im Ganzen des Seins. Er versteht die Ganzheit seiner Welt als eine Weltwirklichkeit, in der sich die Unbedingtheit des Seins offenbart. Daher der unbedingte Anspruch der Wahrheit, dem jede Aussage als Seinsaussage unterworfen ist. Daher der unbedingte Anspruch des Wertes, den jede freie Entscheidung und Handlung als verbindliches Sollen erfährt. Daher die Unbedingtheit des personalen Wertes, der uns in jedem Mitmenschen anspricht und unbedingte Anerkennung, Achtung und Ehrfurcht verlangt. Daher auch die Frage nach dem letzten, unbedingten Sinn des Ganzen unserer Welt und des menschlichen Daseins in der Welt. Weil sich der Mensch im Horizont des Seins vollzieht, erfährt er sich unter dem Anspruch des Unbedingten. Er kann sich selbst – im letzten – nur verstehen aus dem transzendenten Bezug auf unbedingtes, unendliches Sein, konkreter ausgelegt im religiösen Bezug auf den absoluten und personalen, göttlichen Seinsgrund.

Philosophische Anthropologie ist daher, wenn sie die Dimensionen des menschlichen Wesens nicht vorschnell verkürzen, sondern aufdecken und auslegen will, notwendig metaphysische Anthropologie – „metaphysisch" nicht im Sinne eines gegenständlichen oder vergegenständlichenden Denkens, wie das Wort heute vielfach mißverstanden wird, sondern in dem Sinn, daß die metaphysische Dimension des Menschen, sein Bezug auf das Sein, seine Offenheit für das Sein im ganzen und sein Ausgriff auf den unbedingten Seinsgrund begriffen werden sollen. Diese Dimension ist nicht etwas, das zum übrigen, innerweltlich bestimmten Wesen des Menschen auch noch – nachträglich – hinzukäme, wovon man aber absehen kann, in philosophischer Betrachtung vielleicht sogar absehen muß. Sie ist vielmehr in allen Phänomenbereichen des menschlichen Daseins das eigentlich konstutive Element; es wird in jeder Weise des menschlichen Selbstvollzugs als transzendentale Bedingung seiner Möglichkeit vorausgesetzt und mitvollzogen.

Bevor wir dies schrittweise aufweisen wollen, unternehmen wir einen knappen Rückblick auf die Geschichte philosophischen Denkens, insofern sich darin eine Selbstauslegung des Menschen vollzieht. Auf diesem Hintergrund gehen wir in der sachlichen Entwicklung der Frage vom Gesamtphänomen des Menschen in seiner Welt aus (I). In einem weiteren Schritt haben wir auf die grundlegenden Weisen des menschlichen Selbstvollzugs, Erkennen, Wollen und Handeln zu reflektieren (II). Von da aus stellt sich die Frage nach dem vorgängigen Wesen des Menschen, das sich als Einheit von Leib und Geist erweist (III). Die personale Ganzheit des Menschen bringt sich jedoch in spezifisch menschlichen Dimensionen zur Entfaltung (IV), als deren bedeutsamsten, die das ganze menschliche Dasein mitbestimmen, die personale Beziehung, Gemeinschaft und Geschichte, Transzendenz und Religion aufgezeigt werden.

2. DER GESCHICHTLICHE HINTERGRUND

Philosophisches Denken entspringt – allgemein und von alters her – einem Grundanliegen des Menschen. Denn er ist nicht starr hineingebunden in das Naturgeschehen, sondern muß sich selbst mit der Wirklichkeit auseinandersetzen, um in ihr selbsttätig und selbstverantwortlich sein Leben zu gestalten. Daher fragt er nach dem Grund und Sinn der Welt, in der er lebt. Und daraus entspringt die philosophische Frage der frühgriechischen Denker nach der „arche panton", dem Grund von allem. Diese Frage weist – in klassisch einfacher Formel – für alle Zeiten dem philosophischen Denken seine Aufgabe zu: alles nach seinem Grund zu befragen, allem auf den Grund zu gehen. Aber diese Frage wird vom Menschen her und um des Menschen willen gestellt: um die gesamte Wirklichkeit, in welcher er sich selbst erfährt, zu ergründen und um daraus seine eigene Stellung und Aufgabe in dieser Ganzheit des Seins zu erkennen. Wie immer diese Frage gestellt und beantwortet wird, macht sie eine Aussage über den Menschen selbst, wie er sich konkret in seiner Welt, in der Geschichte und im Ganzen der Wirklichkeit versteht. Philosophisches Denken ist immer, durch seinen Ursprung wie durch sein Ziel, anthropologisch bestimmt.

Doch wird in der Geschichte des Denkens der anthropologische Ansatz nicht immer in gleicher Weise ausdrücklich. Von dem, was am selbstverständlichsten erscheint, spricht man am wenigsten. Man spricht erst davon, wenn es fragwürdig wird. So wird der Mensch zumeist nicht zum ausdrücklichen Thema, erst recht nicht zum zentralen Thema der Philosophie. Bis in die jüngste Zeit gab es noch nicht eine philosophische Anthropologie, wie sie in der Gegenwart gefordert wird. Zwar reflektiert das philosophische Denken seit alters her auf das menschliche Denken (Logik) und sittliche Handeln (Ethik) sowie auf die Stellung des Menschen in der Natur (Physik) und im Ganzen des Seins (Metaphysik). Dabei tauchen immer wieder anthropologische Ansätze und Einsichten auf, die zwar methodisch und thematisch kaum zu voller Entfaltung kommen, trotzdem aber eine Auslegung und Bewertung des menschlichen Daseins offenbaren.

a) Der Mensch im griechischen Denken

Die Philosophie der griechischen Antike war durch ein vorwiegend objektives Denken bestimmt. Der Blick ist auf die Welt, den „Kosmos", das „Universum" gerichtet. Man sucht das Wesen, die Wesensformen und -gesetze der Dinge zu ergründen. Man stellt eine gestufte Seinsordnung fest, die von den leblosen Dingen über die Gestalten des Lebens bis zur Seins- und Wirkweise des Geistes aufsteigt. In dieser universalen Ordnung kommt dem Menschen eine zentrale Stellung zu. Er ist die einigende Mitte, er ist – mit einem Wort, das seit dem 5. Jahrhundert v. Chr. (Demokrit) durch die Geschichte geht – „Mikrokosmos".[1] Denn in ihm verbinden sich alle Stufen des Seins und des Lebens zu einer höheren Einheit, die das Universum abbildet. Der Mensch ist zwar ein Teil der Natur. Er gehört mit allen anderen wandelbaren Dingen in den Bereich der „Physik" (im antiken Sinn). Was ihn aber auszeichnet und sein eigentliches Wesen ausmacht, ist allein seine „Seele". Die für die Überlieferung wichtigste Schrift über den Menschen, noch im Mittelalter immer wieder kommentiert, ist das Werk von Aristoteles „Über die Seele" (peri psyches), nicht über den Menschen. Dies wird zum Stichwort, in dem sich das Menschenbild, genauer: die Seelenlehre, der Antike und der nachfolgenden Tradition ausdrückt. Es geht primär um die Seele, nicht um den ganzen Menschen, um „Psycho-logie", nicht um „Anthropo-logie".

1. Dennoch finden sich schon im *frühgriechischen Denken* echt anthropologische Elemente. Den Anfängen der Philosophie liegt ein mythisch-religiöser Hintergrund voraus, in dessen Vorstellungswelt schon eine Selbstauslegung des Menschen geschieht. Er sucht den Sinn seines Daseins sowohl aus dem göttlichen Ursprung zu verstehen, dem die Seele entstammt, die an den Körper gefesselt, in die materielle Welt verbannt ist, als auch aus dem jenseitigen Ziel, das die Seele einst, nach einem Läuterungsprozeß in Wiedergeburten, erreichen soll. Die Seele wird demnach als höhere, der Welt und dem Weltgeschehen überlegene Wirklichkeit betrachtet, in der aber das eigentliche Wesen des Menschen liegt. Der urgriechische Gedanke einer Zweiheit von geistiger Seele und materiellem Leib ist schon hier grundgelegt. Auch kommt dem Menschen Verantwortung für sein Handeln zu, es gibt Recht und Unrecht, Schuld und Sühne, durch welche er die endgültige Vollendung erreichen soll.
Wenn auf diesem Hintergrund das eigentlich philosophische Denken einsetzt, so tritt scheinbar die Frage nach dem Menschen zurück. Bei den jonischen Naturphilosophen seit *Thales von Milet* (um 600 v. Chr.) geht es um den letzten Grund (arché), dem alles Sein und Werden entspringt. Aber diese Frage ist doch vom Menschen gestellt: um in allem Wandel den gültigen Sinn seines Daseins zu erfassen. Dies zeigt sich schon bei *Anaximander,* der alles Werden und Vergehen als „Schuld und Sühne nach der Ordnung der Zeit" versteht[2], ihm also eine anthropomorphe Auslegung gibt. Ein noch deutlicher anthropologisches Denken liegt bei *Heraklit* von Ephesus vor. Nach ihm ist der Mensch ausgezeichnet durch das Vernehmen des „Logos", d. h. des Sinnes und Gesetzes der Welt.[3] Zwar sind die meisten Menschen taub für den Logos[4], doch haben sie – durch das Denken den höchsten Vorzug des Menschen[5] – die Fähigkeit, den Sinn des Weltgeschehens zu verstehen, der im steten Kampf der Gegensätze liegt.[6] Der Philosophie des flutenden Werdens bei Heraklit setzt *Parmenides* eine Philosophie des ruhenden Seins entgegen. Doch ist auch für ihn der Mensch ausgezeichnet durch die Macht des Denkens.[7] Sie macht ihn fähig, den bloßen Schein der wandelbaren Welt zu durchschauen und zur Wahrheit des Seins vorzudringen. Hier kommt schon eine Einsicht zutage, die über Anaxagoras später bei Platon und Aristoteles zur volleren Entfaltung gebracht und zum zentralen Element griechischer Auslegung des Menschen wird. Der Mensch ist primär als Vernunftwesen verstanden; dadurch überragt er alles übrige Sein und Geschehen der Welt. „Logos" oder „Nous" werden zu Grundbegriffen des menschlichen Selbstverständnisses.
Während der Mensch bisher fraglos in einer objektiven Weltordnung zu stehen schien, kommt es zu einer ersten kritisch-skeptischen Reflexion in der *Sophistik:* Sind wir

überhaupt fähig, die Wahrheit zu erkennen? Gibt es objektiv verbindliche Normen unseres Handelns? Ist nicht alles subjektiv und relativ? Ist nicht der Mensch selbst „das Maß aller Dinge" (Protagoras)?[8] Hier kommt es zu einer Reflexion auf den Menschen selbst, die von *Sokrates* aufgenommen, zugleich aber in ihrem skeptisch-relativistischen Zug – vor allem im Hinblick auf sittliche Werte und Normen – überwunden wird. Er entdeckt als erster die göttliche Stimme des Gewissens. Der Mensch als Vernunftwesen, hier aber unter vorwiegend praktisch-sittlicher Hinsicht verstanden, ist jenseits aller Wandelbarkeit der Sinnenwelt an die ewige und unwandelbare, allgemein verbindliche Wahrheit gebunden.

2. Diese Ansätze werden in der *klassischen Metaphysik* weiterentfaltet. Nach *Platon* ist der Mensch durch seinen Geist der intelligiblen Welt zugeordnet. Sie allein ist die wahrhafte Wirklichkeit gegenüber der wandelbaren Scheinwelt der sinnenhaft wahrnehmbaren Dinge. Deshalb, der wandelbaren Welt grundsätzlich überlegen und der unwandelbaren Welt der Ideen zugehörig, ist die Seele des Menschen wesenhaft unsterblich. Platon ist der Erste, der philosophisch die Unsterblichkeit der Seele zu beweisen versucht.[9] Die Entdeckung des Geistes, einer geistigen und nur dem Geiste des Menschen zugänglichen Wirklichkeit, ist sicher die große, bleibend bedeutsame Leistung des griechischen Denkens. Aber im Lichte dieser Einsicht erscheint das Geistige als das einzig wahrhafte Sein. Wesen und Würde des Menschen werden allein im Geistigen angesetzt; Stofflichkeit und Leiblichkeit können dagegen nicht positiv begriffen werden. So besteht bei Platon ein Dualismus zwischen Geist und Materie, zwischen der geistigen Seele und dem materiellen Leib des Menschen, der als Kerker und Fessel der Seele erscheint. Die Seele muß sich aus der Bindung und Verstrickung in die materielle Welt befreien, um dadurch zu ihrem wesenseigenen, rein geistigen Dasein zurückzukehren. Die Vollendung des Menschen besteht daher in möglichster Entstofflichung und Vergeistigung des Lebens. Der Geist aber wird – wieder einem Grundzug griechischen Denkens gemäß – vorwiegend von der intellektuellen Erkenntnis her verstanden. Geist ist Vernunft (nous), so daß sich hier der Spiritualismus mit einem Intellektualismus des Menschenbildes verbindet.

Auch für *Aristoteles* ist der Mensch allen übrigen Dingen überlegen durch die Vernunft. Doch sucht er den platonischen Dualismus zwischen Leib und Seele zu überwinden und die Wesenseinheit des Menschen zu begreifen. Nach seiner Lehre von Materie (hyle) und Form (morphe) als den inneren Wesensprinzipien der Dinge versteht er die Seele als die Form des Leibes[10], d. h. als das innerlich formgebende, wesensbestimmende Prinzip, das die Materie zu einem menschlichen Leibe formt, den Leib beseelt und belebt, eben zu einem lebendigen menschlichen Leib macht. Die Materie aber ist das potentielle Medium, das einerseits die Bestimmung durch die Wesensform aufnimmt, ihr aber anderseits die Individuation zu diesem einmaligen, in Raum und Zeit bestimmten Einzelwesen verleiht. Dadurch ist bei Aristoteles die Lehre vom Menschen grundgelegt, die – in den klassischen Aussagen über die „anima forma corporis" und die „unio substantialis" zwischen Seele und Leib – besonders durch die aristotelische Scholastik des Mittelalters tief in das christliche Denken einwirkt. Auch wird bei Aristoteles der Mensch im Gesamtgefüge der Seinsordnung als verbindende Mitte aller

Seinsstufen verstanden – wieder ein Element, das im Ordnungsdenken des Mittelalters entscheidend nachwirken wird.
Dennoch hat auch Aristoteles die platonische Sicht des Menschen nicht vollkommen überwunden. Auch bei ihm – und im gesamten griechischen Denken – wird das geistige Wesen des Menschen vorwiegend vom Erkenntniselement her bestimmt. Geist ist Vernunft, das Vermögen intellektueller Erkenntnis. Er wird nicht sosehr als Vermögen der Freiheit, der Entscheidung und Verantwortung, der personalen Liebe und Gemeinschaft gesehen. Diese Elemente werden zwar nicht negiert, aber sie treten gegenüber der Vernunft so weit zurück, daß ein gewisser Intellektualismus vorherrschend bleibt. Der Geist ist dem Allgemeinen und Notwendigen zugeordnet, der ewigen Idee Platons, deren Wesen sich auch in der aristotelischen Formenlehre durchhält, obwohl die Form nicht mehr transzendente Idee, sondern immanentes Wesensprinzip ist. Das innerweltliche Sein, das dem Werden und Vergehen unterworfen ist, erfährt eine gewisse Abwertung. Es ist kein wahrhafter Gegenstand des Wissens, erst recht kein würdiger Gegenstand der Wissenschaft. Daher kommt die Dimension des Geschichtlichen in seiner Bedeutung für den Menschen noch nicht zur vollen Geltung. Dies geschieht erst im christlichen Raum, wo der Mensch in seiner Geschichte, diese aber als Heilsgeschichte begriffen wird, als Ort des geschichtlichen Dialogs zwischen Gott und dem Menschen, als Raum göttlichen Heilswirkens an der Menschheit. Dadurch gewinnt erst die Geschichte ewige Heilsbedeutung.

3. Hier zeigt sich ein Gegensatz zwischen *griechischem und christlichem* Denken in der Bewertung der Geschichte. Doch wird dieser Gegensatz oft unrichtig dargestellt. Es ist sicher nicht richtig, daß die griechische Antike überhaupt noch kein geschichtliches Bewußtsein besaß. Längst vor dem Einsatz der Geschichtsschreibung finden sich mythologische Geschichtsdeutungen, in denen der Mensch seine Herkunft zu ergründen sucht. Schon im theogonischen und kosmogonischen Denken der Frühzeit versteht sich der Mensch von einem Anfang her in einem geschichtlichen Prozeß. Dasselbe gilt von den orphischen und pythagoreischen Heilslehren, die eine Sühnung der Urschuld und eine Reinigung der Seele in Wiedergeburten verlangen, damit sie endgültig in das Heil eingehe. Es kommt hier nicht darauf an, wie diese Lehren philosophisch und theologisch zu bewerten sind. Sicher ist es kein kritisches und reflexes Geschichtsverständnis. Es bleibt eine mythische Auslegung, die aber – und das ist entscheidend – doch schon offenbart, daß sich der Mensch auf seine Geschichte bezogen weiß, die für ihn existentielle Heilsbedeutung hat.
Auch ist es nicht richtig, daß dem griechischen Denken eine *zyklische* Vorstellung der Zeit und der Geschichte – gegenüber der linearen Auffassung im Christentum – allgemein eigen war. Die Lehre vom Kreislauf des Geschehens taucht zwar bei *Heraklit*[11] auf und kehrt bei den Pythagoreern, bei *Empedokles*, auch bei *Platon* wieder. Unter dem Eindruck des regelmäßigen Wechsels von Tag und Nacht, Sommer und Winter, Leben und Tod ist an eine rhythmische Wiederkehr der gleichen Vorgänge gedacht, nicht aber an eine starre Wiederholung desselben Geschehens. In der Seelenwanderung vollzieht sich zwar die rhythmische Wiederkehr von Leben und Tod, sie zielt aber auf eine endgültige Erlösung ab, die das kreisende Geschehen durchbricht. Erst *Nietzsche*

hat den antiken Gedanken als „ewige Wiederkehr des Gleichen" ausgelegt.[12] Damit ginge die Einmaligkeit des geschichtlichen Ereignisses im ewigen Kreislauf unter; und die Freiheit geschichtlicher Entscheidung wäre aufgehoben in die starre Notwendigkeit des Weltgeschehens. Daß dies aber die allgemein griechische Zeit- und Geschichtsauffassung war, gehört endlich in den Bereich der Legende. Nicht ein geschlossener Kreislauf ewiger Wiederkehr ist gemeint, sondern ein spiralförmig fortschreitendes Geschehen, dessen Rhythmus den Ablauf der Zeit nicht aufhebt, sondern voraussetzt. Viel entscheidender für griechisches im Gegensatz zum christlichen Denken ist der starre *Schicksalsglaube,* wonach alles durch die Notwendigkeit des vorausbestimmten Geschicks (moira) festgelegt ist. Dieser Glaube an das unerbittliche Geschick, dem die Menschen und die Götter unterworfen sind, taucht schon in der frühgriechischen Philosophie bei *Thales*[13] und *Anaximander*[14] auf; er bildet das Grundmotiv der griechischen Tragödie und liegt auch der griechischen Metaphysik des Allgemeinen und Notwendigen zugrunde. Die Notwendigkeit bildet den letzten, alles umgreifenden Horizont, aus dem der Mensch sich selbst und das Weltgeschehen versteht. Diesen letzten Horizont der Notwendigkeit denkend einzuholen, ist das Grundanliegen griechischer Philosophie, in der Logoslehre *Heraklits* ebenso wie in der Seinslehre des *Parmenides* und in der Ideenlehre *Platons.* In dieser Sicht kommt dem innerweltlichen und geschichtlichen Geschehen keine echte Bedeutung zu, weil alles mit Notwendigkeit vorausbestimmt ist. Der Mensch versteht sich unter einem absoluten, jedoch blinden und unpersönlichen Geschick, nicht aber gegenüber einem lebendigen und persönlichen Gott, der sich – christlich – in der Geschichte als Gott der Liebe und des Heils offenbart. Hierin liegt der tiefste Gegensatz zwischen griechischem und christlichem Selbstverständnis des Menschen.

b) Der Mensch im christlichen Denken

Die biblische Offenbarung des Alten und des Neuen Testaments bringt nicht eine Metaphysik des Allgemeinen und Notwendigen im Stil griechischen Denkens. Sie bringt etwas ganz anderes: die Heilsbotschaft an den konkreten Menschen in der Geschichte. Die zentralen Lehren des christlichen Glaubens stehen daher in der Sphäre des freien und *personalen Geschehens,* das sich heilsgeschichtlich zwischen Gott und dem Menschen ereignet. Der Christ weiß aus dem Glauben, daß die Welt nicht einer allgemeinen und notwendigen Gesetzlichkeit entstammt, weder der Selbstentfaltung einer ewigen Materie noch einer metaphysisch notwendigen Emanation oder Selbstentäußerung Gottes, sondern dem freien Schöpferwort Gottes, der da sprach: „Es werde!" (Gen 1,3). Ebenso hat die Menschheit mit ihrer Geschichte im freien Schöpferwillen ihren Ursprung: „Laßt uns den Menschen machen nach unserem Bild und Gleichnis!" (Gen 1,26). Auch das Böse in der Welt gründet nicht in einem bösen Urprinzip metaphysischer Art, sondern in der freien und personalen Entscheidung des Menschen gegen Gottes Gebot. Seit Anbeginn ist die Geschichte der Menschheit vom Fluch der Sünde belastet. Sie ist aber zugleich durchwaltet vom gnadenhaft heilsgeschichtlichen Wirken Gottes, der sich in freier personaler Liebe der Menschen erbarmt. Menschwerdung und Erlösungswerk des Gottessohnes entspringen wiederum nicht einem metaphysisch notwendigen Gesetz göttlicher Entäußerung, sondern allein dem freien Heilswillen Gottes. Zu dem „Kairos“, dem geschichtlichen Zeitpunkt, den Gottes freier Ratschluß festgesetzt hatte, ist der Sohn Gottes Mensch geworden, um als Mensch unter Menschen in personaler Begegnung und Gemeinschaft die freie Selbstoffenbarung Gottes zu vollziehen und das Heil zu erwirken, bis zur freien Übernahme des Erlösungstodes am Kreuz.

Dem wesentlich personalen Grundzug der Heilsbotschaft entspricht es, daß vom Einzelmenschen zu seinem Heil gerade jene inneren Haltungen verlangt sind, die am tiefsten und reinsten dem freien Personkern entspringen und sich in frei *personaler Hinwendung* des Menschen zu Gott vollziehen: Glaube und Liebe, worin der Mensch Antwort gibt auf die Offenbarung der Wahrheit und Liebe Gottes und sich dadurch dem göttlichen Heilswirken öffnet. Erster Ursprung und zugleich letzte Vollendung des personalen Grundzugs christlichen Glaubens liegt im Geheimnis der Dreieinigkeit Gottes selbst. Er ist nicht ein starr in sich ruhendes „Unum“, sondern überströmendes Leben der Dreipersönlichkeit – Leben in personaler Gemeinschaft, ewig neues Schenken und Empfangen der unendlichen Fülle. Personales Leben erreicht hier eine Geheimnistiefe, die wir nicht mehr ergründen, sondern nur noch aus der fernen Analogie menschlich-personalen Seins und interpersonalen Lebens ahnen können.

Dieser personale und geschichtliche Grundzug des christlichen Glaubens bedeutet einen Wandel des Menschenbildes gegenüber dem griechischen Denken. Das neue Bild des Menschen ist im Offenbarungsgut noch nicht explizit entfaltet, nur implizit enthalten oder vorausgesetzt; es muß erst in Jahrhunderten christliches Denken reflexiv entfaltet werden. Dafür ist aber ein neuer Gesamthorizont gegeben. Der Mensch erfährt und versteht sich in einer anderen „Welt“ als der vorchristlich griechische Mensch. Wenn nun die philosophische und theologische Reflexion einsetzt – besonders bei *Gregor von Nyssa* († 394) in der griechischen und *Augustinus* († 430) in der lateinischen Patristik –, so werden zwar viele Elemente der griechischen Philosophie aufgenommen, aber auf neue Weise verstanden und umgeformt, in eine neue Sinnganzheit gebracht. In einer Weise, die dem griechischen Denken durchaus fremd war, werden Wert und Würde des einzelnen betont, seine individuelle Einmaligkeit, seine göttliche Berufung und seine freie Entscheidung zum ewigen Heil. So wird auch erst im christlichen Raum der Begriff der Person geprägt, der rein theologischen Ursprungs ist. Er entstammt der christologischen und trinitarischen Diskussion des 4. und 5. Jahrhunderts, wird aber auch für die Auslegung und Bewertung des menschlichen Personseins von Bedeutung.

In dieser christlichen Gesamtschau kommen Inhalte der griechischen Philosophie neu zur Geltung. Der Mensch steht in der Mitte zwischen der sinnlich materiellen Körperwelt und der übersinnlich geistigen Welt. Er bildet die höchste Stufe der Körperwelt, er hat Anteil an den Gesetzen der Materie und an den Lebenskräften der Pflanze und des Tieres. Zugleich aber gehört er schon der Ordnung des Geistigen an – durch seinen Geist, der als Seele das Lebensprinzip des Leibes ist. Die Seele wird nicht wie bei Platon als präexistent gedacht, sondern sie ist frei von Gott geschaffen. Sie ist Ebenbild Gottes, der Ort der Transzendenz auf Gott, und sie ist zu unsterblichem Leben berufen. Aber sie wird nicht mehr allein als Vernunft, sondern zugleich als Wille, als Vermögen der Freiheit und der Liebe verstanden.

Hier unterscheiden sich jedoch zwei Auffassungen im christlichen Raum. Auf der einen Seite sieht *Augustinus* die höchste Fähigkeit im freien Willen, der sich in der Liebe vollendet. Die Erkenntnis hat dagegen nur eine dienende oder vermittelnde Funktion. Diese Auffassung herrscht in der augustinischen Tradition im frühen Mittelalter vor und findet in der Hochscholastik durch *Bonaventura* († 1274) mit der ihm folgenden Franziskanerschule eine bedeutsame Erneuerung. Auf der anderen Seite nimmt *Thomas von Aquin* († 1274) mit der Dominikanerschule wesentliche Inhalte des aristotelischen Denkens auf und damit auch die Lehre, das höchste, den Menschen spezifisch auszeichnende Vermögen sei die Vernunft (intellectus), Freiheit und Liebe dagegen nur deren naturgemäße Folge.

Noch tiefer dringt ein anderer Gegensatz der Lehrmeinungen. Zwar wird im christlichen Raum allgemein der platonische Dualismus darin überwunden, daß die Materie nicht mehr ein ewiges und unerschaffenes, insofern widergöttliches Prinzip ist, sondern der Schöpfung Gottes entstammt. Das ist mit der christlichen Schöpfungslehre gegeben. Bezüglich des Verhältnisses zwischen Leib und Seele besteht jedoch ein Widerstreit. *Augustinus*, dessen philosophisches Denken entscheidend geprägt ist durch Platon und den Neuplatonismus, sieht in Leib und Seele zwei gesonderte Realitäten oder Substanzen, die nicht eine substantielle Einheit ausmachen, sondern nur durch gegenseitige Einwirkung zur Einheit verbunden sind. Diese Auffassung, in welcher der Dualismus deutlich nachwirkt, geht in das Denken des frühen Mittelalters ein und findet noch in Bonaventura einen Vertreter. In der Neuzeit wird diese Lehre wiederaufgenommen, zugleich aber noch verschärft durch Descartes; von ihm her wirkt sie folgenschwer in die Neuzeit ein.

Dagegen übernimmt *Thomas von Aquin* die aristotelische Lehre, wonach die geistige Seele zugleich das innerlich formgebende Prinzip des Leibes ist (anima forma corporis), Leib und Seele also nicht zwei gesonderte Substanzen, sondern zwei innerlich konstitutive Prinzipien sind, die substantiell vereint (unio substantialis) die Vollsubstanz des einen und ganzen Menschen ausmachen. Dadurch wird der Dualismus insofern überwunden, als die Zweiheit in die Wesenseinheit des Menschen hineingenommen wird.

Jenseits dieser Gegensätze bleibt aber im ganzen Raum des christlich-mittelalterlichen Denkens die einzigartige Sonderstellung des Menschen gewahrt. Er ist die Mitte des Kosmos, in der sich alle Seinstufen vereinen. Er ist durch die universale Seinsoffenheit seines Geistes, wie Thomas im Anschluß an Aristoteles sagt, „quodammodo omnia". Er ist, wie noch im ausgehenden Mittelalter Nicolaus Cusanus, einen uralten Gedanken aufgreifend, lehrt, der „Mikrokosmos", in dem das Universum „kontrahiert" gegenwärtig ist. Der Mensch hat eine eindeutige metaphysische Stellung im Ganzen des Seins, er ist eingefügt in eine objektive und universale Seinsordnung, die in Gott, dem absoluten und unendlichen Sein, gründet.

c) Der Mensch im Denken der Neuzeit

Seit dem Beginn neuzeitlichen Denkens vollzieht sich philosophisch eine *„Wende zum Subjekt"*. Nachdem bisher im ganzen Altertum und Mittelalter ein objektives Denken vorherrschend war, der Mensch um seine fraglose Stellung und sichere Geborgenheit im Ganzen des Seins gewußt hatte, setzt jetzt ein subjektives Denken ein, das allein aus der Immanenz der Subjektivität gesicherte Erkenntnis gewinnen und begründen will. Das bedeutet einen tiefgreifenden Wandel des Menschenbildes.

Dieser Wandel steht in engem Zusammenhang des allgemeinen Umbruchs im Übergang vom Mittelalter zur Neuzeit. Im *Nominalismus* des Spätmittelalters gerät das metaphysisch-systematische Denken der Scholastik in die Krise und wird fragwürdig; daraus entspringt die Tendenz zu kritisch-empirischen Denken. Im *Humanismus* bricht ein neues Lebensgefühl auf, das sich dem Menschen in dieser Welt zuwendet, die klassische Antike zu neuem Leben erweckt und zur Idealnorm menschlichen Lebens und geistiger Bildung erhebt; dies bewirkt vielfach eine Wende von der Übernatur zur Natur, von der Transzendenz zur Immanenz. In der *Reformation* zerbricht überdies die Einheit des Glaubens. Bisher hatte sich der abendländische Mensch geborgen gewußt im einen Glauben der einen Kirche. Durch schwere Krisen in der Kirche des Spätmittelalters vorbereitet, kommt es jetzt zum Bruch der Einheit und damit zu einer schweren Erschütterung der bisherigen Geborgenheit im Glauben der Kirche. Damit verbindet sich der Umbruch des gesamten Weltbildes durch die *„kopernikanische Wende"*. Sie betrifft den Menschen selbst und seine Stellung im All. Bisher hatte er sich im Mittelpunkt einer klar geordneten und überschaubaren Welt gewußt. Seine Erde, von Sonne und Gestirnen umkreist, war die Mitte des Universums, das sich im Menschen vollendet. Jetzt aber, da die Erde nicht mehr den Mittelpunkt des Weltalls bildet, sondern als einer der Planeten die Sonne umkreist, fühlt sich der Mensch gleichsam hinausgeschleudert in ein grenzenloses Universum, das er nicht mehr überschauen kann und in dem er jede Orientierung und Geborgenheit verliert. Er hat keinen gesicherten Standort im Kosmos mehr. Die objektive Wirklichkeit garantiert ihm nicht mehr Sinn und Stellung seines Daseins. Er wird umso mehr zurückgeworfen auf sich selbst, den einzig sicheren Punkt, der ihm gegeben ist. Dies zwingt ihn zur Reflexion auf sich selbst und erweckt die Frage nach dem Wesen des Menschen und dem Sinn seines Lebens.

M. Buber hat darauf hingewiesen, daß die anthropologische Frage in der Geschichte immer dann aufbricht, wenn der Mensch seine bisher gesicherte Beheimatung und Geborgenheit verliert, wenn ihm seine Welt und die eigene Stellung in der Welt fragwürdig werden.[15] Dann wird er gedrängt zur Frage nach sich selbst, nach seinem Wesen und dem Sinn seines Daseins. Dies geschieht besonders in der Krise und dem Umbruch, die das Abendland am Beginn der Neuzeit erlebt. Trotzdem kommt es nicht zur Ausbildung einer philosophischen Anthropologie. Zwar bringt schon der Humanismus eine „Wende zum Menschen", der jetzt in den Mittelpunkt tritt. Auch stammt das Wort „Anthropologie" – wie das Wort „Psychologie" – aus dem 16. Jahrhundert, aber es bleibt der Titel einer leeren Forderung, die noch lange keine Verwirklichung findet.

Im philosophischen Denken der Zeit verengt sich die „Wende zum Menschen" zu einer „Wende zum Subjekt". Der Mensch als bloßes Subjekt wird zum Mittelpunkt, jedoch nicht als Mitte einer objektiven Seinsordnung, sondern als Mitte einer subjektiven Erkenntniswelt, die – bei *Descartes* (1596–1650) – in der reinen Selbstgewißheit des Bewußtseins (ego cogitans) ihren sicheren Ausgangspunkt findet. Dieses Ich, das sich vor allen anderen Dingen seiner selbst bewußt und gewiß ist, meint nicht den konkreten Menschen, sondern allein die reine Vernunft (ratio), die autonom sich selbst besitzt und aus sich selbst, d. h. aus „eingeborenen Ideen", alle Wahrheit zu gewinnen vermag. Hier liegt der Ansatz für Descartes' scharfen Dualismus zwischen Leib und Seele, der weit über Platon und Augustinus hinausgeht. Geist und Materie, denkendes Bewußtsein (res cogitans) und ausgedehnte Körperwelt (res extensa) bilden radikal verschiedene Realitäten, die nichts miteinander gemein haben. Damit wird nicht nur eine substantielle Einheit, sondern im Grunde auch die Möglichkeit gegenseitiger Einwirkung zwischen Seele und Leib ausgeschaltet. Wenn Decartes trotzdem eine Wechselwirkung annimmt, so ist das zwar ein Zugeständnis an die Erfahrung, es steht aber im Widerspruch zu seinen eigenen Prinzipien; dies wurde schon zu seiner Zeit erkannt.
Die scharfe Trennung von „res cogitans" und „res extensa" bei Descartes verbaut überdies die Möglichkeit einer Anthropologie, der die lebendige Einheit und Ganzheit des Menschen begreifbar würde. Sie fordert vielmehr die Abhebung einer reinen „Psychologie", wie die folgerichtig bei *Chr. Wolff* neben „Kosmologie" und „natürlicher Theologie" zu einem Teilgebiet der „Metaphysica specialis" wird und noch bei Kant unter dem Titel „Seele" neben „Welt" und „Gott" als Idee der reinen Vernunft erscheint.
Durch den Bruch zwischen Seele und Leib, Geist und Materie ist aber auch ein Zwiespalt aufgerissen, der das gesamte philosophische Denken der Neuzeit durchzieht. Auf der einen Seite, allein dem Geistigen zugeordnet, reduziert der *Rationalismus* das Wesen des Menschen auf das denkende Subjekt, das sich als „autonome Vernunft" versteht und sich später im *Idealismus* zur „absoluten Vernunft" erhebt; die ganze Wirklichkeit wird als geistiges Geschehen begriffen. Auf der anderen Seite, der empirisch-materiellen Wirklichkeit zugeordnet, die unter dem Eindruck der Naturwissenschaft als die einzige objektive, wissenschaftlich erfaßbare Wirklichkeit gilt, setzt mit *John Locke* (1632–1704) und *David Hume* (1711–1776) der englische *Empirismus* allein in der sinnlichen Erfahrung an. Er reduziert die menschliche Erkenntnis auf sinnenhafte Wahrnehmung und bereitet damit den Weg zu einem *Materialismus*, der erstmalig in der französischen Aufklärung vertreten wird. Wenn *Lamettrie* den Menschen zur bloßen Maschine erklärt („L'homme machine", 1748), so ist das mechanistische Prinzip, das seit Decartes für die materielle Wirklichkeit (res extensa), daher aber auch für alles organische Leben (der Pflanzen und Tiere, aber auch des menschlichen Leibes) gilt, auf den ganzen Menschen ausdehnt. Die materialistisch-mechanistische Auslegung des Menschen ist hiermit grundgelegt, die im 19. Jh. und bis in die Gegenwart nachwirkt. So ist mit dem Bruch der Einheit des Menschen bei Descartes auch der Bruch zwischen dem spiritualistisch-idealistischen und dem materialistisch-mechanistischen Denken der Neuzeit aufgerissen.
Den Gegensatz von Rationalismus und Empirismus sucht *Kant* (1724–1804) zu überwinden. Seine transzendentale Reflexion auf die reine Vernunft als Bedingung der

Möglichkeit gegenständlicher Erkenntnis wird grundlegend für die ganze nachfolgende Philosophie. Insofern kommt seinem Ansatz ungeheuere Bedeutung zu. Aber ein philosophisches Menschenbild zu erstellen, das die Einheit und Ganzheit des Menschen begreifen könnte, gelingt auch ihm nicht. Die Gegensätze zwischen sinnlicher Anschauung und begrifflichem Denken, zwischen theoretischer Erkenntnis und praktischem Handeln, zwischen Wissen und Glauben kommen nicht zur Einheit. Wenn Kant aus dem Schulrationalismus von Chr. Wolff die drei Bereiche der „Metaphysica specialis" übernimmt und in den Ideen der reinen Vernunft: Seele, Welt, Gott, begründet, so erscheint auch bei ihm der Mensch allein unter dem Titel „Seele". Für den ganzen und konkreten Menschen ist in diesem Schema kein Platz. Dies wird kaum berichtigt durch Kants „Anthropologie in pragmatischer Absicht". Während eine „physiologische Anthropologie" danach fragt, „was die Natur aus dem Menschen macht", stellt die „pragmatische Anthropologie" die Frage, was er „aus sich selber macht".[16] Zwar reflektiert hier Kant die praktische Selbsterfahrung des Menschen, doch hat die Anthropologie im Vergleich mit seinen kritischen Hauptwerken wenig Bedeutung, sie steht mit ihnen sachlich und methodisch kaum in Zusammenhang und nimmt einen untergeordneten Rang ein.

Anthropologisch bedeutsamer ist Kants bekannter Hinweis in der Einleitung zu seiner Logik, wo er die Grundfragen einer „Philosophie in weltbürgerlicher Absicht" formuliert: „Was kann ich wissen? Was soll ich tun? Was darf ich hoffen? Was ist der Mensch?" Und Kant fügt hinzu: „Die erste Frage beantwortet die Metaphysik, die zweite die Moral, die dritte die Religion und die vierte die Anthropologie. Im Grunde könnte man aber alles dieses zur Anthropologie rechnen, weil sich die ersten drei Fragen auf die letzte beziehen."[17] Der ganzen Philosophie liegt demnach die Frage nach dem Menschen zugrunde, wenn auch bei Kant eine Anthropologie in diesem Sinn nicht zur Ausbildung kommt. Immerhin ist das Stichwort gefallen: Was ist der Mensch?

Für Kant ist die menschliche Vernunft durch Endlichkeit bestimmt und an die Sinnlichkeit gebunden. Daraus folgt für Kant die Beschränkung der Erkenntnis auf die mögliche Erfahrung und die bloße Erscheinung. Der deutsche *Idealismus* nach Kant ist dagegen bestrebt, die Selbstbeschränkung der Vernunft wieder aufzuheben und einen absoluten Horizont der Erkenntnis zurückzugewinnen. Das scheint aber jetzt – nach der transzendentalen Wende bei Kant – nur dadurch möglich, daß sich das Subjekt selbst absolut setzt. So erreicht die Erkenntnis, auf ein absolutes Subjekt bezogen, absolute Geltung. Dadurch wird aber das transzendentale Subjekt zu einem absoluten Ich oder absoluten Subjekt (Fichte). Das endliche Subjekt wird zum Erscheinungsort und Entfaltungsmoment des absoluten Geistes (Hegel). Der Mensch erscheint primär, wenn nicht ausschließlich, als reines Vernunftwesen. Und die endliche Vernunft des Menschen wird aufgehoben in einem unendlichen Vernunftprozeß, in dem die Eigenständigkeit des endlichen Subjekts untergeht.

Zwar kommen im Idealismus über das theoretische Erkenntniselement hinaus immer wieder auch andere Dimensionen in Sicht: das praktisch sittliche Handeln (Fichte), das ästhetische Schaffen und Erleben (Schelling), die geschichtliche Wirklichkeit (Hegel), sogar – in Hegels „Phänomenologie des Geistes" (1806) – die Gesamtheit der Erfahrungen des Bewußtseins. Aber die konkrete Ganzheit des Menschen in der Welt und in der Geschichte wird doch wieder aufgehoben in ein „absolutes Wissen", das imstande ist, die Gesamtwirklichkeit von ihrem absoluten Ursprung her als dialektische Selbstentfaltung des Absoluten zu begreifen. Hier liegt ein Menschenbild zugrunde, das einerseits den Menschen wesentlich als Vernunftwesen versteht, ohne den ganzen und konkreten Menschen in den Blick zu bringen, anderseits die endliche Vernunft in ein unendliches Geistesgeschehen aufhebt und dadurch die personale Eigenständigkeit des Menschen in seiner Freiheit und Verantwortung nicht zur Geltung bringt. Gerade dies ruft den Protest hervor, der eine Wende des Denkens zum konkreten Menschen fordert.

d) Die anthropologische Wende

Der Titel Anthropologie nennt schon seit dem 16. Jahrhundert ein Anliegen, das sich sowohl von der spekulativen Philosophie der Tradition als auch – zumeist – von einer rein mathematisch-naturwissenschaftlichen Denkweise abhebt und die Besinnung auf den Menschen in seiner konkreten Selbsterfahrung verlangt. Dieses bisher zumeist unerfüllt gebliebene Anliegen bricht im 19. Jahrhundert als Reaktion gegen die rationalistische und idealistische Verengung des Menschenbildes mit neuer Kraft durch. Hier bahnt sich ein konkret anthropologisches Denken an, das sich in einer Vielheit sehr verschiedener Bestrebungen entfaltet. Wir können sie, wenn auch schematisch vereinfachend, in drei großen Gruppen zusammenfassen: 1. Materialismus und Evolutionismus, 2. Existentialismus und Personalismus, 3. Phänomenologie und Ontologie des Menschen.

1) Materialismus und Evolutionismus

1. Der Materialismus, der sich seit dem 18. und 19. Jahrhundert ausbreitet, bringt einen radikalen Umsturz des Menschenbildes. Bisher wurde in der ganzen Tradition das Geistige im Menschen als dasjenige betrachtet, was sein Wesen eigentlich bestimmt und am höchsten auszeichnet. Dem setzt der Materialismus entgegen: Der Mensch ist ein materielles Ding wie alle anderen Dinge. Es gibt nur materielles Sein und Geschehen. Auch der Mensch ist aus denselben Elementen aufgebaut und denselben Gesetzen unterworfen wie alles andere in der Welt. Auch sein Leben und Bewußtsein muß allein daraus erklärt werden. Diese Auffassung, durch den englischen Empirismus vorbereitet und nach der Naturerklärung jener Zeit rein mechanistisch gedacht, tritt zum erstenmal im Raum der französischen Aufklärung des 18. Jahrhunderts auf, besonders bei den „Enzyklopädisten" (Lamettrie, Diderot, d'Alembert, Holbach u. a.), kommt aber erst im 19. Jahrhundert durch Vermittlung des Positivismus zu breiterer Auswirkung.

Begründer des *Positivismus* ist *Auguste Comte* (1798–1857). Er meint damit die Beschränkung wissenschaftlicher Erkenntnis auf das „positiv" Gegebene, d. h. auf die Inhalte der bloßen Erfahrung und Beobachtung. Comte ist Erbe des englischen Empirismus und der französischen Aufklärung. Er übernimmt von ihnen nicht nur die empiristische Denkweise, sondern auch den unbeschränkten Fortschrittsglauben, den er jedoch historisch-soziologisch unterbaut. Sein „Drei-Stadien-Gesetz" besagt, daß die Entwicklung der Menschheit ein theologisches, ein metaphysisches und ein positives Stadium durchläuft. Zuerst erklärt der Mensch die Naturerscheinungen durch das Wirken übernatürlicher Kräfte, die religiös verehrt werden. Sodann sucht er die Welt spekulativ durch metaphysische Wesenheiten und Gesetze zu erklären. Schließlich tritt das Denken in das positive Stadium ein, in dem es die religiösen und metaphysischen Vorurteile überwindet, sich auf die positiv-wissenschaftliche Erforschung der Welt beschränkt und so erst zu einer nüchtern sachlichen Erkenntnis der Wirklichkeit kommt. In dieser Sicht wird der Mensch zum bloßen Objekt naturwissenschaftlicher, empirisch psychologischer und soziologischer Forschung.

Der Positivismus wird zur Wegbereitung für den *Materialismus,* obwohl beide im Prinzip durchaus nicht identisch sind. Positivismus bedeutet die rein methodologische Beschränkung wissenschaftlicher Erkenntnis auf das positiv Gegebene. Sie läßt daher keinerlei Aussage – weder im positiven noch im negativen Sinn – über die Erfahrung hinaus zu. Eine solche Aussage macht aber der Materialismus: Alles ist Materie, es gibt nur materielle Wirklichkeit. Das ist eine „metaphysische" These, insofern sie eine Aussage über die Gesamtwirklichkeit zu machen beansprucht. Sie geht grundsätzlich über das Methodenprinzip des Positivismus hinaus und kann durch dieses nicht gerechtfertigt werden. Ein Materialismus ist positivistisch nicht begründbar. Trotzdem geht der Positivismus vielfach in den Materialismus über. Aus der methodischen Beschränkung auf die empirisch-materielle Wirklichkeit wird faktisch, wenn auch nicht logisch, die Folge gezogen, daß es nur eine derart empirisch-materielle Wirklichkeit gibt und geben kann. Diese Auffassung findet bei den Vertretern des sogenannten „wissenschaftlichen Materialismus" des 19. Jahrhunderts, in Deutschland besonders *C. Vogt* († 1895), *J. Moleschott* († 1893) und *L. Büchner* († 1899). Alle Phänomene und Prozesse des Lebens, auch des bewußten und „geistigen" Lebens des Menschen, sind demnach durch rein mechanisch wirkende physikalisch-chemische Kräfte und Gesetze zu erklären – eine Auffassung, die damals mit scharfer Polemik gegen ein religiöses und metaphysisches Menschenbild vertreten wurde und ebenso heftige wie umfangreiche Diskussionen um den Materialismus ausgelöst hat.

2. In diese geistige Atmosphäre trifft die *Deszendenztheorie* von Ch. Darwin und führt zu einer neuen Revolution des Menschenbildes. Der Gedanke einer durchgehenden Entwicklung des Lebens ist zwar durchaus nicht neu. Ansätze dazu finden sich schon in der frühgriechischen Philosophie. Der Entwicklungsgedanke ist auch der patristischen Theologie geläufig. Dagegen leitet sich die Vorstellung einer notwendigen Konstanz der Arten philosophisch aus der Ideenlehre Platons ab und verbindet sich theologisch mit einer buchstäblichen Auslegung des biblischen Schöpfungsberichtes. Doch wurde philosophisch und theologisch noch nie so starr eine Konstanztheorie mit Ausschluß jeder Entwicklung vertreten wie in der Naturwissenschaft selbst, besonders von *Ch. Linné* (1707–1778), der die Arten der Lebewesen für absolut unveränderlich hielt. Hingegen hat als erster *J. B. Lamarck* (1744–1829) in seiner „Philoso-

phie zoologique" (1809) eine naturwissenschaftliche Entwicklungstheorie vertreten. Das Entstehen neuer Arten erklärt er durch Anpassung an Umweltbedingungen und durch Vererbung individuell erworbener Anpassungsmerkmale. Diese Erklärung konnte sich nicht durchsetzen, weil sich die Vererbung individuell erworbener Eigenschaften biologisch nicht nachweisen läßt. Den entscheidenden Durchbruch bringt erst *Ch. R. Darwin* (1809–1882) durch sein Werk: „On the Origin of Species by Means of Natural Selection" (1859). Er kann die Evolution der Lebensformen durch reiches Material belegen und sucht sie durch die Theorie der natürlichen Zuchtwahl zu erklären, d. h., daß zufällige Mutationen des Erbguts geschehen, die Selektion sich aber im Kampf ums Dasein vollzieht; nur die lebensfähigen Formen bleiben erhalten, pflanzen sich fort und entwickeln sich weiter, während die lebensuntüchtigen Formen aussterben oder ausgerottet werden. Damit hat Darwin eine rein naturwissenschaftliche Theorie erstellt, ohne daraus philosophische oder weltanschauliche Folgerungen – etwa im materialistischen Sinn – zu ziehen.

Doch wurde seine Theorie bald in diesem Sinne ausgewertet. Im deutschen Sprachraum geschieht dies besonders durch *E. Haeckel* (1834–1919), einen der bedeutendsten Schüler Darwins, dessen Buch „Die Welträtsel" (1899) zu breitester Auswirkung kommt. Er deutet die naturwissenschaftliche Theorie Darwins zu einer philosophisch-weltanschaulichen Lehre um, er kämpft von da aus gegen das christliche Welt- und Menschenbild, gegen die Lehre von der Seele, der Freiheit und Unsterblichkeit, er spottet über den Glauben an Gott (das „gasförmige Wirbeltier"). Die Deszendenztheorie wird so für einen reinen Materialismus in Anspruch genommen. Dadurch soll die Dualität zwischen Materie und Geist endgültig überwunden und ein materialistischer „Monismus" begründet werden, der sich übrigens mit deutlich pseudoreligiösen Zügen in einem „Monistenbund" organisiert.

Nicht minder, wenn auch auf andere Weise, wirkt Darwins Lehre bei *Friedrich Nietzsche* (1844–1900) weiter. Er sieht den Menschen als Produkt einer Entwicklung, die jedoch ihr Ziel noch nicht erreicht hat, sondern über den Menschen hinausführen soll zum „Übermenschen". Zugleich übt Nietzsche scharfe Kritik an Darwin, weil die Entwicklung nicht notwendig, durch mechanisch wirkende Auslese erfolgen kann, sondern nur durch freien Wettkampf der Menschen im „Willen zur Macht". Die natürliche Auswahl führt nicht zur Entwicklung des Höheren und Besseren, sondern fördert das Mittelmäßige und Minderwertige, das überwunden werden muß. So kann der Übermensch, den Nietzsche leidenschaftlich verkündet, nicht das Produkt eines mechanischen Naturprozesses, sondern nur Produkt menschlicher Freiheit sein. Trotz dieser Kritik steht Darwins Theorie im Hintergrund der prophetischen Schau Nietzsches vom Übermenschen.

Auch *Karl Marx* und *Friedrich Engels* stehen unter dem Eindruck der Lehre Darwins. Schon im Erscheinungsjahr der „Natural Selection" (1859) schreibt Engels an Marx über den „großartigen Versuch" Darwins, der die Teleologie „kaputt gemacht" und die „historische Entwicklung in der Natur" nachgewiesen habe.[18] Marx antwortet darauf, daß Darwins Buch „die naturhistorische Grundlage für unsere Ansicht enthält"[19]. Marx sieht also durch Darwin seine eigene Auffassung bestätigt. Somit geht der Darwinismus in die Grundlagen der marxistisch-materialistischen Weltanschauung ein und wirkt in dieser Auslegung fort.

3. Der *dialektische Materialismus*, der von *Karl Marx* (1818 bis 1883) und *Friedrich Engels* (1820–1895) stammt und von *W. J. Lenin* (1870–1924) fortgebildet wurde – daher auch vielfach Marxismus-Leninismus genannt – hebt sich ausdrücklich von einem positivistischen Materialismus ab. Der Unterschied besteht in dem dynamisch-evolutiven Element, das naturwissenschaftlich von Darwin, philosophisch von Hegel stammt und hier auf die Gesamtwirklichkeit, sowohl auf die Natur wie auf die Geschichte, übertragen wird. Insofern denkt der dialektische Materialismus, wie er selbst gegenüber dem Positivismus immer wieder betont, nicht statisch, sondern dynamisch, nicht mechanistisch, sondern dialektisch. Das dialektische Gesetz Hegels wird übernommen, aber aus einer Dialektik des Geistes wird die Dialektik der Materie. Es bleibt ein Materialismus, insofern es nur materielle Wirklichkeit gibt. Aber es ist nicht eine statische, univok gleichförmige, nur quantitativ bestimmte Materie, sondern ein materielles Prinzip, das sich dialektisch fortentfaltet durch qualitative „Sprünge" in höhere Erscheinungs- und Wirkweisen. So ist das Leben nicht einfach auf Prozesse der anorganischen Materie zurückzuführen, sondern bedeutet eine qualitativ höhere Entfaltungsform der Materie. Erst recht gilt das vom Menschen und dem Leben seines Bewußtseins; es ist wieder eine qualitativ höhere Form der materiellen Wirklichkeit. Aber es bleibt bloße Materie – und es bleibt daher das vieldiskutierte Problem, wie daraus das Bewußtsein zu erklären ist.

Damit verbindet sich – schon von Marx her – der *historische Materialismus*, der die geschichtliche Entwicklung erklären will. Der einzige geschichtsbildende Faktor ist für Marx die materielle Lebensgrundlage, d. h. die konkret ökonomische Situation, die Struktur der Wirtschaftsform, das Verhältnis zwischen Produktion und Konsum, Produktionsmittel und Arbeitskraft. Der ökonomischen Struktur entspringt die soziale Lage, diese bedingt die rechtliche und politische Ordnung sowie alles, was Marx den „ideologischen Überbau" nennt: Philosophie, Moral und Religon. Sie bestehen in einer nachträglich theoretischen Konstruktion zur Rechtfertigung und Sicherung der materiellen, ökonomischen und sozialen Lage im Interesse der herrschenden Klasse. „Religion ist Opium des Volkes"[20], damit es, im religiösen Glauben auf ein besseres Jenseits vertröstet, das soziale Unrecht, die Unterdrückung und Ausbeutung geduldig erträgt, ohne sich dagegen aufzulehnen und seine sozialen Rechte zu erkämpfen. Marx will den Menschen aus der „Entfremdung" – ein Wort, das von Hegel stammt und von Feuerbach im Sinn einer Religionskritik übernommen wurde – befreien und zu sozialem Recht verhelfen. Das verlangt aber den „Klassenkampf", dessen letztes Ziel jedoch die „klassenlose Gesellschaft" des Sozialismus ist. Anthropologisch entscheidend ist jedoch, daß Marx den Menschen nur als „Ensemble der gesellschaftlichen Verhältnisse"[21] versteht, worin der Einzelmensch aber als individuelle Person untergeht und zu einer bloßen Funktion am Fortschritt der Gesellschaft wird. Ähnlich wie bei Hegel wird der einzelne in ein „Allgemeines" aufgehoben, nur ist dieses Allgemeine nicht mehr ein absoluter Geistprozeß, sondern ein sozial-historischer Prozeß.

Wenn sich ein materialistisches Denken immer wieder auf die Evolutionslehre berufen hat, so führte das umgekehrt dazu, daß sich die Theologie und die kirchliche Lehre lange Zeit ablehnend gegenüber der Evolutionslehre, besonders bezüglich der Abstammung des Menschen, verhielten. Das hat sich in den letzten Jahrzehnten geändert. Man hat zu unterscheiden gelernt zwischen der naturwissenschaftlichen Evolutionstheorie und einem philosophisch-weltanschaulichen „Evolutionismus", der allein durch materielles Geschehen den Menschen im ganzen zu erklären beansprucht, den empirisch-wissenschaftlichen Erkenntnissen also vorschnell und unkritisch eine materialistische, also allgemein philosophisch-weltanschauliche Deutung gibt.

4. Daß eine Synthese zwischen der Evolutionslehre und dem christlichen Denken möglich ist, hat besonders *Pierre Teilhard de Chardin* (1881–1955) gezeigt. Sein Hauptwerk „Le phénomène humain" bringt eine Gesamtschau der Entwicklung der Welt und des Lebens in der Welt. Darin vollzieht sich eine wachsende Differenzierung der Formen des Lebens als Bedingung einer ebenso steigenden Konzentrierung des Lebensgeschehens, die zur Reflexion und zum Bewußtsein führt. Dies setzt nach Teilhard voraus, daß schon in der Materie das Bewußtsein angelegt ist, durch Evolution der Lebensformen aber in steigendem Maß zur Entfaltung kommt. Die Materie als dynamischer, energiegeladener Urstoff enthält ursprünglich alle Kräfte der Entwicklung. In diesem Prozeß bildet sich – nach dem Gesetz von Differenzierung und Konzentration – die „Biosphäre", der Bereich des Lebens in all seinen Gestalten, und die „Noosphäre", der Bereich des Denkens und geistigen Bewußtseins des Menschen. Die Entwicklung geht jedoch in der Geschichte weiter und führt in die Zukunft der Menschheit. Auch die Kriege und Katastrophen unserer Zeit sieht Teilhard in diesem Zusammenhang: als Weg der Menschheit in eine neue Zeit. Das ungeheure Wachstum der Menschheit, die neuen Dimensionen, die sich wissenschaftlich und technisch eröffnen, führen zu einem Zusammenrücken und Zusammenwachsen der Menschen. In der künftigen Menschheit kommt die Kraft der Vereinigung, die Liebe zu vollerer Auswirkung. Das Endziel dieser Entwicklung ist der „Punkt Omega", die endgültige Vollendung in christlich-theologischer Sicht. Schon die Menschwerdung des Gottessohnes ist der Anfang einer göttlichen Vollendung der Welt. Christus will die Welt in sich aufnehmen, er will zum „größeren Christus", zum „kosmischen Christus" werden, so daß die Welt seine Fülle, sein „Pleroma" und schließlich Gott „alles in allem" sei.[22]
Teilhard hat begeisterte Aufnahme, aber auch heftige Kritik gefunden. Man kann gegen seine Synthese sowohl naturwissenschaftliche als auch philosophische und theologische Einwände erheben. Doch macht er nicht den Anspruch, metaphysische Aussagen über den Menschen zu machen, sondern nur das „Phänomen des Menschen" in der Gesamtentwicklung der Welt und des Lebens zu beschreiben. Damit zeigt er mindestens die Möglichkeit, die naturwissenschaftliche Evolutionstheorie philosophisch und theologisch zu integrieren; und darin liegt der Wert seiner umfassenden Synthese.

2) Existenzialismus und Personalismus

Noch entscheidender vollzieht sich die Wende zum konkreten Menschen – gegenüber allen Verkürzungen des Menschenbildes durch Idealismus und Materialismus – in der

Lebensphilosophie, der Existenzphilosophie und im Personalismus. Zwar sind diese Denkrichtungen verschieden, aber doch geistig nahe verwandt, insofern sie auf die konkrete Selbsterfahrung des Menschen zurückgehen und von daher sein Wesen auslegen.

1. Als früher Vorläufer solchen Denkens kann *Blaise Pascal* (1623–1662) genannt werden. Schon zu seiner Zeit widersetzt er sich der rationalistischen Verengung durch Descartes. Den Verstand (raison), auf mathematisch-rationales Denken reduziert, übertrifft das Herz (coeur), das Intuition und Instinkt, Gefühl und Feinsinn mit der Einsicht des Geistes verbindet. Ihm erschließt sich erst die Tiefe und Fülle der Wirklichkeit. Solche Kritik am rational rechnenden Denken wird später die ganze Lebens- und Existenzphilosophie durchziehen. Pascal sieht den Menschen in der Spannung zwischen Elend und Größe, zwischen dem Nichts und der Unendlichkeit. Der Mensch erfährt seine Zwiespältigkeit, Ohnmacht und Nichtigkeit, zugleich aber die Unendlichkeit seiner Transzendenz, seiner Berufung und Erlösung durch Gott. Er kann nicht allein immanent aus sich selbst, sondern muß transzendent aus seinem Bezug auf Gott verstanden werden, nicht nur in seiner natürlichen, auch in seiner übernatürlichen Dimension. Hier geschieht, wenn auch mehr im Ansatz als in der Durchführung, eine Reflexion auf die existentielle Selbsterfahrung des Menschen. Pascals Ansätze werden erst viel später, besonders in der neueren Existenzphilosophie, in breiterem Ausmaß wirksam.
Ein ähnliches Anliegen bricht im 19. Jahrhundert beim Dänen *Sören Kierkegaard* (1813–1855) durch, der zum Begründer der *Existenzphilosophie* wurde. Er wendet sich kritisch sowohl gegen den Idealismus Hegels, der den Einzelmenschen aufhebt in den allgemeinen und absoluten Geist, als auch gegen den Materialismus seiner Zeit, der das eigentlich Menschliche nicht erreichen, erst recht nicht erklären kann. Kierkegaard geht es um die „Existenz“ – er prägt diesen Begriff im Sinne der menschlichen Existenz, d. h. des jeweils einzelnen und konkreten Menschen in der Ganzheit seiner Selbsterfahrung, seiner Einmaligkeit und Eigenständigkeit, seiner Freiheit und Verantwortung. Der Mensch erfährt sich aber in Ohnmacht und Gebrochenheit, in Schuld und Angst. Doch weiß er sich im Glauben offen für Gott und erlöst von Gott, in dem allein er den Sinn seiner Existenz finden kann. Menschliche Existenz bedeutet im letzten „Existenz vor Gott“ – ähnlich wie bei Pascal eine Sicht des Menschen, die entscheidend durch den christlichen Glauben bestimmt ist.
In scharfem Gegensatz dazu steht *Friedrich Nietzsche* (1844–1900); doch geht es auch ihm um den Menschen. Kierkegaard hat aufgerufen zu radikalem Ernstnehmen des Christentums. Nietzsche dagegen protestiert gegen das Christentum im Namen des natürlichen Menschentums. Steigerung des Lebens in sein Ziel. Das „Leben“ wird ihm zum Höchstwert. Doch sieht er das menschliche Leben naturalistisch, d. h. rein naturhaft-biologisch. Leben ist leibliches Leben: „Leib bin ich ganz und gar, und nichts außerdem; die Seele ist nur ein Wort für ein Etwas am Leibe.“[23] Er versteht das Leben weiter evolutionistisch; es geht um Höherentwicklung des menschlichen Lebens: „Ich lehre euch den Übermenschen. Der Mensch ist etwas, was überwunden werden soll. Was habt ihr getan, ihn zu überwinden?“[24] Das Ziel ist der Übermensch, ein Herren-

mensch jenseits von Gut und Böse. So versteht Nietzsche das Leben auch voluntaristisch, denn die Höherentwicklung ist nicht Produkt mechanischen Naturgeschehens, sondern getragen vom Willen zur Macht, zur absoluten Lebenssteigerung, die alle Bindungen christlicher „Sklavenmoral“ abwirft, daher auch den Glauben an Gott verwirft und – um des Menschen und seiner Freiheit willen – verkündet: „Gott ist tot.“[25] Nietzsche, mehr Prophet als Philosoph, hat starken Einfluß gewonnen, auch auf die neuere Existenzphilosophie (Jaspers und Heidegger haben Nietzsche-Bücher verfaßt). Er steht auch entscheidend im Hintergrund der „Gott-ist-tot“-Theologie. Doch gehört er nicht eigentlich der Existenzphilosophie an, eher, soweit man ihn überhaupt einordnen kann, der „Lebensphilosophie“.

2. Der Hauptvertreter der *Lebensphilosophie* ist *Henri Bergson* (1859–1941). Auch er steht im Gegensatz zum Positivismus und Materialismus mit ihrer mechanistischen Betrachtungsweise. Sie erreicht nur die Oberfläche der Wirklichkeit, nicht die eigentliche Realität, die wir im Bewußtsein erfahren. Diese Realität ist „Leben“. Es bedeutet steten Fluß, Werden und Wachsen, Bewegung und Entwicklung: „évolution créatrice“ (schöpferische Entwicklung), getragen vom „élan vital“ (Lebenskraft oder Lebensschwung). Wir erfahren dies im Erlebnis der Zeit, aber nicht nur der physikalischen, rein quantitativ meßbaren Zeit, sondern der psychischen, qualitativ bestimmten Zeit, die einen beständigen Wandel bedeutet. Die lebendige Wirklichkeit ist nicht rational faßbar. Die Dynamik des Lebens geht nicht ein in die Statik des Begriffs. Wir müssen vielmehr den Fluß des Lebens mitvollziehen, einfühlend miterleben. Dies geschieht in unmittelbarer „intuition“ im Gegensatz zur begrifflichen „raison“ – ein gewisser irrationaler Zug, der an Pascal erinnert und in der Existenzphilosophie auf verschiedene Weisen wiederkehrt.
Zur Lebensphilosophie gehört im deutschen Raum besonders *Wilhelm Dilthey* (1833–1911), der den Unterschied zwischen Natur- und Geisteswissenschaften, zwischen „Erklären“ und „Verstehen“ herausarbeitet, das Verstehen als „einfühlendes Miterleben“ bestimmt, also ähnlich der „intuition“ bei Bergson, und den entscheidenden Anstoß zur „verstehenden Psychologie“ gibt: „Die Natur erklären wir, das Seelenleben verstehen wir.“ Hierher gehört auch *Ludwig Klages* mit seiner These vom „Geist als Widersacher der Seele“, vor allem aber *Max Scheler,* auf den später als den Begründer einer neuen philosophisch-phänomenologischen Anthropologie zurückzukommen ist.

3. Die *Existenzphilosophie,* eine der bedeutendsten Bewegungen im geistigen Leben der letzten Jahrzehnte, ist sehr vielgestaltig. Gemeinsam ist ihr, daß der Begriff der „Existenz“ – im Sinne Kierkegaards: der konkreten menschlichen Existenz – eine zentrale Rolle spielt. Es geht um den Menschen. Die menschliche Existenz wird aber nicht rational erfaßt und ergründet, sondern aus der Unmittelbarkeit der Selbsterfahrung, des Selbstverständnisses des Menschen aufgehellt. „Existenzanalyse“ wird gefordert. Dabei stehen vielfach negative Phänomene im Vordergrund: die Endlichkeit und Kontingenz des Menschen, die Angst und Sorge (Kierkegaard und Heidegger), das Scheitern (Jaspers), das „Sein zum Tode“ (Heidegger). Gerade in diesen Phänomenen

erfährt der Mensch das Entgleiten oberflächlicher Verstellungen, er wird auf sich selbst zurückgeworfen und kann ursprünglich und ganzheitlich seine eigene Existenz erfassen. In den radikalsten Formen des Existenzialismus (J.-P Sartre) führt dies zur völligen Nichtigkeit und Sinnlosigkeit des menschlichen Daseins, während im christlichen Existenzialismus (G. Marcel) auch positive Elemente zur Geltung kommen und eine Philosophie des Personalen, der Hoffnung und des Vertrauens erreicht wird.

Der bedeutendste Vertreter der Existenzphilosophie ist *Martin Heidegger* (1889 – 1976), einer der tiefsinnigsten Denker unserer Zeit. Er versteht seine Philosophie nicht als „Anthropologie", sondern als „Ontologie". Es geht ihm nicht um den Menschen, sondern um das Sein. Weil aber allein der Mensch durch Seinsverständnis ausgezeichnet ist, kann der Sinn von Sein nur durch eine Analytik des Daseins aufgewiesen werden. Menschliches Dasein ist wesenhaft zeitlich. Es vollzieht sich im Entwurf der Zeit, d. h. im steten Entwurf der eigenen Seinsmöglichkeiten, die es – als Zukunft – auf sich zukommen läßt. Das Dasein ist darum ebenso wesenhaft geschichtlich. Es steht unter dem Geschick des Seins und hat ein geschichtliches, geschickhaft zugewiesenes Seinsverständnis als den Horziont seines Verstehens. Es legt sich – besonders beim späten Heideggers – in der geschichtlichen Sprache aus. In ihr spricht die Stimme des Seins, der wir zu entsprechen haben. Wenn es Heidegger auch primär um das Sein geht, das sich uns geschichtlich offenbart und verbirgt, so hat sein Denken die philosophische Anthropologie der Gegenwart nicht nur entscheidend angeregt, sondern auch auf ihren ontologischen Problemgrund zurückverwiesen.

Die ontologische Wendung der Existenzphilosophie wird jedoch von *Karl Jaspers* (1883 – 1968) abgelehnt. Er meint, damit werde das Anliegen wieder preisgegeben, der lebendige und freie Vollzug des Existierens wieder verfestigt in ein System. Das ist nicht möglich, weil der Mensch immer unterwegs ist, im existentiellen Selbstvollzug beständig über sich hinauswächst. Doch bemüht sich Jaspers um „Existenzerhellung", die ihren Ausgang nimmt von „Grenzsituationen", von der Erfahrung des „Scheiterns"; der Mensch stößt überall an die eigenen Grenzen und wird auf sich selbst zurückgeworfen. So scheitert auch das Erkennen, es stößt immer wieder an die Grenzen seiner Möglichkeit. Es bleibt nur der Wille zur Wahrheit als Haltung und Aufgabe, aber keine dogmatisch fixierbare Wahrheit. Doch dringt Jaspers zur Transzendenz vor, insofern wir im existentiellen Vollzug das „Umgreifende" erfahren. Es kann aber nicht in rationalen Begriffen erfaßt werden. Es tut sich nur in „Chiffren" kund, d. h. in Symbolen, die auf die Wahrheit hinweisen, ohne sie eigentlich erreichen und ausdrükken zu können.

Im französischen Raum hat sich die Existenzphilosophie in gegensätzlicher Richtung fortentwickelt. Auf der einen Seite, besonders bei *Jean-Paul Sartre* (1905–1980), erhält sie ihre radikalste Form eines atheistischen Nihilismus, der später eine neumarxistische Richtung einschlägt. Auf der anderen Seite, besonders bei *Gabriel Marcel* (1889 – 1972), wird sie zu einem christlichen Existenzialismus, der die Seinserfahrung personaler Kommunikation und Partizipation zur Geltung bringt und im absoluten Personsein Gottes begründet.

Dies steht im Zusammenhang einer breiten Denkbewegung, welche die Eigenart des personalen Seins und des interpersonalen Bezugs herausstellt und die man unter dem Namen „*Personalismus*" zusammenfassen kann. Sie ist mit der Existenzphilosophie nicht identisch, doch verbindet oder überschneidet sie sich mit ihr auf vielfache Weise. Hierher gehören *M. Scheler, F. Ebner, M. Buber, A. Brunner,* im französischen Raum *E. Mounier* und ausdrücklicher von der Existenzphilosophie her *K. Jaspers* und *G. Marcel.* Ohne hier jedoch auf die einzelnen Vertreter des Existentialismus und des Personalismus näher einzugehen, wollen wir kurz die wichtigsten Aspekte herausheben, die hier anthropologisch bedeutsam wurden.

Der Mensch wird nicht mehr isoliert gesehen als reines Subjekt im Sinne des Rationalismus (Descartes) oder des Idealismus (Kant bis Hegel). Er kommt vielmehr konkret als *Mensch in seiner Welt* in den Blick. Der späte E. Husserl spricht von der „Lebenswelt", M. Heidegger vom „In-der-Welt-Sein" als der Grundverfassung des Daseins. Die „Welt" als konkreter und geschichtlicher Verständnishorizont wird zu einer anthropologischen Kategorie. Eine Phänomenologie der Welt wird entfaltet. Selbst- und Weltverständnis stehen nicht in reinem Subjekt-Objekt-Gegensatz einander gegenüber, sondern bilden eine dialektische Einheit, deren Grundstrukturen freigelegt werden müssen.

Die Welt des Menschen ist jedoch primär eine *personale Welt.* Einerseits ist dem Menschen als Einzelperson unaufhebbare Einmaligkeit und Unwiederholbarkeit eigen. Er ist in Freiheit, Selbstentscheidung und -verantwortung auf sich „selbst" gestellt. Anderseits kommt ihm ebenso wesentlich der personalen Bezug zum „anderen" zu: die intersubjektive Beziehung zwischen Ich und Du. Dieses Verständnis zeigt eine völlig andere Struktur als das Verhalten zu einem „Gegenstand". Doch kam diese Eigenart erst durch den Personalismus der letzten Jahrzehnte ausdrücklich in den Blick.

Mit dem personalen Bezug ist auch die *soziale Dimension* gegeben. Die Welt des Menschen ist eine soziale Welt. Der Mensch erfährt sich nicht nur bezogen auf ein „Du", sondern auch auf das „Wir". Er findet sich im Ganzen der Gemeinschaft und Gesellschaft vor. Doch kann weder ein Individualismus, der den einzelnen isoliert betrachtet (Rationalismus und Aufklärung), noch ein Kollektivismus, der ihn vollkommen aufgehen läßt im gesellschaftlichen Geschehen (Marx und Kommunismus), dem personalen und sozialen Wesen des Menschen gerecht werden.

Mensch und menschliche Gesellschaft stehen in der *Geschichte.* Die menschliche Welt ist eine geschichtliche Welt. Dies ist schon seit Hegel, später besonders bei W. Dilthey und M. Heidegger in den Vordergrund philosophischen Denkens getreten. Der Mensch kann jedoch seine Geschichte nicht als „Gegenstand" vollkommen objektivieren. Er erfährt und versteht sich selbst aus seiner geschichtlichen Welt. Sein gesamtes Dasein, auch sein Denken und Wollen, Werten und Handeln, unterliegt geschichtlichen Bedingungen, die er nicht aufheben kann und die – durch eine geschichtlich geprägte Sprache und Kultur, durch vorgegebene Denkformen, Vorstellungs- und Ausdrucksweisen – konkrete Möglichkeiten des Daseins eröffnen, aber auch Begrenzungen auferlegen und dadurch dem einzelnen seinen geschichtlichen Standort vorzeichnen.

3) Phänomenologie und Ontologie des Menschen

Alle bisher genannten Ansätze gehen in die neuere Anthropologie ein. Auch steht heute eine Vielfalt empirischer Einzelwissenschaften im Dienst anthropologischer Forschung. Um davon das philosophische Anliegen abzuheben, spricht man in diesem Sinne allgemein von „philosophischer Anthropologie". Ihr geht es um philosophisch-phänomenologische Auslegung des Gesamtphänomens menschlichen Daseins und um dessen ontologisch-metaphysische Durchdringung und Ergründung.

1. Die neuere philosophische Anthropologie, sofern sie weder empirische Psychologie noch einzelwissenschaftliche Anthropologie ist, geht entscheidend auf *Max Scheler* (1874–1928) zurück. Er kommt von der Phänomenologie des frühen Husserl her und nimmt dessen Anliegen auf, das unmittelbar gegebene „Phänomen" zu beschreiben und zu analysieren. Während sich jedoch bei Husserl später die transzendentale Frage nach der Konstitution des Gegenstandes im Bewußtsein stellt, machen viele seiner Schüler diese Wende nicht mit, sondern setzen die phänomenologische Methode unmittelbar zur logischen, ontologischen oder wertphilosophischen Forschung ein. So vor allem Scheler, der die Eigenart geistig-personalen Seins und die Sonderstellung des Menschen im Ganzen der Welt und des Lebens zu erhellen sucht. Besonders von seinem Buch „Die Stellung des Menschen im Kosmos" (1928), das beim Vergleich zwischen menschlichem und tierischem Verhalten ansetzt, die „Weltoffenheit" des Menschen von der „Umweltgebundenheit" des Tieres abhebt und die Sonderstellung des Menschen allein im „Geist" und den eigentlich geistigen Leistungen begründet, gehen bis heute entscheidende Anstöße aus. Doch hat sich inzwischen immer deutlicher gezeigt, daß der grundlegende Unterschied des Menschen vom Tier sein ganzes Dasein, auch in biologischer und morphologischer Hinsicht, betrifft.
Seither wurde philosophische Anthropologie zu einem zentralen Anliegen, das sich in einer reichen Fülle verschiedenartiger Ansätze und Entwürfe kundtut. Diese Vielfalt steht zumeist vor der Alternative: Entweder geht eine philosophische Anthropologie von breitem Material einzelwissenschaftlicher Forschung aus, um es in die Synthese eines philosophischen Menschenbildes zu bringen – oder sie nimmt relativ unabhängig von empirischen Wissenschaften einen ursprünglich philosophischen Ansatz, indem sie phänomenologisch die Selbsterfahrung des Menschen auslegt und von daher das Wesen des Menschen zu ergründen sucht.

2. Den ersten Typ repräsentiert *Arnold Gehlen* (geb. 1904), der besonders in seinem großen Werk „Der Mensch – Seine Natur und Stellung in der Welt" reiches Material empirischer Wissenschaften – Biologie, Entwicklungs- und Verhaltensforschung, Psychologie, Soziologie und Sprachwissenschaft – zusammenträgt und auszuwerten sucht. Die Grundthese Gehlens ist, daß gegenüber der hohen Spezialisiertheit und Instinktsicherheit des Tieres der Mensch sich durch seine Unspezialisiertheit, Unfertigkeit und Instinktarmut biologisch als „Mängelwesen" darstellt. Um zu überleben, muß er die Mängel durch eigenes Handeln kompensieren; daraus entspringen die höheren geistigen und kulturellen Leistungen des Menschen. Diese Auffassung hat

vielfach Kritik gefunden, weil man die positiven Leistungen auf wesentlich höherer Stufe nicht allein durch das negative Element eines Mangels erklären kann. So zeigt etwa *Adolf Portmann* von der Biologie und vergleichenden Verhaltensforschung her, daß die Besonderheit des Menschen schon seine biologische Konstitution, sein gesamtes Verhalten, den Ablauf seiner Lebensphasen usw. betrifft, daß er also schon biologisch auf geistige und kulturelle Leistungen, auf die personale und soziale Beziehung, also auf das spezifisch Menschliche hin angelegt, sogar in hohem Maß „spezialisiert" ist.

Von der Psychologie her ein Gesamtbild des Menschen in seinen Grundstrukturen zu erstellen, ist vor allem das Anliegen des psychologischen Personalismus, als dessen Begründer und Vorkämpfer *William Stern* gilt. Auch *Philipp Lersch, August Vetter* u. a. bemühen sich um ein psychologisches Gesamtbild des Menschen, während *Erich Rothacker* und *Michael Landmann* auf allgemein geisteswissenschaftliche Bereiche ausgreifen und die Frage nach dem Menschen kultur- und sozialanthropologisch ausweiten. Im Rahmen des französischen Strukturalismus – der Antithese zum Existentialismus Sartres – entwickelt *Claude Lévi-Strauss* von ethnologischen und soziologischen Forschungen her eine Anthropologie, die jedoch mehr im empirischen Material verbleibt und weniger philosophisch wird.

3. Einen strenger philosophischen Ansatz, der aber auch einzelwissenschaftliche Erkenntnisse zu integrieren erlaubt, nimmt *Helmut Plessner.* Besonders durch sein Hauptwerk „Die Stufen des Organischen und der Mensch" (1928) ist er neben Scheler einer der Begründer philosophischer Anthropologie. Er formuliert seine Grundthese durch die „exzentrische Positionalität" des Menschen, die sich gegenüber der Zentriertheit des Tieres dadurch unterscheidet, daß der Mensch sein Lebenszentrum nochmals reflektiert und dadurch übersteigt, also „exzentrisch" existiert. Im Grunde ist damit die geistige Dimension des menschlichen Daseins, seine „Vermittlung der Unmittelbarkeit" des Lebens gemeint, wie Plessner selbst mit Hegels Worten formuliert. Damit steht Plessner schon in der Mitte und bildet den Übergang zum anderen Grundtyp philosophischer Anthropologie, der relativ unabhängig von Einzelwissenschaften rein philosophisch aus den Phänomenen der menschlichen Selbsterfahrung die Wesensverfassung des Menschen zu ermitteln sucht.

Zu dieser Gestalt einer Anthropologie kann schon eine Philosophie des Geistes errechnet werden, wie sie etwa von *Nikolai Hartmann* oder *Theodor Litt* entwickelt wurde. Hierher gehört auch der personale oder interpersonale Ansatz. Wir haben schon auf *Martin Buber, Ferdinand Ebner, Gabriel Marcel* u. a. hingewiesen, deren Denken heute im Hinblick auf das „dialogische" Wesen des Menschen philosophisch und theologisch vielfach aufgegriffen und ausgewertet wird. Von besonderer Bedeutung für die Anthropologie der Gegenwart wurde der existenzphilosophische Ansatz sowohl in Gestalt der Existenzerhellung bei *Karl Jaspers* als auch der existentialontologischen Hermeneutik des Daseins bei *Martin Heidegger,* die sich nicht nur im eigentlichen philosophischen, sondern auch im theologischen und hermeneutischen Bereich, etwa bei Rudolf Bultmann und seiner Schule, breit ausgewirkt und entfaltet hat.

Auch im Raum des neumarxistischen Denkens der Gegenwart zeigt sich deutlich eine

anthropologische Wende, die – etwa bei *A. Schaff, L. Kolakowski* u. a. – im Rückgriff auf den jungen Marx den Menschen in den Vordergrund stellt und den Sozialismus als „Humanismus" auslegt.
Nicht minder tritt schon seit Jahrzehnten das Bestreben in Erscheinung, auf den Boden der klassischen Tradition christlichen Denkens, besonders von Thomas von Aquin her, zugleich aber mit verschiedentlicher Auswertung von Ansätzen und Einsichten der neueren Philosophie, zu einer metaphysischen Wesensergründung des Menschen vorzudringen. Beachtenswerte Grundlinien einer solchen Anthropologie sind bei *Karl Rahner, Max Müller, Gustav Siewerth* u. a. erarbeitet, in mehr systematischer Gestalt von *E. Przywara, A. Dempf, H. E. Hengstenberg* und besonders *Johannes B. Lotz* durchgeführt. Eine gute Zusammenfassung bietet neuerdings *Gerd Haeffner*. Beachtung verdient überdies *W. Pannenbergs* große Anthropologie aus evangelisch-theologischer Sicht, worin aber auch die gesamte philosophische Anthropologie verarbeitet ist.
Dies alles zeigt, wie sehr das anthropologische Anliegen im Vordergrund gegenwärtigen Denkens steht. Wir nehmen es auf, um die Grundzüge einer Philosophie des Menschen zu entfalten.

I. Der Weltbezug des Menschen

1. MENSCH UND WELT

a) Die Fragerichtung

Wir fragen: *Was ist der Mensch?* Diese Frage kennzeichnet einfach und treffend das Wesen philosophischer Anthropologie. Allein um diese Frage geht es. Wird sie thematisch und methodisch gestellt, so ist sie schon eine philosophische Frage, die sich an die Ganzheit des Menschen richtet und seinen Wesensgrund erreichen will. Sie kann daher von keiner Einzelwissenschaft gestellt oder beantwortet werden, sondern fordert eine philosophische Reflexion. Was meint aber genauer diese Frage: Was ist der Mensch? Bevor wir darangehen, die Frage zu beantworten, muß ihr Sinn bestimmt und der Ansatz zu ihrer Beantwortung gewonnen werden.
Ist es überhaupt eine richtig und sinnvoll gestellte Frage? Zuweilen wurde dies – besonders von existenzphilosophischer Seite – bestritten. Man könne gar nicht fragen, „was" der Mensch sei. Man könne nur fragen, „wer" er sei. Denn der Mensch ist nicht ein „Was", sondern ein „Wer", nicht ein dinghafter Gegenstand, sondern jeweils einmalig personales Dasein. Das ist richtig. Aber diese Aussage gibt schon eine Antwort auf die Frage, „was" der Mensch ist. Der Wer-Frage liegt die Was-Frage noch voraus und hat eine völlig andere Sinnrichtung. Wenn wir fragen, „wer" das sei, so erwarten wir als Antwort seinen Namen, seine Herkunft, seinen Beruf usw., also Angaben über diesen bestimmten Menschen. Darum geht es uns hier nicht. Wir wollen nicht wissen,

„wer“ Herr X ist, der uns begegnet, sondern „was“ der Mensch überhaupt ist, was ihn zum Menschen macht, was das Wesen des Menschen ist, in dem wir übereinkommen. Die Wer-Frage setzt schon voraus, daß er ein „Wer“, also ein individuell-personales Wesen ist. Die Was-Frage setzt dies nicht voraus, aber schließt es nicht aus. Wenn jedoch die Wer-Frage als die einzig gültige Frage an den Menschen anerkannt und damit die Was-Frage ausgeschlossen wird, so liegt dem die Auffassung zugrunde, daß es gar kein „Was“, kein gemeinsames Wesen des Menschen gibt, nach dem wir fragen könnten. Diese Aussage hebt sich aber selbst auf, weil sie schon eine allgemeine Aussage über den Menschen macht – und wäre es nur die Aussage, daß er ein jeweils einzelnes und einmaliges Dasein ist. Wir können gar nicht anders nach dem Menschen fragen, es sei denn im Horizont eines allgemeinen Vorwissens darum, was der Mensch überhaupt ist, was Menschsein bedeutet. Dieses Vorwissen gibt der Frage ihren Sinn und ihre Richtung.

Die Frage „Was ist der Mensch?“ betrifft mich selbst. Wenn ich nach dem Menschen frage, verstehe ich mich selbst als Menschen und stelle mich selbst als Menschen in Frage. Das ist die Eigenart dieser Frage, daß sie den Fragenden selbst in die Frage hineinnimmt, sich auf ihn selbst zurückwendet und zur Frage wird: „Was bin ich?“ – aber als Mensch unter Menschen. Es geht nicht allein um „mich“, sondern um den Menschen. Es geht nicht nur darum, „mein“ Selbstverständnis auszulegen, sondern das menschliche Selbstverständnis, nicht nur darum, „mein“ eigenes Dasein zu ergründen, sondern das menschliche Dasein überhaupt. Das ist nur dadurch möglich, daß wir uns immer schon in einer gemeinsam menschlichen Welt erfahren und verstehen. Wir haben kein isoliert einzelhaftes Selbstverständnis, das wir erst nachträglich „verallgemeinern“ müßten. Der einzelne ist nicht ursprünglich reines, von allem anderen isoliertes „Ich“, das in der Immanenz des eigenen Bewußtseins sich selbst vollzieht und erfährt. Nur im Ganzen einer gemeinsam menschlichen Welt kommt der einzelne zu sich selbst. Nur in menschlicher Erfahrungsgemeinschaft bildet und entfaltet sich sein eigenes Selbstverständnis. Dazu gehört sicher auch, daß sich jeder in seiner Einzelheit und Einmaligkeit, sogar einer letzten, nicht aufhebbaren Einsamkeit – von allen anderen abgehoben und auf sich selbst zurückverwiesen – erfährt, daß er um die Unvertretbarkeit seines personalen Selbstseins, um die Unabweisbarkeit seiner individuellen Entscheidung und Verantwortung weiß. Aber auch dies ist allgemein menschliche Erfahrung, die sich in einer allgemein anthropologischen Aussage formuliert. Diese Erfahrung setzt schon die Gemeinsamkeit einer menschlichen Welt voraus, die uns durch die Geschichte vermittelt, in der Gemeinschaft vorgegeben, in der gemeinsamen Sprache erschlossen ist. Nur in diesem Ganzen kommen Selbsterfahrung und -verständnis des einzelnen zustande. Nur auf diesem Hintergrund kann er fragen: Was ist der Mensch?

Die Beantwortung der Frage hat methodisch von diesem Gesamtphänomen auszugehen, nicht aber von einem „reinen Ich“ oder „reinen Bewußtsein“. Der Mensch ist nicht ursprünglich reines, weltloses und geschichtsloses Subjekt, sei dies gedacht als reines Geistwesen, das erst nachträglich an den Leib und die Welt gebunden ist (Platon), sei es als reines „Ich denke“, das aus der Immanenz geistigen Selbstbesitzes hinausgeht und nachträglich „auch“ eine Welt von Gegenständen vorfindet (Descartes), oder als reine, sich selbst vollziehende Vernunft, die als rein transzendentale Subjektivität Bedingung aller Objektivität ist (Kant bis Husserl). Wir finden uns nie in einem immanent verschlossenen Selbstbewußtsein vor, das zuvor bei sich selbst ist und nachträglich auf anderes ausgreift. Vielmehr finden wir uns selbst im anderen vor: in der dialektischen Einheit von Selbstvollzug und Weltvollzug, Selbsterfahrung und Welterfahrung, Selbstverständnis und Weltverständnis. Diese Ganzheit ist ein bewegtes Beziehungs- und Bedingungsverhältnis zwischen mir und meinem anderen, zwischen dem Menschen und seiner Welt.

b) Selbst- in Welterfahrung

Das *Grundphänomen* menschlicher Selbsterfahrung zeigt, daß wir uns inmitten einer Wirklichkeit vorfinden, inmitten von Dingen und Menschen, mit denen wir umgehen, die auf uns einwirken und mit denen wir in vielfachen Beziehungen stehen. Unser Dasein ist angewiesen auf die Welt, sowohl die dinghaft-gegenständliche Welt als auch und vor allem die menschlich-personale Welt. Unser konkretes Dasein ist dadurch auf vielfache Weise bedingt und bestimmt. Ihm sind Möglichkeiten vorgegeben, aber auch Begrenzungen auferlegt.

Das gilt schon von unserem leiblich-biologischen Leben, das dieser dinghaften Welt angehört, ihren physikalischen und chemischen Gesetzen unterworfen, einem Lebensgeschehen in der Welt entsprungen ist und von biologischen und physiologischen Gesetzen beherrscht wird wie alles übrige Leben in der Welt. So ist unser leibliches Leben angewiesen auf die Welt als unseren Lebensraum, auf die Dinge der Welt, die uns Nahrung, Kleidung und Wohnung bieten, die wir ergreifen, gebrauchen und gestalten, um als Mensch leben und bestehen zu können.

Erst recht ist der Mensch angewiesen auf die menschliche Mitwelt. Aus ihrer Gemeinschaft geht der einzelne hervor und in sie wächst er menschlich hinein. Er lernt ihre Sprache, übernimmt ihre Sitten, gewinnt Anteil an ihrem Geist und ihrer Kultur. Dies alles prägt entscheidend das einzelne menschliche Dasein. Es bleibt daran gebunden und dadurch bedingt, und zwar umso mehr, je höher die Stufe der Kultur und Zivilisation ist. Die Bezogenheit und Angewiesenheit aufeinander wird umso enger. Das Leben des einzelnen wird umso mehr hineinverflochten in das vielfältige Beziehungsgefüge des sozialen und kulturellen Geschehens der menschlich-geschichtlichen Welt.

Dadurch wird aber auch dasjenige mitbestimmt, was wir als unser eigenes und persönliches, nämlich inneres Leben erfahren und als „geistiges" Leben bezeichnen. Es ist wesentlich mitbedingt durch unsere Welt. Geistiges Werden und Wachsen, innere Reifung und Entfaltung des Menschen sind angewiesen auf die Welt, die ihn umgibt. Was ich selbst bin, als was ich mich selbst erfahre und verstehe, ist das Ergebnis einer beständigen Wechselwirkung zwischen mir und meiner Welt. Das heißt fürs erste, daß wir aus unserer Welt die Inhalte unseres Erkennens gewinnen. Wir sind hinausbezogen in die Welt, wir gehen gleichsam aus uns hinaus – oder sind immer schon hinausgegangen – in die Welt, um sie hineinzunehmen in das Innere unseres Bewußtseins. Wir leben in dieser bewegten Vermittlung und Auseinandersetzung zwischen „Innen" und „Außen". Nur im Bezug zu anderem, im Hinausgehen zu anderem und im Hineinnehmen des anderen in uns selbst, also durch Aufhebung der Andersheit des anderen, insofern es zum Inhalt unserer eigenen Erkenntniswelt wird, gelangen wir zur Verwirklichung und Bereicherung unseres eigenen Selbstseins. Man könnte demnach das Gesetz unseres geistigen Lebens eine Dialektik zwischen Innen und Außen nennen, aber nicht in dem Sinn, daß es zuvor ein reines Innen gäbe, aus dem wir erst in die Welt hinaustreten, sondern nur in dem Sinn, daß wir immer schon „draußen" sind, aber gerade insofern, als wir uns selbst im anderen vollziehen und vom anderen her unsere eigene geistige Welt gewinnen und gestalten.

Doch sind wir niemals rein passiv bestimmt durch unsere Welt. Wir sind nicht nur Objekt der Welt, sondern zugleich Subjekt der Welt. Wir haben eine, nämlich menschliche Welt, nur insofern wir sie aktiv erwerben und gestalten. Schon die Erkenntnis ist nicht nur passive Hinnahme. Sie verlangt vielmehr eigenen Vollzug und Einsatz, eigene Auseinandersetzung und urteilende Stellungnahme. Erst dadurch bilden wir unsere Erkenntniswelt.

Wir sind aber nicht nur erkennend, sondern ebenso wesentlich wollend und handelnd bezogen auf die Welt. Wir greifen selbsttätig, bestimmend und gestaltend in die äußere Wirklichkeit ein. Unsere eigenen Gedanken und Pläne, Ziele und Entschlüsse verwirklichen, vergegenständlichen wir durch freie Tat in dem Werk, das wir hineinstellen in die Welt. So wird das Innen des Geistes im Außen der Welt zur Darstellung gebracht in dem gegenständlichen Werk, dem verkörperten Ausdruck und Sinnbild menschlichen Geistes. Die dinghafte Welt wird zur menschlichen Welt, die vom Menschen gestaltet, durch menschliches Handeln geformt und mit neuem Sinn erfüllt wird. Die Natur wird erhoben zur Kultur. Das gehört zum Wesen des Menschen: daß er nicht in der Unmittelbarkeit einer vorgegebenen Natur lebt und leben kann, sondern in der Vermittlung der Natur zur Kultur. Der Mensch ist von Natur aus Kulturwesen.[1] Er selbst muß seine Welt zur Kulturwelt gestalten. Erst dadurch wird sie zum menschlichen Lebensraum.

Alles, was zur Kulturwelt im weitesten Sinn gehört, wirkt wieder formend zurück auf den Menschen: angefangen von den einfachsten Lebensformen, Sitten und Gebräuchen, die es in jeder, auch noch so primitiven menschlichen Gemeinschaft gibt, bis zur wissenschaftlichen Welterkenntnis, künstlerischen Weltgestaltung, technischen Weltbeherrschung, philosophischen Weltauslegung und religiösen Weltanschauung. Hierher gehört auch der ganze Bereich des sozialen, wirtschaftlichen und politischen Lebens, alle Formen menschlichen Zusammenlebens und -wirkens. Sie gehen nicht nur in die äußeren Lebensbedingungen der Menschen eines geschichtlichen Kulturraumes bestimmend ein, sondern wirken auch auf ihre Denkformen, Anschauungs- und Vorstellungsweisen, Überzeugungen und Bewertungen ein, also auf die Ganzheit des menschlichen Selbstverständnisses in der konkreten geschichtlichen Welt.

Die Einheit und Ganzheit dieses dialektischen Beziehungsgefüges von Mensch und Welt muß im Blick bleiben und den Hintergrund bilden, wenn wir sie in ihren Einzelaspekten und Grundstrukturen näher auszulegen versuchen.

2. DIE WELT DES MENSCHEN

a) Der Weltbegriff

Was bedeutet die „Welt" in dem Sinn, wie wir sie erfahren und wie sie den Horizont unseres menschlichen Erkennens, Wollens und Handelns bildet? Dem Versuch, das Phänomen der Welt auszulegen, begegnet die Schwierigkeit, daß der Weltbegriff nicht nur in der Umgangssprache sehr unbestimmt und vieldeutig ist, sondern auch philosophisch in verschiedenem Sinne gebraucht wird. Wir müssen daher den phänomenologischen Weltbegriff, wie wir ihn hier verstehen, von jedem anders bestimmten Weltbegriff abheben.

Die Welt ist hier nicht in einem *kosmologischen* Sinn gemeint als die Gesamtheit von Seienden, sei es (im engeren Sinn) als Gesamtheit der sinnenhaft erfahrbaren, also materiellen Dinge der „Natur" oder des „Kosmos", sei es (im weiteren Sinn) als Gesamtheit alles endlichen Seienden, christlich als „Schöpfung" verstanden, nur im Gegensatz zu Gott, dem „Schöpfer der Welt". Darin ist die Welt als objektive Wirklichkeit aufgefaßt, wie sie „an sich" besteht. Der Bezug auf den Menschen, dem diese Welt zur Erfahrung kommt, ist noch nicht mitgedacht. Das ist insofern eine Abstraktion, als wir um die Welt auch in diesem Sinn nur wissen und von ihr sprechen können, wenn sie von uns erfahren und verstanden, also zur Welt „für uns" wird. Das ursprüngliche Phänomen ist in diesem Weltbegriff noch nicht eingeholt.

Zwar wird die Welt im *soziologischen* Sinn als menschliche Welt verstanden: als die menschliche Gemeinschaft und das öffentliche Leben mit den darin wirksamen Vorstellungen und Verhaltensweisen, somit schließlich als der menschliche Lebensraum in sozialer, politischer und kultureller Hinsicht. Doch erreicht auch dieser Weltbegriff nicht die Fülle des Weltphänomens, weil die Welt des Menschen sicher wesentlich, aber nicht ausschließlich durch die gesellschaftliche Dimension bestimmt ist. Diese ist nur möglich innerhalb der gesamten raum-zeitlichen Wirklichkeit. Überdies wird die Welt auch in diesem Sinn nur zu „meiner Welt", wenn sie bestimmend auf mich einwirkt, in meine Selbsterfahrung eingeht und zum Horizont meines Verstehens wird.

Diesem apriorischen Charakter der Welt sucht der *transzendentale* Weltbegriff *Kants* gerecht zu werden. Die Welt bedeutet für ihn den „Inbegriff aller Erscheinungen"[2], d. h. die a priori entworfene Ganzheit aller möglichen Gegenstände der Erfahrung. Der Entwurf dieser Totalität möglicher Erfahrung ist vorgängige Bedingung jeder wirklichen Erfahrung, kann aber durch deren Vollzug niemals adäquat eingeholt werden. Die Welt im ganzen ist kein möglicher Gegenstand der Erfahrung. Sie ist für Kant eine „Idee der reinen Vernunft", die in der Erfahrung nicht durch entsprechende Anschauung realisiert werden kann. Sie bleibt ein formales Apriori, das allein als „Inbegriff der Erfahrung" bestimmt ist. Sie wird nicht zu einem konkreten Apriori in dem Sinn, daß die Inhalte wirklicher Erfahrung in meine Weltvorstellung eingehen, so aber den Verständnishorizont bilden, der zur vorgängigen Bedingung weiterer Erfahrung und tieferen Verstehens der Welt wird. Bei Kant steht noch ein „reines Subjekt" der Welt möglicher Objekte gegenüber. Die konkrete Verschränkung und wechselseitige Fortbestimmung von Subjekt und Objekt, Mensch und Welt, kommt noch nicht

zur Geltung – eine Einsicht, die erst bei Hegel durchbricht und in seiner „Phänomenologie des Geistes“ systematisch entfaltet wird.
Diese Einsicht wirkt jedoch fort im *phänomenologischen* Weltbegriff, der nicht mehr einen starren Gegensatz von Subjekt und Objekt voraussetzt, sondern das konkrete Gesamtphänomen der „Welt des Menschen“ in den Blick bringt. In diesem Sinn spricht der spätere *Husserl* von der „Lebenswelt“[3], in welcher Subjekt und Objekt sich derart verschränken, daß es weder ein reines und objektloses, also auch welt- und geschichtsloses Subjekt, noch eine reine, nämlich subjektfrei vorfindbare Objektivität – das Idol neuzeitlicher Wissenschaft – gibt, sondern nur deren gegenseitige Bedingung die Ganzheit unserer konkreten Verständniswelt bildet. *Heidegger* fundiert das Weltphänomen noch tiefer im apriorischen Weltentwurf des Daseins, das als „In-der-Welt-Sein“ bestimmt ist.[4] Es entwirft sich seine Welt als die Ganzheit seiner Seinsmöglichkeiten, die es als Zukuft auf sich zukommen läßt. Dieser Weltbegriff – noch weiter entwickelt bei Sartre, Merleau-Ponty, Bultmann, Gadamer u. a. – hat sich nicht nur anthropologisch, sondern auch hermeneutisch als bedeutsam erwiesen.
Im Sinne dieses phänomenologisch-anthropologischen Weltbegriffs können wir vorläufig die Welt bestimmen als die Ganzheit unseres konkreten Lebensraums und Verständnishorizonts. Die Welt in diesem Sinn ist ihrem Wesen nach nicht Gegenstand naturwissenschaftlicher Forschung. Sie liegt jeder Einzelerfahrung, auch jeder wissenschaftlichen Einzelforschung, als vorgängig bedingender Gesamthorizont voraus. Sie kann daher nur durch philosophisch-phänomenologische Reflexion thematisch aufgewiesen und ausgelegt werden.

b) Die Welterfahrung

Für eine philosophische Anthropologie, die möglichst umfassend das Gesamtphänomen des Menschen zum Ansatz nehmen will, ist es daher erfordert, das Phänomen der „Welt des Menschen“ voll in den Blick zu bekommen und in seinen wesentlichen *Grundelementen* zu erfassen. Doch ist es nicht möglich, die konkrete Inhaltsfülle des Weltphänomens einzuholen, weil jeder Einzelmensch seine eigene Welt hat, die sich mit der Welt eines anderen nie vollkommen deckt. Es kann nur darum gehen, die konstitutiven Elemente aufzuweisen, die allgemein zur Welt des Menschen gehören. Schon hier treten aber deutlich „anthropologische Konstanten“ hervor, die wenigstens formal mit dem Wesen des Menschen in der Welt gegeben sind, wenn sie sich auch inhaltlich wandeln. Doch wäre es nicht richtig, schon hier als konstitutives Elemente der Welt des Menschen seine Wesensverfassung zu nennen, sei es die allgemeine Leib-Geist-Konstitution des Menschen oder seine individuelle Eigenart in biologischer und psychologischer Hinsicht. Dadurch ist zwar die Welt des einzelnen schon in Grundstrukturen vorgezeichnet, aber nur als Möglichkeit entworfen. Die Welt als Horizont konstituiert sich erst im aktuellen Vollzug. Er ist die aktuelle, wenn auch unthematisch erfaßte Ganzheit, innerhalb deren Einzelinhalte erfahren und verstanden werden. Die Wesenskonstitution des Menschen geht also nur insofern bestimmend in seine Welt ein, als sie sich im aktuellen Selbstvollzug auswirkt und offenbart. Daher kann nicht die Welt aus einer vorgängig potentiellen Verfassung des Menschen aufgewiesen werden, vielmehr muß diese erst aus dem aktuellen Weltvollzug und Weltverständnis erschlossen werden.

1. Das grundlegende Element, das unsere Welt ausmacht, ist das, was wir *Erfahrung* nennen; die menschliche Welt ist eine Erfahrungswelt. Doch darf hier die Erfahrung nicht in dem empiristisch eingeengten Sinn – wie bei Kant – verstanden werden, nämlich als bloß sinnliche Erfahrung. Das ist eine Abstraktion, die durch das ursprüngliche Phänomen nicht gedeckt ist. Wir verstehen die Erfahrung in dem weiteren Sinn, in dem – über Kant hinausgehend – schon *Schelling*[5] und *Hegel*[6] von Erfahrung sprechen und damit die gesamtmenschliche Erfahrung, auch die „Erfahrungen des Geistes" (Hegel), meinen. Dieser Erfahrungsbegriff trifft sich mit der Phänomenologie seit *Husserl*. In der Erfahrung finden wir uns selbst als Seiende unter Seienden vor, inmitten einer uns umfassenden und übersteigenden Wirklichkeit. Welt im Sinne menschlicher Welterfahrung meint immer schon das Ganze einer Weltwirklichkeit, der wir angehören und die uns offensteht. Es ist darum nicht richtig, die Welt nur als a priori entworfenen, gleichsam frei schwebenden Horizont zu verstehen, der nicht a posteriori in der Erfahrung der Wirklichkeit begründet wäre. Ebenso unrichtig ist es etwa, die Welt in Sprache aufzulösen – „die Welt ist Sprache" – weil die sprachliche Welt erst auf dem Boden einer wirklichen Welt der Erfahrung möglich und sinnvoll ist. Erfahrung bedeutet aber nicht nur sinnliche Wahrnehmung, sondern immer schon deren geistige Durchdringung im Denken und Verstehen. Es ist darum nicht möglich, das Weltphänomen empiristisch durch bloße Wahrnehmungsgehalte rekonstruieren zu wollen. Damit wird unsere Erfahrungswelt nie eingeholt; sie ist immer schon mehr als eine Summe von Sinneseindrücken. Erst im bewußten Erleben, im Verstehen von Sinn und Wert, im denkenden Beurteilen des Gegebenen kommt menschliche Erfahrung in ihrer Ganzheit zustande. Das bedeutet niemals rein passive Hinnahme, sondern schließt ein aktives Verhalten ein, das schon in der erkennenden Aneignung, in der eigenen Auseinandersetzung, Stellungnahme und Bewertung, erst recht in der freien Entscheidung des Wollens und Handelns zum Einsatz kommt. So bildet sich unsere Erfahrungswelt auch nicht nur aus theoretischen Erkenntnissen, sondern nicht minder aus praktischen Erfahrungen. Im tätigen Umgang mit Dingen und Menschen erfassen wir Sinn- und Zweckbezüge, verstehen wir Werte, setzen uns Ziele und treffen Entscheidungen. Dies alles geht in unsere Erfahrungswelt ein und bildet den Horizont weiteren Verstehens.

2. Unserer Erfahrung erschließt sich die Welt als *räumliche und zeitliche* Wirklichkeit. Dieses fundamentale Phänomen hat schon *Kant* richtig gesehen, wenn er es auch durch subjektiv-apriorischen Entwurf des Raumes und der Zeit als der Formen sinnliche Anschauung begründen will. Uns geht es hier allein um das Phänomen: Die menschliche Welt ist eine räumliche und zeitliche Welt in dem Sinn, daß Raum und Zeit als jeweils einheitliche Ganzheit vorgestellt werden. Wir nehmen Einzeldinge nicht isoliert, sondern nebeneinander lokalisiert im Ganzen eines einheitlich ausgedehnten Raumes wahr. Neue Dingwahrnehmungen werden dieser Ganzheit des Raumes eingeordnet. Ebenso erfassen wir die Zeit als die einheitliche Ganzheit eines

Ablaufs alles Geschehens im Nacheinander der Einzelereignisse, welche dieser Ganzheit eingeordnet werden. Alles hat sein „Hier und Jetzt" im Ganzen des Raumes und der Zeit. Von *Scheler* stammt der bekannte Hinweis darauf, daß das Tier – nach seinem Beispiel vom Hund, der im Garten umherläuft – nicht wie der Mensch eine räumliche Ganzheit überblickt und die Einzeldinge in ihrer räumlichen Anordnung in dieser Ganzheit wahrnimmt.[7] Dasselbe dürfte von der zeitlichen Abfolge gelten. Wie immer es im tierischen Erleben und Vorstellen auch sein mag – auf das Problem des „Vergleichens" wurde schon hingewiesen – jedenfalls ist die menschliche Weltvorstellung durch ihren universalen Raum-Zeit-Charakter geprägt.

Unsere Raum-Zeit-Vorstellung entstammt aber nicht allein der sinnlichen Wahrnehmung. Wir alle haben ein räumliches Weltbild, das weit über das unmittelbar Wahrgenommene hinausgeht. Wir haben geographische und astronomische Vorstellungen, die bei weitem unsere Eigenerfahrung übersteigen, aber in unsere Raumvorstellung eingegangen sind. Ebenso haben wir ein zeitliches Weltbild, das sich im Wissen um geschichtliche und vorgeschichtliche Ereignisse weit über unser eigenes Zeiterleben hinaus erstreckt und die Ganzheit unserer Zeitvorstellung unbegrenzt ausweitet.

Zugleich aber gibt es in unserer Verständniswelt auch Inhalte, die zwar raum-zeitlich erfaßt werden, aber selbst nicht in Raum und Zeit einzuordnen sind, sondern deren Dimensionen wesentlich übersteigen. Räumlich und zeitlich sind konkrete Dinge und Ereignisse, nicht aber Sinn- und Wertgehalte, Inhalte einer Einsicht, Normen des Handelns usw. Diese haben als solche kein Hier und Jetzt; sie sind nicht räumliche und zeitliche Größen. Dies zeigt – wir kommen darauf zurück – daß die raum-zeitliche Struktur unserer Erfahrungswelt doch beständig über sich hinausweist, gerade dadurch aber sich selbst vermittelt zu einem tieferen und reicheren Verstehen der Wirklichkeit. Erst dadurch wird die Welt zu einer sinnerfüllten Ganzheit, erst dadurch wird sie zu einem Horizont, in dem der Mensch sich – menschlich – vollziehen, entfalten und verstehen kann.

3. In dieser Erfahrungswelt finden wir nicht nur Dinge und dinghafte Geschehnisse vor. Wir erfahren uns vor allem als Mensch unter Menschen. In der menschlichen Erfahrungswelt kommt der *personalen und sozialen* Dimension zentrale Bedeutung zu. Trotz aller „sachlichen" Ziele und Interessen ist dies die eigentliche Sphäre, in der wir als Menschen leben. Nur durch den personalen Bezug auf andere Menschen wachsen wir in ein Weltverhältnis und -verständnis hinein, nur dadurch gewinnen wir eine menschliche Welt. Wenn wir uns – allgemein – im anderen vollziehen, so ist „das Andere" des Menschen primär „der Andere", der Mitmensch, mit dem wir in personalen Kontakt stehen, mit dem wir sprechen, mit dem wir verbunden und vertraut sind, den wir lieben und für den wir sorgen, mit dem wir zusammenleben und zusammenwirken. Damit erschließt sich uns die personale Welt der menschlichen Gemeinschaft als die eigentliche Wesensdimension menschlichen Daseins. Dadurch nehmen wir aber auch an Erfahrungen, Einsichten und Auffassungen anderer Menschen teil. Wir sind hineingewachsen in eine gemeinsame Erfahrungswelt, die unser eigenes Weltverständnis erweitert und bereichert, weit über das hinaus, was wir unmittelbar selbst erfahren haben oder jemals erfahren könnten. Vieles, was wir von anderen

Menschen „erfahren" haben – von der ersten Belehrung des Kindes über die Schule und das Studium bis zur Information durch die Massenmedien – geht so fraglos in unser Wissen ein, daß es unsere eigene Welt mitbestimmt. Und diese Welt bildet sich beständig fort in der Erfahrungsgemeinschaft, einem steten Austausch von Meinungen, Einsichten und Bewertungen. Sie formen eine gemeinsame Erkenntnis- und Verständniswelt, ohne die keine menschliche Bildung, keine Kultur, auch keine Wissenschaft, überhaupt kein eigentlich menschliches Leben in der Welt möglich wären.

4. In diesem Geschehen der Weltbildung kommt der Sprache als einem weiteren Grundphänomen menschlichen Daseins größte Bedeutung zu. Unsere Welt ist eine *sprachlich* vermittelte und ausgelegte Welt. Die Sprache besteht nicht allein in einer nachträglichen Bezeichnung zuvor erkannter Inhalte, sondern ursprünglicher darin, daß sie uns Sinngehalte vermittelt und erschließt, uns also erst einen Erkenntnis- und Verständniszugang eröffnet. Es gibt daher keine menschliche Verständniswelt ohne Sprache. Mit dem Erlernen einer bestimmten Sprache wachsen wir nicht nur in personalen Kontakt und soziale Kommunikation mit der menschlichen Umwelt hinein; mitmenschliche Beziehung vollzieht sich vorzüglich, wenn auch nicht ausschließlich, in der Sprache, konkreter im Gespräch. Durch die Sprache werden wir aber auch hineingenommen in eine bestimmte Weltauslegung. Denn die Sprache, in der wir nicht nur mit anderen sprechen, sondern auch selbst denken und verstehen, ist eine in der Gemeinschaft geformte, aus der Geschichte überkommene Sprache, in welcher bestimmte Denkformen, Anschauungen und Vorstellungen übermittelt werden, eine geistig-kulturelle Überlieferung ihren Niederschlag gefunden hat. Sie geht in unsere eigene Verständniswelt ein, in der die Wirklichkeit schon eine bestimmte Auslegung erfahren hat.

5. Damit ist auch das *geschichtliche* Element unserer Welt gegeben. Die raumzeitliche Einmaligkeit und Bestimmtheit des einzelnen ist hineingeflochten in ein umgreifendes Geschehen. Es ist vielfach bedingt durch Gegebenheiten, die aus der Vergangenheit in die Gegenwart hineinwirken und unser Dasein in der Welt weitgehend, innerlich und äußerlich, bestimmen. Geschichtliche Ereignisse, Erfahrungen und Entscheidungen wirken fort. Eine geschichtliche Situation ist dem einzelnen vorgegeben in sozialer und politischer, kultureller und geistiger Hinsicht. Seinem eigenen Dasein sind dadurch konkrete Möglichkeiten eröffnet, aber auch unüberwindbare Grenzen gezogen. Geschichtlich geprägte Auffassungen und Auslegungen der Welt gehen in das Denken des einzelnen ein und formen den Horizont seines Weltverstehens.

Doch ist der Mensch nicht nur passives Objekt seiner Geschichte. Zur Geschichtlichkeit des Menschen gehört wesentlich auch das Wissen um die Geschichte. Je weiter und erfüllter der Horizont unseres geschichtlichen Wissens ist, umso mehr wird der Blick ausgeweitet über das Gegenwärtige hinaus. Die geschichtliche Situation des Augenblicks wird auf dem Hintergrund und im Zusammenhang des geschichtlichen Geschehens tiefer verstanden und beurteilt. Bestehende Verhältnisse und Auffassungen werden relativiert und in einen weiteren Horizont integriert. Zum menschlichen Dasein gehört wesentlich, daß wir nicht blind untergehen im Gegenwärtigen, sondern uns mit der vorgegebenen Situation auseinandersetzen, zum geschichtlich Überkommenen Stellung nehmen, geschichtliche Möglichkeiten ergreifen und in das geschichtliche Geschehen eingreifen. Zum Phänomen geschichtlichen Daseins gehört also nicht nur das umgreifende Geschehen, in dem uns eine bestimmte Situation zugewiesen ist, sondern ebenso die Freiheit des einzelnen, der sich darin selbst zu verwirklichen hat. Erst dadurch wird die Geschichte menschlich bewältigt; erst dadurch wird sie menschliche Geschichte. Und erst dadurch formt sich unsere geschichtliche Erfahrungs- und Verständniswelt.

6. Hierher gehört schließlich noch ein Element, das für die letzte Sinngebung unseres Daseins in der Welt bestimmend ist: die *weltanschauliche* Sicht und Bewertung der Welt. Wir verstehen hier unter „Weltanschauung" die Gesamtheit der verstehenden und bewertenden Auffassung der Welt und des Menschen. Das bedeutet mehr als ein „Weltbild", das nur in der Synthese positiv wissenschaftlicher Erkenntnisse besteht, von der deutenden und wertenden Stellungnahme zum Ganzen der Welt jedoch absieht. Zwar ist Weltanschauung nicht dasselbe wie Religion oder religiöser Glaube – auch der Atheismus ist eine Weltanschauung – und der persönlich religiöse Vollzug geht weit über bloße Weltanschauung hinaus. Aber jeder religiöse Glaube hat bestimmte Inhalte, die eine letzte Sinngebung des menschlichen Lebens bedeuten; er enthält also ein weltanschauliches Element. Dieses Element gehört wesentlich zum Gesamtphänomen der Welt des Menschen. Denn das Gesamtverständnis der Welt und unseres Lebens in der Welt ist grundlegend verschieden, wenn es in einem religiösen oder nicht-religiösen Verständnishorizont steht. Jeder religiöse Glaube, besonders der christliche Glaube, wenn er in seinem eigentlichen Sinn erfaßt und vollzogen wird, nimmt den Menschenn in der Ganzheit seines personalen Selbstvollzugs in Anspruch und legt diese Ganzheit auf einen letzten Sinngrund hin aus – auf Gott, der zur Sinnmitte des menschlichen Daseins wird. Dadurch eröffnet sich ein neuer Verständnishorizont, der das Ganze unserer Welt umfaßt und jedem Einzelinhalt, jeder Erfahrung, jedem Ereignis, jeder Entscheidung einen neuen und tieferen Sinnhintergrund verleiht. Unser ganzes Menschsein, somit auch Grundphänomene wie das Gewissen, Freiheit und Verantwortung, Schuld, Schicksal und Leid, „Sein zum Tode", bedeuten schon als Phänomene des menschlichen Selbst- und Weltverständnisses einfach etwas anderes, wenn diese Welt in sich verschlossen gedacht oder als offen und transparent auf einen letzten, absoluten Seins- und Sinngrund verstanden und aus solchem Verstehen auch „erfahren" wird.

Dies alles zeigt, daß die „Welt des Menschen" als konkreter Erfahrungs- und Verständnishorizont ein sehr komplexes Gebilde ist. Wenn es in seiner jeweiligen Inhaltlichkeit auch nicht eingeholt und dargestellt werden kann, weil die Welt des einzelnen durch seine individuelle Eigenart, seine geschichtlichen Erfahrungen und Entscheidungen bestimmt ist, so können doch formale Grundzüge aufgezeigt werden, die allgemein der Welt des Menschen eigen sind. Doch handelt es sich hier nicht um nachträgliche Aufreihung von Teilelementen, die wie „Schichten" übereinanderlägen. Vielmehr verbinden sich die Einzelelemente derart, daß jedes dieser Momente von den anderen durchdrungen und fortbestimmt wird, so aber mitbestimmend eingeht in das konkrete Ganze unserer Welt.

c) *Grundstrukturen der Welt*

Einige formale Grundstrukturen müssen wir noch eigens herausheben, um das vielgestaltige, aber anthropologisch grundlegende Gesamtphänomen richtig in den Blick zu bringen. Die Welt ist nicht nur *a priori* entworfen, sondern auch *a posteriori* hingenommen. Der Entwurf entspringt der Erfahrung, aber die Erfahrung ist ermöglicht und geleitet durch einen vorgängigen Entwurf. Das eine ist Bedingung des andern. Es gehört zum Wesen des Menschen, daß er eine Welt hat und in der Welt ist; schon mit seinem Wesen ist eine Welt voraus-entworfen. Dadurch wird es möglich, daß wir in der Erfahrung die Wirklichkeit hinnehmen und unsere Welt bilden. Der konkrete Inhalt meiner Welt stammt aus der Erfahrung. Ihr entspringt aber der jeweils neue Entwurf von Sinn und Wert, von Zielen und Plänen, die ebenso in die Ganzheit meiner Verständniswelt eingehen und ein Vorverständnis für alle weitere Erfahrung schaffen.

Schon daraus ergibt sich, daß die Welt nicht nur *passiv* hingenommen, sondern ebenso *aktiv* angeeignet und fortgestaltet wird. Sie ist weder rein aktiver Sinnentwurf noch rein passive Bestimmtheit durch Vorgegebenes und Überkommenes. Sosehr wir auch dadurch geprägt sind, bedeutet doch schon jede Erkenntnis die aktive Vermittlung im Vollzug der Erfahrung, der eigenen Einsicht und Stellungnahme. Erst recht bedeutet Wollen und Handeln ein aktives Verhalten, in dem wir auf erkannte Werte und Möglichkeiten unsere freie Antwort geben und unser Dasein in der Welt selbsttätig gestalten. Beide Elemente, das aktive und das passive, gehen einander bedingend in das Ganze unserer Welt ein.

Daher ist die Welt auch niemals eine *statisch* festgelegte Größe, sondern sie ist *dynamisch* in steter Bewegung und Fortbildung. Der Mensch ist nicht verschlossen in einer bestimmt umgrenzten Umwelt und festgelegt auf ein bestimmtes Weltverständnis. Er ist wesenhaft offen für die Wirklichkeit, die weiter ist als der Umkreis seines eigenen Wissens und Verstehens. Fragend und forschend dringen wir über die Grenzen der bisherigen Verständniswelt hinaus. Wir machen neue Erfahrungen, lernen andere Menschen, fremde Völker und Sprachen kennen, lernen andere Kulturen und geschichtliche Situationen verstehen. Dadurch erweitert und bereichert sich beständig der eigene Welthorizont.

Daraus folgt, daß die Welt des Menschen zwar immer und notwendig *begrenzt,* aber doch nie endgültig festgelegt und in sich verschlossen ist. Sie steht vielmehr grundsätzlich jederzeit *offen* für weitere Dimensionen von Wirklichkeit und Sinnhaftigkeit. Wir können sicher – extensiv – nie „alles" erfassen, sondern immer nur begrenzte Teilausschnitte der Wirklichkeit erfahren, die aber durch ihre Begrenztheit über sich hinausweisen auf weitere Bereiche der Wirklichkeit. Doch können wir auch die von uns erfahrene Wirklichkeit – intensiv – nie „ganz" begreifen, in ihrem vollen Seins- und Sinngehalt ausschöpfen, sondern immer nur unter begrenzten Teilaspekten verstehen, die – wiederum – durch ihre Begrenztheit über sich hinausweisen auf weitere Dimensionen von Sein und Sinn. Unsere Welt ist wesenhaft begrenzt. Zugleich aber sind wir uns ihrer Grenzen bewußt und suchen sie fragend und forschend zu übersteigen. Wir erweitern und bereichern unsere Welt im Fortgang der Erfahrung.

Dies zeigt, daß die „Welt" im Sinne des phänomenologischen Weltbegriffs eine grundsätzlich nicht festgelegte oder festlegbare Größe ist – ebensowenig wie die „Erfahrung" eine feststehende Größe ist, die eine scharf definierbare Grenze zwischen Erfahrbarem und Nicht-Erfahrbarem böte. Die Erfahrung selbst – im Sinne gesamtmenschlicher Erfahrung – übersteigt beständig die „Grenzen möglicher Erfahrung" (Kant); sie übersteigt ebenso die Grenzen unserer jeweiligen Erfahrungs- und Verständniswelt. Unsere Welt ist eine *offene Welt* mit fließenden Grenzen, die beständig durchbrochen und erweitert werden. Daraus folgt aber, daß „Welt" in diesem Sinne grundsätzlich nicht den letzten Horizont menschlichen Erkennens und Verstehens bildet, sondern wesentlich über sich hinausweist auf die umgreifende Ganzheit der Wirklichkeit: auf das *Ganze des Seins.* Nur weil wir unsere Welt als Sein und im Sein erfassen, haben wir eine Welt, wie wir sie menschlich erfahren. Eine Welt ist nur möglich im Sein.

3. DAS VERHALTEN DES MENSCHEN

Das Phänomen der Welt weist zurück auf den Weltbezug und Weltvollzug des Menschen: sein Verhalten zur Welt und in der Welt. Denn die Welt, wie sie dem Menschen zum Phänomen wird, gründet in der Eigenart des Menschen selbst. Nur weil und insofern er Mensch ist und sich auf spezifisch menschliche Weise selbst vollzieht und zu anderem verhält, hat er eine solche, eben menschliche Welt. Soll daher das Gesamtphänomen der Welt einen Zugang zum Wesen des Menschen erschließen, so müssen wir zurückfragen nach dem Menschen selbst, wie er sich in seiner Welt verhält und dadurch von allen anderen Dingen abhebt.

Wir verbleiben hier noch in einer äußeren Phänomenologie des menschlichen Verhaltens. Erst in einem weiteren Schritt werden wir darauf reflektieren, wie wir uns selbst vollziehen und erfahren, welche wesentlichen Vollzugsweisen unseres Menschseins wir vorfinden und welche Grundstrukturen sich darin offenbaren. Wir erfahren uns zuvor als Menschen im ganzen, als Menschen unter Menschen in einer gemeinsam menschlichen Welt, bevor wir auf Einzelerfahrungen reflektieren. Darum fragen wir hier noch im allgemeinen nach dem *Gesamtphänomen des menschlichen Verhaltens* in der Welt.

a) Welt und Umwelt

In der philosophischen Anthropologie der Gegenwart, besonders seit *M. Scheler* und *A. Gehlen,* wird das Gesamtverhalten des Menschen durch den Begriff der „Weltoffenheit" im Gegensatz zur „Umweltgebundenheit" gekennzeichnet. Tierisches Verhalten ist „umweltgebunden". Menschliches Verhalten ist „umweltfrei", daher „weltoffen". Das Tier hat nur eine begrenzte Umwelt. Allein der Mensch lebt in einer offenen Welt; er ist das weltoffene Wesen. Was heißt das?

Umwelt bedeutet einen bestimmt begrenzten Lebensraum, auf den ein Lebewesen spezifisch festgelegt ist. Diese Begrenztheit ist jedoch nicht, wenigstens nicht immer und notwendig, in einem räumlichen Sinn zu verstehen. Manche Tiere bewegen sich in ihrem artgebundenen Verhalten in weiten geographischen Räumen; denken wir etwa an den Flug der Zugvögel. Trotzdem leben sie in einer qualitativ und strukturell begrenzten Umwelt. Sie sind an bestimmte Lebensbedingungen gebunden. Sie erfassen die Wirklichkeit unter bestimmten spezifisch festgelegten Rücksichten. Sie reagieren darauf in triebhafter, artgebundener Weise. Das tierische Verhalten ist auf eine bestimmte, begrenzte und verschlossene Umwelt festgelegt, die es nicht übersteigen kann. Insofern kann es als „umweltgebunden" bezeichnet werden.
Welt bedeutet hingegen einen weiteren Horizont, der grundsätzlich jede bestimmte Begrenzung sprengt, jede Festlegung aufhebt, also weiter ist als der unmittelbare Lebensraum. Der Mensch kann sich von seiner Umwelt abheben, er kann Abstand nehmen, er kann sich jeweils anderen Umweltbedingungen anpassen. Sein gesamtes Verhalten ist über die bestimmte Umwelt hinaus grundsätzlich offen. Er ist beweglicher, gestaltbarer, anpassungsfähiger als jedes Tier. Er ist nicht definitiv gebunden an eine bestimmt begrenzte Umwelt. Er ist in diesem Sinne „umweltfrei", daher „weltoffen". Er hat über seine Umwelt hinaus eine offene Welt.
Wenn man den Gegensatz zwischen Welt und Umwelt, zwischen menschlichem und tierischem Verhalten so bestimmt, dann erhebt sich ein Problem, das jedem „Vergleich" zwischen Mensch und Tier zugrunde liegt. Will man den Menschen durch vergleichende Abhebung vom Tier verstehen, so muß man zuvor das Tier vom Menschen her verstehen. Das Problem dieses „hermeneutischen Zirkels" wird übersprungen, wenn man vom Tier naiv anthropomorphe Aussagen macht und tierisches Verhalten durch spezifisch anthropologische Begriffe kennzeichnet, die der menschlichen Selbsterfahrung entstammen. Wir können uns grundsätzlich nicht in das „Bewußtsein" oder die „Erfahrung" des Tieres hineinversetzen – es ist schon fragwürdig, ob man überhaupt von Bewußtsein und Erfahrung sprechen kann. Wir können nur das äußere Verhalten des Tieres phänomenologisch beschreiben und in Abhebung von der menschlichen Selbsterfahrung – den grundsätzlichen Unterschied wahrend – in seiner Eigenart zu erfassen suchen. Nur unter dieser Voraussetzung und mit dieser Einschränkung ist es berechtigt, das menschliche Verhalten mit dem tierischen zu vergleichen und von ihm abzuheben. Zu diesem Zweck ist es – in einer philosophischen Anthropologie – nicht erfordert, alles einzelwissenschaftliche Material aus Biologie, Tierpsychologie und vergleichender Verhaltensforschung zu sammeln[8], sondern nur die wesentlichen Grundstrukturen tierischen Verhaltens zu kennzeichnen, allein in der Absicht, die Eigenart menschlichen Verhaltens davon abzuheben und dadurch deutlicher in den Blick zu bringen.

b) Tierisches Verhalten

1. Ein anthropomorphes Verständnis – oder Mißverständnis – des tierischen Verhaltens legt sich dadurch nahe, daß es nicht an ein mechanisches Schema von Reiz und Reaktion gebunden ist, so daß die Reaktion dem jeweiligen Reiz streng proportio-

nal bleibt. Tierisches Verhalten ist offenkundig geleitet durch sinnliche *Wahrnehmung*. Das Tier hat ähnlich dem Menschen Sinnesorgane, die Empfindungen aufnehmen. Es reagiert ganz oder gar nicht, d. h., daß es einen Inhalt, der seine Triebhaftigkeit anspricht, ganz oder gar nicht erfaßt, den Inhalt „erkennt" oder nicht erkennt, also typisch „erkennend" reagiert. Das Tier hat überdies so etwas wie ein sinnliches *Gedächtnis*, das frühere Eindrücke und Erlebnisse zu „speichern" vermag, die durch Assoziation ähnlicher Eindrücke wieder erweckt werden und mitbestimmend in das Verhalten eingehen. Dies setzt ein *Zentrum* der Rückmeldung und Speicherung voraus – ein sinnliches „Bewußtsein", so unglücklich dieses Wort auch sein mag, das uns an die Grenze der Analogie zwischen Tier und Mensch führt. Denn das Wort „Bewußtsein" schließt „Wissen" ein, das dem Tier gerade fehlt. Uns aber fehlt als Menschen die Möglichkeit, uns in die Eigenart tierischen „Bewußtseins" hineinzuversetzen. Denn das Tier nimmt Eindrücke auf, es sieht und hört, aber es weiß nicht, daß es sieht und hört. Es ist nicht ein Bewußtsein im menschlichen Sinn, sondern nur ein sinnliches Wirkzentrum, das die Wahrnehmungen aufnimmt und die Reaktion steuert, ohne sich dessen eigentlich „bewußt" zu sein.

2. Sinnliche Wahrnehmung und Verhaltensweisen des Tieres sind aber streng gebunden an eine bestimmt begrenzte „Umwelt". Das Tier ist biologisch für bestimmte Umweltbedingungen *spezialisiert*. Körperbau, Ausbildung der Glieder, Nahrungs- und Lebensweise sind einer strukturell ganz bestimmten Umwelt angepaßt, zu deren vitaler Bewältigung das Tier spezifisch befähigt und ausgerüstet ist. Seine Glieder sind – anders als beim Menschen – seiner Umwelt entsprechend ausgebildet zu Werkzeugen, Angriffs- und Verteidigungswaffen usw. Diese hohe Spezialisierung bedeutet jedoch eine Festlegung auf einen begrenzten Lebensraum.

3. Das Tier ist nicht nur durch seine biologische Eigenart an diese Umwelt gebunden, sondern auch durch die Art, wie es die Dinge auffaßt und sich in arteigener Reaktion dazu verhält. Es ist umweltgebunden, weil es *triebgebunden* ist. Es erfaßt seine Umwelt nur auf unmittelbar vitale, triebgebundene Weise. Es nimmt nur Inhalte wahr, die eine Trieberfüllung bieten; anderes existiert für das Tier nicht. Die sinnliche Wahrnehmung ist bezogen auf die Triebhaftigkeit, dieser streng koordiniert. Schon *Scheler*[9] hat festgestellt: Was für die Triebe „nicht interessant ist, ist auch nicht gegeben, und was gegeben ist, ist gegeben nur als Widerstandszentrum für sein Verlangen oder Verabscheuen". Sinnliche Wahrnehmung und Triebhaftigkeit einerseits und die Umweltstruktur, auf welche sie bezogen sind, andererseits bilden eine „strenge funktionelle Einheit"; das eine Element ist dem andern „streng und vollständig geschlossen angemessen". „Alles, was das Tier erfassen und merken kann, liegt in den sicheren Zäunen und Grenzen seiner Umweltstruktur".

4. Im Dienste des derart umweltgebundenen Verhaltens steht überdies die hohe *Instinktsicherheit* des Tieres, wie sie der Mensch nicht kennt. Wenn wir von allen Problemen absehen, die das Wesen, den Umfang und die Funktionsweise der Instinkte betreffen – bis heute weithin ungeklärte Probleme –, so können wir doch allgemein

unter einem Instinkt ein erbliches, dem Einzelwesen angeborenes, spezifisch festgelegtes Verhalten verstehen, das der Arterhaltung und dem Leben des einzelnen dient. Es ist also eine Verhaltensweise, die dem einzelnen Lebewesen angeboren ist, nicht erst durch Übung und Gewöhnung erlernt oder erworben wird. Zwar muß auch ein solches Verhalten unter Umständen durch Übung entfaltet werden – der Vogel muß fliegen „lernen" –, aber auch dieses Üben und Lernen geschieht auf instinktive, spezifisch festgelegte Weise. Das Verhalten des Lebewesens ist arteigen bestimmt, es ist daher unter den gleichen Umständen immer gleich. Das bedeutet nicht, daß das Verhalten mechanisch fixiert ist, sondern es ist abhängig von der biologischen Entwicklungsstufe, von äußeren Umständen, Brunst- und Brutzeiten usw. Es gibt überdies im Rahmen der Instinktsicherheit einen gewissen Spielraum eigenen Verhaltens. Aber es gibt nichts eigentlich Neues. Das Tier kann zwar im Einzelfall etwas „finden", aber es kann nichts „erfinden". Es macht keine Entdeckungen, es kennt keinen Fortschritt, keine Entwicklung einer Kultur, es hat keine Geschichte. Es bleibt auf seine Umwelt beschränkt und festgelegt. Sein instinktsicheres Verhalten zeigt hohe Zweckmäßigkeit zur Bewältigung dieser Umweltbedingungen. Es steht im Dienst der Erhaltung und Vermehrung der Art wie auch, diesem Ziel grundsätzlich untergeordnet, dem Leben, der Lebenserhaltung und biologischen Entfaltung des einzelnen Lebewesens.

5. Damit verbinden sich die sogenannten *Intelligenzleistungen* der Tiere. Es ist üblich geworden, von „intelligenten" Tieren zu sprechen, obwohl das eine anthropomorphe Ausdrucksweise ist. Was wir menschlich als Intelligenz – von „intelligere" im Sinne der Einsicht, des Verstehens, der Sinnerfassung – bezeichnen, können wir nicht auf das Tier übertragen, das gerade nicht die spezifischen Phänomene menschlicher Intelligenz aufweist. Um trotz des üblichen Sprachgebrauchs den Unterschied klar festzuhalten, ist es angebracht, zwischen Intellekt (intellektuell) und Intelligenz (intelligent) zu unterscheiden, allein beim Menschen von intellektueller Erkenntnis und entsprechendem Verhalten zu reden, jedoch das Wort „intelligent" auch in einem weiteren, bewußt analogen Sinn zu verwenden. Damit ist hier nur gemeint, daß auch das Tier unter Umständen über das arteigen festgelegte, instinktsichere Verhalten hinaus neue Situationen zu meistern, neue Aufgaben, die sich ihm stellen, zu lösen vermag, indem es unmittelbar praktische Beziehungen erfassen und sich demgemäß verhalten kann. Es ist kein Zweifel, daß es im tierischen Verhalten auch solche Phänomene gibt. Größtes Aufsehen erregt und eine breite Diskussion angeregt haben seinerzeit *Köhlers* Schimpansenversuche, deren Ergebnisse jedoch seither noch vielfach weiterentwickelt wurden. Solche Beobachtungen zeigen, daß man nicht, wie es früher oft geschah, in der Fähigkeit der „Beziehungserfassung" das Kriterium eigentümlich menschlicher, nämlich „intellektueller" Erkenntnis sehen darf. Auch das Tier kann Beziehungen erfassen, aber – und darauf kommt es an – immer nur im Rahmen seiner bestimmt begrenzten Umwelt, immer nur in einem sinnlich faßbaren, überschaubaren und bewältigbaren Zusammenhang, der nicht nur in aktueller Wahrnehmung, sondern auch durch das sinnliche Gedächtnis erschlossen ist. Tierische Beziehungserfassung vollzieht sich immer nur in dieser sinnlich-konkreten Unmittelbarkeit, daher auch immer nur bezogen auf die praktisch-vitale Sphäre, in welcher eine Trieberfüllung

angestrebt oder gewonnen wird. Die Triebgebundenheit wird also durch „intelligentes“ Verhalten nicht durchbrochen oder überstiegen. Wenn man hier von Intelligenz reden will, so handelt es sich grundsätzlich nur um *praktische* Intelligenz[10], nicht aber um intellektuelle Erkenntnis im Sinne theoretischer Einsicht und allgemeiner Sinn- und Wesenserfassung, wozu allein der Mensch fähig ist.
Daraus ergibt sich, daß jegliches Verhalten des Tieres umweltgebunden und triebgebunden bleibt. Es kann sich nicht abheben, es kann sich weder von seiner Umwelt noch von sich selbst distanzieren. Es bleibt gebunden an die strenge Zuordnung zwischen der bestimmten Umweltstruktur und seinem sinnlich-triebhaften und artgebunden instinktsicheren Verhalten zu dieser Umwelt.

c) *Menschliches Verhalten*

Davon unterscheidet sich wesentlich das *menschliche Verhalten,* das wir – wieder im Anschluß an die Terminologie der neueren philosophischen Anthropologie – als „weltoffenes Verhalten“ bezeichnen dürfen. Zwar hat auch jeder Mensch eine jeweils begrenzte „Umwelt“, wenn wir darunter die Unmittelbarkeit des Vorgegebenen in der konkreten Situation verstehen. Doch ist diese Umwelt nicht wie beim Tier strukturell festgelegt und artgebunden begrenzt durch biologische Spezialisiertheit, vitale Triebgebundenheit und Instinktsicherheit. Es ist die Unmittelbarkeit der dinghaften, aber auch der personalen und sozialen Umwelt, die jedoch wesenhaft offen ist auf die größere Ganzheit einer „Welt“, die den Gesamthorizont der Erfahrung und des Verstehens bildet. Schon daraus ergibt sich eine grundsätzlich andere Gesamtsituation des Menschen in seiner Welt.

1. Menschliches Verhalten ist schon biologisch vorgezeichnet durch die auffallende *„Unspezialisiertheit“* des Menschen. Er ist nicht wie das Tier durch Körperbau, Ausbildung der Glieder, bestimmte Ernährungs- und Lebensweise einer begrenzten Umweltbedingung angepaßt, sondern schon in seiner biologischen Gestalt offen, beweglich und anpassungsfähig. Doch ist es im Wesen verfehlt, darin einen biologischen Mangel zu sehen. Von Mangel kann nur die Rede sein im Hinblick auf eine Norm dessen, was sein soll. Nur gemessen am Tier kann der Mensch als „Mängelwesen“ (Gehlen) erscheinen. Nur verglichen mit dem Tier kann er als „unspezialisiert“ bezeichnet werden. Aber der Mensch ist kein Tier, sondern eine völlig eigenständige Wesensgestalt. Wäre er ein Tier, d. h., müßte das biologische Wesen „Mensch“ mit diesem Körperbau und diesen Lebensbedürfnissen auf tierische Weise leben, also ohne eigentlich menschliche Leistungen und Verhaltensweisen, so wäre er schlechterdings nicht lebensfähig. Er wäre jedem anderen Tier unterlegen, weil er nicht der Umwelt angepaßt ist, weil er ohne natürliches Kleid als Schutz gegen Kälte und Hitze, ohne natürliche Waffen zur Verteidigung, ohne natürliche Werkzeuge zur Nahrungsbeschaffung und zur Bewältigung seiner Umwelt völlig wehrlos, schutzlos und hilflos ausgeliefert wäre, d. h., wie *Gehlen* feststellt, „innerhalb natürlicher, urwüchsiger Bedingungen würde er als bodenlebend inmitten der gewandtesten Fluchttiere und der gefährlichsten Raubtiere schon längst ausgerottet sein“.[11] Diesen Sachverhalt sieht

Gehlen jedoch vorwiegend unter negativem Aspekt: „Morphologisch ist der Mensch ... hauptsächlich durch Mängel bestimmt, die jeweils im exakt biologischen Sinn als Unangepaßtheiten, Unspezialisiertheiten, Primitivismen, d. h. als Unentwickeltes zu bezeichnen sind; also wesentlich negativ.“[12] Doch zeigt sich hier bereits, daß menschliches Dasein diesen rein biologischen Vergleich mit dem Tier durchbricht. Er bewegt sich in einer grundsätzlich anderen Dimension als das Tier und weist auf völlig andere Bedingungen seiner Möglichkeit zurück. Wenn auch rein biologisch „unspezialisiert“, ist doch der Mensch gerade dadurch im Hinblick auf das eigentlich menschliche Dasein, auf die Anforderungen, die sich ihm stellen, und die Leistungen, die er zu vollbringen hat, in höchstem Maße spezialisiert. Daß er biologisch nicht festgelegt ist, gerade dies wird positiv zur Vorbedingung eines spezifisch menschlichen Verhaltens, zu geistigen Leistungen, zu Offenheit und Beweglichkeit, zu freier und selbsttätiger Anpassung an die Umwelt, zu eigener Bewältigung und Gestaltung seines Daseins in der Welt. Was negativ als „Unspezialisiertheit“ erscheint, ist Ausdruck und Voraussetzung der Umweltfreiheit und Weltoffenheit, die das menschliche Verhalten auszeichnen und weit über das Tier erheben.

Diese Erscheinungen zeigen, daß man die Eigenart des Menschen nicht allein vom „Geist“ her bestimmen kann, wie es in der philosophischen Tradition geschah, die sich in der Formel vom „animal rationale“ niederschlägt. Wird unter „animal“ das Tier verstanden, so wird das spezifische Wesen des Menschen allein im „rationalen“ Element gesehen, wenn auch im weitesten Sinn menschlichen Bewußtseins, intellektueller Erkenntnis und freien Wollens und Handelns. Dabei wird jedoch übersehen oder verdeckt, daß der Mensch schon in seiner biologischen Struktur etwas völlig anderes ist als ein Tier, daß also die „animalitas“ im Menschen etwas anderes bedeutet als im Tier. Auch *Scheler* hat noch zu isoliert das eigentlich menschliche Wesen im „Geist“ angesetzt, während vor allem *A. Portmann* u. a. die schon biologisch radikale und durchgehende Verschiedenheit des Menschen vom Tier, seines Körperbaus, seiner Lebenskurve usw., aufgewiesen haben – wodurch sich noch deutlicher die Unspezialisiertheit im Vergleich zum Tier als höchste, schon biologische Spezialisiertheit auf die Eigenart, die Forderungen und Leistungen eigentlich menschlichen, geistig-kulturellen, personalen und sozialen Daseins ergibt.

2. Verglichen mit dem Tier zeigt der Mensch weiter eine seltsame *Instinktarmut.* Während sich das Tier vom Anbeginn seines selbständigen Lebens mit großer Sicherheit in seiner Umwelt bewegt und sich zu typischen Situationen in dieser Umwelt verhält, etwa in der Nahrungssuche, in der Flucht oder Verteidigung usw., ist dem Menschen, wie *Gehlen* sagt, ein „geradezu lebensgefährlicher Mangel an echten Instinkten“[13] eigen. Das Kind ist lange Zeit vollkommen schutz- und hilfsbedürftig, es muß erst langsam lernen, sich selbst in seiner Welt zurechtzufinden. Der Mensch bleibt auch später darauf angewiesen, sich selbst zu orientieren, sich mit der jeweiligen Situation auseinanderzusetzen und das richtige Verhalten zu finden, es zu lernen und zu üben, ohne durch naturgegebene und artgebundene Normen des Verhaltens geleitet zu sein.

3. Dies alles zeigt eine naturhafte *Unfertigkeit* des Menschen. Schon *Nietzsche* sagt, der Mensch sei „das nicht festgestellte Tier“[14] – nur ist der Mensch gerade deshalb kein Tier. Die spezifische Unfertigkeit, Nicht-Festgelegtheit betrifft sowohl die biologische Eigenart, die nicht für bestimmte Umweltbedingungen spezialisiert ist, als auch sein Gesamtverhalten, das nicht durch instinkthafte Schemata vorgezeichnet ist. Vielmehr muß der Mensch erst durch eigenes Handeln seine Welt erwerben und gestalten, sich selbst in seiner Welt entfalten, um voller Mensch zu werden. Dies bedeutet jedoch – einerseits – nicht, daß der Mensch, wie der Existentialismus *Sartres* meint, nur das sei, wozu er sich selbst macht, ohne daß ihm eine Wesensstruktur vorgegeben wäre. Menschliches Handeln setzt das Wesen des Menschen voraus. Menschliche Selbstverwirklichung ist Entfaltung dessen, was der Mensch zuvor schon ist, aber im eigenen Wirken zu verwirklichen hat. Anderseits kann die Unfertigkeit auch nicht aufgehoben werden etwa durch den Strukturalismus von *Lévi-Strauss,* der bestimmte, soziologisch immer wiederkehrende Verhaltensstrukturen des Menschen feststellt. Wenn es auch derart allgemeine Strukturen menschlichen Verhaltens gibt, so mögen sie zwar naturhaften oder soziologisch bedingten Tendenzen entspringen; aber sie sind grundsätzlich nicht zwingend und bindend wie das instinktive Verhalten des Tieres und sie werden in der bestimmten sozialen Umwelt erst übernommen und angeeignet.

4. Das Handeln des Menschen, oder besser – um das Handeln nicht schon auf praktische Zwecke einzuengen –, der tätige Selbstvollzug, die Selbstverwirklichung des Menschen, erweist sich weiter als *umweltfrei und triebfrei* – zwei Aspekte desselben Phänomens. Das Tier ist durch seine biologische Eigenart und seine Triebhaftigkeit an eine strukturell begrenzte Umwelt gebunden. Es erfaßt begegnende Inhalte nur, insofern sie eine Trieberfüllung bieten. Es besteht eine „strenge Funktionseinheit“ (Scheler) zwischen Umweltstruktur und Triebhaftigkeit. Zwar erfährt auch der Mensch vitale Triebe und Bedürfnisse, die aus Inhalten der Umwelt eine Befriedigung und Erfüllung erwarten und diese spontan erstreben, doch erfaßt er die Dinge, die ihm begegnen, nicht unmittelbar triebbezogen. Er erfaßt nicht nur das, was eine Trieberfüllung verspricht, sondern nimmt auch andere Inhalte wahr; er erkennt Sinngestalten der Wirklichkeit. Aber auch Inhalte, die einem vitalen Streben entsprechen, werden nicht nur und nicht primär unter dieser Rücksicht, sondern zuvor sachlich „in sich selbst“ aufgefaßt, erst danach setzt ein spontanes Streben – Begehren oder Abwehren – ein, das der Mensch entweder freigeben oder hemmen, sich darauf einlassen oder sich davon zurückhalten kann; er kann sich zum Ja oder Nein entscheiden. Dies zeigt, daß die strenge Zuordnung zwischen Triebhaftigkeit und Umweltstruktur, die das tierische Verhalten beherrscht, hier grundsätzlich durchbrochen ist. Der Mensch ist umweltfrei, weil er nicht triebgebunden, sondern triebfrei ist. Er ist nicht gebunden an die eigene Triebfähigkeit, daher auch durch diese nicht gebunden an eine bestimmt begrenzte Umwelt, sondern steht grundsätzlich darüber und gewinnt erst dadurch den eigentlich menschlichen Horizont.

5. Dieses Verhalten kann man als *Fähigkeit zur Distanz* bezeichnen. Der Mensch kann Abstand nehmen von den Dingen, da er sie nicht unmittelbar triebge-

bunden erfährt. Dadurch nimmt er aber auch Abstand von sich selbst, insofern er sich als ein naturhaft-triebhaftes Wesen übersteigt. Dadurch gewinnt er einen höheren Standort und ein breiteres Blickfeld. Erst dadurch ist ein *sachliches Erfassen* der Dinge in ihrem eigenen Sein und Sinn möglich. Nur der Mensch ist imstande, eine Sinngestalt zu erfassen, einen Sinngehalt zu verstehen. Nur er kann im eigenen Handeln die Welt gestalten, sich Ziele setzen, Dinge ergreifen und gebrauchen, Werte verwirklichen, Entdeckungen machen, eine Welt der Kultur schaffen. Daher ist seine Welt nie fertig, nie endgültig festgelegt. Sie ist eine offene Welt, die sich ständig ausweitet und fortgestaltet. Weltoffenheit bedeutet beides: der Mensch ist offen für die Welt und seine Welt ist eine offene Welt.

6. Mit der Fähigkeit zur Distanz, welche ein sachliches Erfassen der Inhalte bedingt, ist erst die Möglichkeit gegeben, daß der Mensch seine Welt als die Ganzheit einer *Weltwirklichkeit* erfährt. Das Tier nimmt immer nur den jeweils „hier und jetzt" gegebenen Inhalt einer Trieberfüllung wahr, höchstens assoziativ verbunden mit ähnlichen Eindrücken der Vergangenheit. Es kann davon nicht Abstand nehmen, die jeweilige Gegebenheit nicht übersteigen, daher auch nicht im weiteren Blickfeld einer umgreifenden Ganzheit erfassen. Der Mensch hingegen findet sich im Ganzen einer vorgegebenen Wirklichkeit vor. Er erfaßt sie als eine räumlich-zeitliche Ganzheit; in ihr nimmt er die Einzelinhalte wahr und ordnet sie in diese Ganzheit ein. Er ist insofern nicht an das einzelne, jeweils Gegebene gebunden, sondern übersteigt es auf eine Ganzheit hin. Er versteht das einzelne aus dem Zusammenhang der Ganzheit, die sich ihm aber aus Einzelinhalten erschließt und seinen Verständnishorizont bildet. Nur der Mensch lebt im Ganzen einer Welt, die jedoch wesenhaft offen ist, über sich hinausweist auf das Ganze der Wirklichkeit.

d) Grundfreiheit

Die aufgezeigten Phänomene lassen ein *Grundgesetz* menschlichen Verhaltens erkennen. Es setzt ein Abstandnehmen, ein Sich-Abheben oder immer schon Abgehobensein von den Dingen der Umwelt und von der eigenen triebhaften Natur voraus. Diese *Ur-Abhebung* kennzeichnet die Grundstruktur menschlichen Verhaltens. Sie ist ein negatives Element, jedoch von eminent positiver Bedeutung; sie hat vermittelnde Funktion. Der Mensch lebt nicht wie das Tier in der „Unmittelbarkeit", sondern in der „Vermittlung".

H. Plessner stellt zum Abschluß seines Hauptwerkes drei anthropologische Grundgesetze heraus: das Gesetz der „natürlichen Künstlichkeit"[15], daß der Mensch nicht in der unmittelbaren Umwelt, in naturhafter Sicherheit und Geborgenheit lebt, sondern den „Umweg über künstliche Dinge" nehmen muß. Er lebt von Natur aus künstlich, er muß sich künstliche Dinge schaffen, Werkzeuge und Wohnstätten herstellen usw.; er muß von Natur aus eine Kultur gestalten. Das Gesetz der „vermittelten Unmittelbarkeit"[16] bedeutet, daß der Mensch zwar angewiesen ist auf die Unmittelbarkeit des Vorgegebenen, diese aber durch eigenes Erkennen, Handeln und Gestalten, durch immer neue Erfindungen und Entdeckungen beständig vermittelt zu seiner menschlichen Welt. Schließlich besagt das Gesetz des „utopischen Standorts"[17], daß der Mensch

durch das Abstandnehmen von der Unmittelbarkeit die Welt und sich selbst in ihrer Nichtigkeit erfährt, daher Ausschau hält nach einem festen Boden, einem absoluten Weltgrund, nach Gott. Dies hat seinen Ursprung in einem „apriorischen, mit der menschlichen Lebensform an sich gegebenen Kern, den Kern aller Religiosität".[18]
Diese drei Gesetze können aber, wie uns scheint, auf das Grundgesetz der *„vermittelten Unmittelbarkeit"* zurückgeführt werden. Dies ist das eigentlich entscheidende, für das Verhalten des Menschen und seine Welt konstitutive Grundgesetz. Damit nimmt Plessner einen zentralen Begriff *Hegels* auf, jedoch nicht gebunden an dessen systemimmanente Bedeutung. Zwar ist – einerseits – das menschliche Dasein vermittelt durch die Welt. Nur im Ganzen dieser raum-zeitlichen, personalen und sozialen, geschichtlichen und sprachlichen Erfahrungswelt kommt der Mensch zu sich selbst, kann sich selbst als Mensch verwirklichen. Er wird beständig durch das andere vermittelt zu sich selbst. Aber diese Welt des Menschen ist – anderseits – eine durch ihn und für ihn vermittelte Welt. Insofern ist der Mensch derjenige, der – nach Hegels Wort – „die Vermittlung nicht außer sich hat, sondern diese selbst ist".[19] Im Vollzug seiner selbst vermittelt er sich seine Welt: durch eigenes Erkennen und Wollen, Handeln und tätiges Gestalten. Aber in der Vermittlung seiner Welt vermittelt der Mensch sich selbst in seiner Welt, indem er darin zu sich selbst kommt, sich selbst verwirklicht und entfaltet. Die Vermittlung setzt die Negation der Unmittelbarkeit voraus, insofern der Mensch sich abhebt – oder immer schon ursprünglich abgehoben ist – vom unmittelbar Vorgegebenen.
Die *Negation der Ummittelbarkeit* prägt sich schon biologisch in der Unspezialisiertheit des Menschen aus. Schon dadurch ist er auf eigenartige Weise der Unmittelbarkeit enthoben, von der Umweltbindung gelöst und freigegeben in die Offenheit eigentlich menschlichen Daseins. Daran wird deutlich, daß dieses negative Element nur rein biologisch als Mangel erscheinen kann; es muß aber im Zusammenhang gesamtmenschlichen Verhaltens in seiner positiven Funktion begriffen werden. Es kann als Negativität nicht die Ursache höherer, spezifisch menschlicher Leistungen sein, aber es ist eine Vorbedingung ihrer Möglichkeit. Nur weil und insofern im menschlichen Dasein die Unmittelbarkeit negiert wird, ist eine Vermittlung der Unmittelbarkeit möglich: die Vermittlung der Welt durch den Menschen zu einer menschlichen Welt.
Die Negation der Unmittelbarkeit drückt sich jedoch nicht nur biologisch aus, sondern bildet ein Grundelement des gesamten menschlichen Verhaltens, auch hier aber in eminent positiver Funktion. *Hegel* spricht von der „ungeheuren Macht des Negativen"[20] und *Scheler* von der Bedeutung des „Nein-sagen-Könnens": „Mit dem Tier verglichen, das immer ja sagt zum Wirklichen ..., ist der Mensch der ‚Nein-sagen-Könner' ... er ist zugleich im Verhältnis zum Tier, dessen Dasein das verkörperte Philisterium ist, der ewige ‚Faust', die bestia cupidissima rerum novarum, nie sich beruhigend mit der ihn umgebenden Wirklichkeit, immer begierig, die Schranken seines Jetzt-hier-Soseins und seiner Umwelt zu durchbrechen, darunter auch seine eigene jeweilige Selbstwirklichkeit."[21]

Was sich hier als Grundstruktur menschlichen Verhaltens zeigt: die „vermittelte Unmittelbarkeit" als Abhebung von Unmittelbaren und als selbsttätige Vermittlung, ist im Grunde schon dasjenige, was wir Freiheit nennen. Hier erreichen wir ihr ursprünglichstes Wesen. Wir wollen sie *Grundfreiheit* nennen und meinen damit noch nicht im engeren und konkreteren Sinn die „Willensfreiheit“ oder „Wahlfreiheit“ des Handelns. Freiheit in diesem Sinn ist ein schon vermitteltes Phänomen, das lange zuvor als Bedingung ihrer Möglichkeit die „Grundfreiheit“ voraussetzt. Diese betrifft das gesamte Verhalten des Menschen, das dadurch ursprünglich „frei-gegeben“ ist. Freiheit bedeutet Nicht-Gebundensein – also wieder das negative Element der „Negation der Unmittelbarkeit“, das sich in der grundsätzlichen Abhebung von der Umwelt und der naturhaften Triebgebundenheit, im Durchbrechen jeder Begrenzung und Festlegung, im beständigen Übersteigen des Gegebenen offenbart. Aber Freiheit kann nicht allein negativ verstanden werden. Die Negation der Bindung und Festlegung offenbart – positiv – einen weiteren Horizont und gibt den eigentlich menschlichen Selbstvollzug, die Selbstbestimmung und Selbsttätigkeit frei. Sie ermöglicht erst menschliches Dasein in einer menschlichen Welt.

Daher betrifft die Grundfreiheit nicht nur das praktische, sondern auch das theoretische Verhalten des Menschen. Die Abhebung von der Unmittelbarkeit ist Bedingung jeder *geistigen Erkenntnis.* Intellektuelle Erfassung des Seienden in seinem Sein und Sinn, die Abhebung des Wesensgehalts aus dem faktisch Gegebenen, Beurteilung und Stellungnahme sind nur möglich auf Grund der Freiheit von Trieb- und Umweltgebundenheit; erst dadurch ist dem Menschen der Horizont geistiger Leistungen eröffnet. Insofern ist Geistigkeit nur möglich aus Freiheit. Doch ist die Freiheit im engeren Sinn des *freien Wollens* und Handelns wiederum nur möglich auf Grund intellektueller Erkenntnis, in der wir die zu wählenden Werte und Möglichkeiten erfassen. Aber diesem Geschehen liegt als Bedingung seiner Möglichkeit die Grundfreiheit voraus, die sich selbst über die geistige Erkenntnis zur ausdrücklichen Freiheit des Wollens und Handelns vermittelt. Freiheit ist das Wesenselement des Geistes; geistiges Dasein ist seinem Wesen nach frei. Insofern ist das gesamte Verhalten des Menschen von *Grundfreiheit* getragen und geprägt, die sich jedoch im Vollzug des Erkennens, Wollens und Handelns erst selbst vermitteln und entfalten muß.

II. Der Selbstvollzug des Menschen

1. SELBSTSEIN

Der Mensch lebt in der Welt, hebt sich aber durch sein spezifisch menschliches Verhalten von allem anderen ab. Er lebt nicht in der Unmittelbarkeit, sondern in der Vermittlung der Freiheit, die sein Wesen bestimmt und seine menschliche Welt gestaltet. Gegenüber dieser allgemeinen Abhebung, die das ganze menschliche Dasein kennzeichnet, erfahren wir noch eine zweite, noch radikalere Abhebung, die den *einzelnen* als solchen betrifft. Sosehr er auch in einer gemeinsam menschlichen Welt lebt und hineinverflochten ist in die Gemeinschaft und die Geschichte, hebt er sich doch von allem anderen ab, was er nicht ist; er ist zurückverwiesen auf sich „selbst“. Diese Grunderfahrung bringen wir sprachlich zum Ausdruck in dem Wort „ich“. Jeder von uns erfährt sich als dieses einzelne und einmalige, unwiederholbare Ich. Wenn wir fragen: Was ist der Mensch?, so steht im Hintergrund die Frage: Was bin ich? Und wenn wir Aussagen über den Menschen machen, so ist das nur möglich, weil „ich“ mich als Menschen weiß und verstehe. Wir kämen an das eigentlich Menschliche nicht heran und könnten darüber nicht sprechen, wenn wir nicht diese ursprüngliche Selbsterfahrung des Ich hätten, die sich in allen Formen menschlichen Selbstvollzugs als deren Einheitspunkt und Ursprungsgrund durchhält. Wenn wir diese Selbsterfahrung thematisch machen wollen, so genügt nicht mehr eine äußere Reflexion auf das Phänomen Mensch, sondern hier ist eine *innere Reflexion* auf mich selbst verlangt.

a) Ich-Erfahrung

Wir sagen alltäglich: Ich denke und empfinde, ich will und strebe, ich habe Ziele und Pläne, Freuden und Leiden usw. In all dem erfahren wir das *Ich* als dieses bestimmte und konkrete, radikal einzelne und einmalige Selbstsein, das sich abhebt von allem, was „ich“ nicht bin: von allen Dingen meiner Umwelt, auch von allen anderen Menschen, ob sie mir fern und fremd oder noch so nahe und vertraut sein mögen. Sie stehen mir als „andere“ gegenüber, von denen „ich“ mich unaufhebbar unterscheide. Ich hebe mich auch ab von der menschlichen Gemeinschaft, so eng ich auch an sie gebunden und auf sie angewiesen bleibe, von der ganzen übrigen Menschheit in all den Jahrtausenden ihrer Geschichte und von den Milliarden von Menschen der Gegenwart. Sosehr ich auch dieser Menschheit angehöre und ihrem Geschick teilnehme, bin ich doch dieses einzige und einzelhafte „Ich“ gegenüber allem, was „Nicht-Ich“ ist.[1]

In der gesamten Welt und der Geschichte ist nur ein einziger Punkt, der mir selbst gehört, der ich selbst bin – an dem ich gleichsam die Augen aufschlage und sagen kann: Ich – das bin ich. Es ist ein Punkt, an dem mir ein *lichter Raum* eröffnet ist: mein Bewußtsein, in dem ich mir selbst gelichtet bin, mein Erkennen, in dem das andere, die Welt, in das Licht meines Bewußtseins tritt und in diesem Licht zu meiner Welt wird. Es ist zugleich ein Punkt, an dem mir ein *freier Raum* geöffnet ist, in dem ich über mich selbst verfüge, mich entscheiden muß und mich entfalten soll, in dem ich mir selbst – unvertretbar und unausweichbar – überantwortet bin. Dieses einzelne, einmalige Dasein, das ich selbst bin, ist mir allein geschenkt, mir anvertraut, in meine eigene Verantwortung gestellt.

Dieser Punkt – mein „Ich“ – wird mir notwendig zum *Mittelpunkt* meiner Welt, von dem her ich alles andere sehe und verstehe, handelnd ergreife und gestalte; alles andere ist auf diese Mitte hin bezogen. Das hat mit „egozentrischer“ Einstellung noch nichts zu tun, sondern ist einfach ein Grundphänomen menschlicher Selbsterfahrung: daß der Mensch sich als Mitte des gesamten Beziehungsgefüges seiner Welt erfährt und nur dadurch „seine Welt“ als die ihm eigene Welt besitzt. Ich kann nur von mir her, von meinem bestimmten und einmaligen Standort aus, die Wirklichkeit erkennen und verstehen, mich selbst daher als die Mitte meiner Welt erfahren.

Daraus ergibt sich: Sosehr wir auch im Ganzen unserer Welt leben, hineinverwiesen und -verflochten in diese Welt, so heben wir uns von dieser Ganzheit doch wieder ab als je einzelnes, einmaliges Ich. Darin liegt die seltsame Größe und Kleinheit des Menschen: seine *Größe,* insofern dieses einmalige, unwiederholbare Ich durch nichts anderes und niemand anderen ersetzt oder vertreten werden kann, sondern allein auf sich selbst gestellt ist, also eine gewisse Unbedingtheit besitzt, die allein um ihrer selbst willen da ist[2]; das ist die ungeheuere Würde des einzelhaften Ich. Zugleich ist es seine *Kleinheit,* insofern dieses Ich nur ein Punkt in der unermeßlichen Ganzheit des Seins und Geschehens, der Welt und der Geschichte ist; dieses einzelne, räumlich und zeitlich begrenzte Dasein ist gleichsam verloren inmitten der gesamten, ihm überlegenen Wirklichkeit. Daraus entspringt die letzte Einsamkeit, die jeder bisweilen in ihrer ganzen Tiefe erfährt. Sosehr er auch inmitten der Welt und des Weltgeschehens lebt, ist er doch im letzten auf sich allein gestellt, auf sich selbst zurückgeworfen. Er steht allein in seiner eigenen Entscheidung und Verantwortung. Niemand, auch nicht der vertrauteste und geliebteste Mensch, kann sie uns abnehmen, uns vertreten oder entlasten. Ich habe dieses einmalige Dasein allein auf mich zu nehmen. Es geht allein um mich selbst.[3]

b) Mitte und Ganzheit

Von diesem Phänomen der Selbsterfahrung müssen wir zurückfragen: Was meinen wir, wenn wir „Ich“ sagen? Was bedeutet dieses „Ich“? Schon der alltägliche Sprachgebrauch zeigt, daß wir in einem zweifachen Sinn vom „Ich“ sprechen. Wir verstehen darunter sowohl die *Ich-Mitte* als auch die *Ich-Ganzheit.* Wir sagen nicht nur: Ich erkenne oder will dies oder jenes, ich entscheide mich für diese Möglichkeit usw., sondern wir sagen auch: ich bewege mich, ich gehe oder greife nach etwas, ich fühle einen Schmerz an der Hand oder am Fuß – auch passiv: ich werde berührt oder gestoßen. Dies zeigt, daß wir mit dem „Ich“ nicht nur das Zentrum meinen, von dem unser bewußtes Wirken ausgeht, sondern auch die Ganzheit meiner selbst, die das Leibliche einschließt. Es ist „mein Leib“, der mir eigen, mir zugehörig ist wie kein anderes Ding außer mir. Ich erfahre ihn nicht – oder nicht nur – von außen her wie andere Dinge, sondern von innen als durch mich belebt und bewegt, als das Medium meines eigenen Wirkens und Erleidens. Er ist, von allen anderen Dingen abgehoben, das unmittelbarste Medium meines Selbstvollzugs. Er gehört zur konkreten Ganzheit meines Ich, d. h. zu dem, was „ich“ selbst bin. Dies wird aber als eine zentrierte Ganzheit erfahren. Schon wenn ich von „meinem Leib“ spreche, den ich „mir“ zugehörig weiß, beziehe ich ihn auf eine Mitte, die wir im engeren und eigentlichen Sinn als „Ich“ verstehen. Zwischen der Ich-Ganzheit und der Ich-Mitte besteht kein Gegensatz, sondern ein Verhältnis gegenseitiger Bedingung. Das Ganze ist nur dadurch eine konkrete Einheit, daß sie auf eine Mitte bezogen, von dieser Mitte her als Ganzheit konstituiert ist. Die Mitte ist dies aber nur und kann als solche nur erfahren werden, weil sie die Mitte der konkreten Ganzheit ist, die von ihr belebt und gelenkt, als Ganzheit vollzogen und erfahren wird.

Was ist aber das Ich als *Mitte der Ganzheit?* Hier beginnt erst das Problem. Denn das Ich in diesem Sinne ist nie unmittelbar in sich selbst gegeben. Es ist überhaupt nicht gegenständlich und inhaltlich erkennbar, sondern immer nur im bewußten Vollzug unthematisch und ungegenständlich mitgegeben. Es wird mit-erfahren und mit-gewußt in jedem Akt, insofern ich ihn als „meinen Akt" vollziehe und erfahre. Es bildet daher eine ursprüngliche und unmittelbare Gewißheit, die sich – wie schon *Augustinus*[4] und *Descartes*[5] erkannt haben – im allgemeinsten Zweifel durchhält, da „ich" es bin, der zweifelt, sich aber auch darin seiner selbst gewiß ist. Daß alle Mannigfaltigkeit gegenständlicher Erkenntnis, sofern es „meine Erkenntnis" ist, durch ein letztes Prinzip der Einheit des „Ich denke" bedingt ist, hat *Kant* deutlich gemacht.[6] Während jedoch bei Kant das Ich eine rein formal bedingende und bestimmende Funktion am jeweiligen Gegenstand des Bewußtseins hat, nicht aber in sich selbst inhaltlich bestimmt werden kann, geht *Fichte* von der Tathandlung des sich selbst setzenden, sich selbst vollziehenden Ich aus, das den Einheits- und Ursprungsgrund des Selbstbewußtseins bildet.[7] Daran ist richtig, daß das Ich nur im aktuellen Vollzug zu sich kommt, seiner selbst bewußt wird. In diesem, aber nur in diesem Sinn der Konstitution des Bewußtseins, kann man mit Fichte von „Selbstsetzung" des Ich sprechen. Doch entspricht es keineswegs unserer Selbsterfahrung, wenn Fichte einerseits das Ich spekulativ absolut setzt: zum „absoluten Ich" oder „absoluten Subjekt" und damit einen subjektiven Idealismus begründet, anderseits das Ich als reine Tathandlung versteht, d. h. als reines Geschehen, als einen allein sich selbst setzenden und in sich bestehenden Aktvollzug, der nicht reales Sein (eines Substrats, einer Substanz) voraussetzt; dadurch geschieht eine völlige Dynamisierung oder Aktualisierung der Wirklichkeit ohne ontologisches Fundament.

Die einzelnen Akte setzen einen Einheits- und Ursprungsgrund voraus, den man, insofern er nicht mehr unmittelbar erfahren wird, sondern alle Selbsterfahrung als deren Bedingung vorausgeht, mit Kant als transzendentales Ich bezeichnen kann. Über Kant hinaus muß aber gefragt werden, ob und wie dieses apriorische Prinzip auf einen realontologischen Grund in der Wesensverfassung des Menschen zurückgeführt und von daher bestimmt werden kann. Dazu müssen wir auf die Eigenart und Strukturganzheit des Bewußtseins und seiner spezifischen Vollzugsweisen eingehen.

c) Bewußtsein

In unserem Bewußtsein steht das *Gegenstandsbewußtsein* thematisch im Vordergrund. Wir sehen und erfassen Dinge und Sachverhalte, die uns begegnen; urteilend, strebend, handelnd sind wir auf anderes bezogen. Es ist erwiesen (bes. seit F. Brentano, E. Husserl u. a.), daß jeder bewußte Akt „intentional", d. h. auf etwas als seinen Inhalt oder Gegenstand ausgerichtet ist. Dieses „etwas" ist das „andere" gegenüber dem reinen Ich, dem es als Gegen-stand entgegen-steht, im Bewußtsein als Objekt dem Subjekt entgegen-gesetzt wird. Es ist das Thema der ersten und ausdrücklichen Intention; so ist es der „thematische Inhalt" des bewußten Aktes. Das entspricht der scholastischen Lehre von der „intentio prima" auf den Gegenstand (gegenüber der „intentio reflexa", die sich auf den Akt und seine Voraussetzungen zurückwendet und sie zum „Gegenstand" macht). Das „andere" ist aber als Gegenstand nur gegeben, wenn wir es in bewußten Akten erfassen und zur Gegebenheit bringen. Nur dann erkenne ich „etwas", wenn „ich" es erkenne, d. h. im eigenen Vollzug und durch eigene Leistung meines Erken-

nens mir zum Gegenstand mache. Dies geschieht nicht nur in Akten rein theoretischen Erkennes, sondern auch in praktisch tätigem Umgang mit den Dingen, in Akten des Wertens und Strebens usw., jedenfalls aber im Vollzug eigener Akte.
Dies zeigt, daß unser Gegenstandsbewußtsein bedingt und getragen ist vom *Vollzugsbewußtsein.* Wenn immer ich etwas sehe, weiß ich, daß ich sehe. Wenn immer ich frage, weiß ich, daß ich frage. Wenn immer ich etwas weiß, weiß ich, daß ich es weiß. Dieses Wissen ist zwar nicht in voller Ausdrücklichkeit thematisch gegeben wie der gegenständliche Inhalt des Aktes, aber es ist doch immer unmittelbar mitgegeben und kann durch Reflexion auf den Akt thematisch gemacht werden.
Wir erfahren aber im Bewußtsein eine Vielfalt und Verschiedenheit von Akten, die in beständigem Fluß ineinander übergehen und einander ablösen. Doch sind es nicht isolierte und disparate Einzelakte, sondern in ihrer Vielheit ist zugleich ein *Einheitsbewußtsein* gegeben. Es ist eine geeinte Vielheit, insofern jeder einzelne Akt als ein Element im einheitlichen Fluß „meines Bewußtseins" gegeben ist und als „mein Akt" des Sehens und Hörens, des Urteilens, Strebens oder Wollens erfahren wird. Das ist ein anthropologisch sehr bedeutsames Phänomen, weil es jede dualistische oder trichotomische Auffassung des Menschen widerlegt. Seine Wesenseinheit bekundet sich in der Einheit des Bewußtseins, die nicht nur geistige, sondern auch leiblich-sinnliche Akte und körperliche Zustände, mein ganzes Erleben und Erleiden umfaßt. Dies alles kommt „mir" in der Einheit meines Ich zum Bewußtsein.
Die Einheit des Bewußtseins setzt aber ein Prinzip der Einheit voraus, d. h. etwas, das die Einheit ursprünglich konstituiert, sich in der Vielheit durchhält und sie zur Einheit bringt. Wenn jedoch die Vielheit und Verschiedenheit der Einzelakte darin ihre Gemeinsamkeit hat, daß sie als „meine Akte" erfahren werden, so kann das Prinzip der Einheit nur in dem liegen, was wir „Ich" nennen. So ist das ganze Geschehen des Bewußtseins bedingt, getragen und durchdrungen vom *Ich-Bewußtsein,* das immer und notwendig in jedem bewußten Vollzug mitgegeben ist.
Doch ist das Ich nie in sich selbst direkt und unmittelbar wahrnehmbar. Wir erfahren es nur als ungegenständliches Wirkzentrum, als den Ursprungs- und Einheitsgrund des ganzen bewußten Geschehens. Daher kann es aber nicht selbst als aktueller Vollzug gedacht werden, wie es in der Tathandlung bei Fichte oder im Aktualismus bei *W. Wundt, Fr. Paulsen* u. a. geschieht, ähnlich auch bei *M. Scheler,* der den „Geist" als reinen Vollzug, als reines Geschehen versteht, nicht aber als geistiges Sein oder Subjekt. Doch ist für ihn das geistige Geschehen auf ein Zentrum bezogen, das sich im Ablauf der Akte durchhält und die Einheit des Bewußtseins bedingt; Scheler nennt es die Person.[8] Jedenfalls setzt das gesamte Geschehen und Erleben des Bewußtseins als Bedingung seiner Möglichkeit ein Wirkzentrum als seinen Ursprungsgrund und Einheitspunkt voraus. Denn ich bin und erfahre mich als identisches Subjekt wechselnder Akte. Ich bin dasselbe „Ich", ob ich diesen oder jenen Akt setze, dieses oder jenes erfahre oder erleide. Das Ich geht nicht auf im jeweiligen Akt, sondern liegt ihm noch voraus, wird aber in allen Einzelakten als deren identischer Grund mitvollzogen und insofern auch unthematisch mit-erfahren.
Daraus folgt weiter die grundsätzliche Bedeutung der Kantischen Unterscheidung zwischen empirischem und transzendentalem Ich; sie erfordert aber Korrekturen und

Ergänzungen. Das *empirische Ich* meint das Ich oder das Subjekt, insofern es sich in seinem Bewußtsein selbst erfährt; es ist die konkrete Ganzheit bewußter Selbsterfahrung. Weil diese in einer Vielheit einzelner Akte im Nacheinander der Zeit geschieht, die Zeit aber für Kant die apriorische Form sinnlicher Anschauung ist, weist er die Selbsterfahrung der sinnlichen, wenn auch inneren Selbstwahrnehmung zu. Dies ist sicher nicht richtig, weil wir (über den empiristisch verengten Erfahrungsbegriff Kants hinaus) uns selbst nicht nur sinnlich, sondern auch geistig-personal, gesamtmenschlich und mitmenschlich „erfahren".

Richtig ist aber, daß die Vielfalt in der Abfolge einzelner Akte oder Erfahrungen, die Einheit des Ich nicht begründen kann, sondern ein vorgängiges Prinzip der Einheit voraussetzt. Das *transzendentale Ich* ist der letzte Einheitspunkt, der aller Erfahrung, auch der Selbsterfahrung, noch vorausliegt, aber die Bedingung der Möglichkeit dafür ist, daß alle Inhalte der Erfahrung in der Einheit „meines" Bewußtseins zur Gegebenheit kommen. Es ist für *Kant* das reine „Ich denke", jedoch nicht als empirischer Bewußtseinsinhalt, sondern als transzendental-apriorische Größe, d. h. als Prinzip der „transzendentalen Einheit des Selbstbewußtseins". Da für Kant alle Erkenntnis „Synthesis des Mannigfaltigen" ist, setzt sie ein apriorisches Prinzip der Einheit voraus, das alle Synthesis leitet und ermöglicht; insofern ist es die Bedingung der Möglichkeit jeglicher Erkenntnis – noch allgemeiner: Bedingung der Möglichkeit des gesamten Bewußtseins.

Doch müssen wir weiterfragen nach dem realen Grund im Wesen des Menschen. Auch Kant setzt gegenüber dem rein transzendentalen Subjekt und seiner Funktion ein, so können wir sagen, *ontologisches Subjekt* voraus, das er aus der gesamten philosophischen Tradition „Seele" nennt und als geistige Substanz versteht. Zwar müssen wir sie als „Idee der reinen Vernunft" denken, können sie aber – weil für ihn Metaphysik nicht möglich ist – in theoretischem Wissen nicht erkennen, nur in praktischem Glauben postulieren. Können und müssen wir nicht darüber hinausgehen? Sicher ist das Ich im Sinne der Ichmitte kein empirisch-gegenständlicher Inhalt und kann niemals auf gegenständliche Weise erfaßt werden. Doch legt es sich beständig im bewußten Selbstvollzug des Menschen aus; er ist Selbstverwirklichung und Selbstoffenbarung des Ich. Darum kann aus der Erfahrung des menschlichen Selbstvollzugs zurückgefragt werden nach dem *Ich-Grund* – in transzendentaler Reflexion, welche den apriorischen, aller Erfahrung vorgängigen und sie bedingenden, aber real-ontologischen Einheits- und Ursprungsgrund des konkreten Selbstvollzugs vermittelnd aufweisen, jedoch nie unmittelbar in sich selbst zur Gegebenheit bringen kann. Wir müssen daher auf die Grundphänomene des menschlichen Selbstvollzugs eingehen.

2. GEISTIGES ERKENNEN

Wir fragen nach dem Wesen des Menschen. Diese Frage setzt ein leitendes Vorwissen voraus und strebt nach weiterem und vollerem Erkennen. Sie ist eine Bewegung der Erkenntnis und weist den Menschen als erkennendes Wesen aus. Der grundlegende Selbstvollzug, in dem sich jeder bewußte Weltbezug allererst konstituiert, ist die

Erkenntnis. Wir erkennen Dinge, die wir ergreifen, gebrauchen und gestalten. Wir erkennen Menschen, die uns begegnen und mit denen wir in Beziehung treten. Wir erkennen eine Wirklichkeit, die uns umgibt und in der wir zu leben haben. Wir müssen uns in ihr zurechtfinden, uns mit ihr auseinandersetzen. Die Erkenntnis geht bedingend, leitend, orientierend jedem anderen Bezug zur Wirklichkeit voraus. Das heißt nicht, daß es jemals eine rein isolierte, rein theoretische Erkenntnis gäbe. Sie steht vielmehr im Zusammenhang des gesamten menschlichen Lebens. Sie ist hineinverwoben in alle praktischen Verhaltensweisen, in denen wir Stellung nehmen, Entscheidungen treffen und Handlungen setzen. Die Erkenntnis ist ein Teilelement des gesamtmenschlichen Verhaltens. Sie ist aber insofern das erste und grundlegende Element, als sie allen anderen Weisen des menschlichen Selbstvollzugs ermöglichend vorausgeht und richtungsweisend in diese eingeht.

In unserer Erkenntnis, wie wir sie beständig erfahren, sind uns sinnenhafte *Wahrnehmungen* gegeben. Wir sehen oder hören etwas, wir tasten nach etwas. Wir nehmen sinnliche Eindrücke auf. Wir nehmen Erscheinungen unserer Umwelt wahr. Schon dadurch wirkt die äußere Welt nicht nur auf uns ein, sondern geht die Innensphäre unseres Bewußtseins ein. Sie wird in uns selbst gegenwärtig und nimmt in uns Gestalt an; sie tritt in das Licht unseres Bewußtseins. Wenn wir aber etwas sehen oder hören, so wissen wir, daß wir sehen oder hören. Wir wissen um die Dinge, die uns begegnen, wir verstehen sie „als“ dies oder jenes. Damit ist die rein sinnenhafte Erkenntnis schon durchdrungen und überstiegen durch ein anderes Element, das erst die eigentlich menschliche Erkenntnis ausmacht. Sinnliche Eindrücke und Empfindungen hat auch das Tier. Aber rein sinnliche Erkenntnis, wie sie dem Tier eigen ist, können wir kaum verstehen und nachempfinden, weil wir – als Menschen – dieses Phänomen gar nicht kennen. Sinnliche Erkenntnis des Menschen ist immer schon im Bewußtsein erfahren und verstanden, im Denken aufgenommen und verarbeitet. Dasjenige, was menschlicher Erkenntnis eigen ist und sie auszeichnet, ist das *Denken*. Es gehört zu unserem Wesen. Es gibt kein reines Schauen oder Hören, ohne daß zugleich das Denken am Werk wäre. Sinnliche Wahrnehmung ist immer schon geistig durchdrungen, vom denkenden Erkennen durchformt. Wir können das Denken nicht lassen; es entspringt der Notwendigkeit unseres Wesens.

a) Begriffliches Denken

Aber was heißt denken? Eine erste – sicher nur vorläufige, noch nicht erschöpfende – Antwort auf diese Frage lautet: Denken ist *begriffliches* Erkennen. Ebenso beständig und notwendig, wie wir denken, bilden wir Begriffe. Dabei ist noch nicht an scharf definierte Begriffe zu denken, wie sie in wissenschaftlichen Aussagen eingeführt werden, sondern an alle Sinngehalte, die wir denken und in Worten ausdrücken. Es ist die Eigenart menschlicher Sprache, daß im gesprochenen und vernehmbaren Lautgebilde des Wortes etwas „gemeint“ ist, daß es einen Sinn oder eine Bedeutung hat, also zum Sinnträger und Sinnvermittler wird. Was in einem Wort „gemeint“ ist, nennen wir einen Begriff. Wort und Begriff sind nicht dasselbe. Wir können etwas, das wir meinen, in verschiedenen Worten – etwa in Worten verschiedener Sprachen – zum Ausdruck bringen; auch suchen wir für das, was wir meinen, oft erst das rechte Wort. Das Gemeinte ist der Begriff, zumeist im natürlichen, also vorwissenschaftlichen Denken und Reden ein noch ungenauer, nicht scharf abgegrenzter Begriff, aber doch schon ein bestimmter Sinngehalt, den wir meinen. So verstanden, gehört der Begriff zum Wesen des Denkens überhaupt.

Wenn einer gegen das begriffliche Denken den Einwand erheben wollte, daß es die Wirklichkeit verfehlt und die Wahrheit verfälscht, so kann er doch selbst nicht anders denken als in Begriffen und seinen Einwand nicht anders aussprechen als wieder in Begriffen. Wir können dem begrifflichen Denken nicht entgehen. Was ist aber ein Begriff? Und was offenbart er vom menschlichen Wesen?

Wir nehmen konkrete Einzeldinge wahr: diesen Tisch, diese Lampe, dieses Buch. Sie sind uns in sinnenhafter Erscheinung gegeben. Aber wir verstehen die Erscheinung „als etwas": „als" Tisch, Lampe, Buch. Das heißt nicht nur, wie es in der philosophischen Tradition aufgefaßt wurde, daß uns in der sinnenhaften Gegebenheit das intelligible Wesen der Sache (intelligible in sensibili) aufleuchtet; *Thomas von Aquin* deutet das „intelligere" als „intus legere"[9], d. h. als „darin lesen", die Erscheinung durchdringen und durchschauen, ihr intelligibles Wesen „herauslesen". Das ist richtig, aber dieses Geschehen ist durch einen sehr komplexen Prozeß bedingt.[10] Wenn ich das, was ich hier sehe, spontan „als" Buch erfaße, vielleicht als dieses bestimmte, mir schon bekannte Buch, so setzt das voraus, daß ich schon mit Büchern umgegangen bin, also aus Erfahrung weiß, was ein Buch ist, daß ich auch dieses Buch schon gesehen, vielleicht schon gelesen habe usw. Auf diesem Hintergrund bisheriger Erfahrungen, die einen bestimmten Verständnishorizont bilden, verstehe ich dieses Etwas, das ich wahrnehme, als ein Buch.

1. Wenn ich aus diesem Hintergrund und Zusammenhang das einzelne „als etwas" verstehe, so bilde ich einen Begriff der Sache, ich erfasse einen *Sinngehalt.* Wir denken die Dinge in Begriffen: Tisch, Lampe, Buch usw. Wenn wir diese Worte sagen oder hören und lesen, so verstehen wir darunter einen bestimmten Gehalt, der zwar in diesem Einzelding, das mir hier und jetzt erscheint, verwirklicht ist, aber doch nicht daran gebunden ist. Es ist ein Sinngehalt, der in beliebig vielen Einzeldingen verwirklichbar und von ihnen aussagbar ist, insofern ihnen diese bestimmte Eigenart zukommt. Der Begriff sieht ab von allen weiteren Bestimmungen der einzelnen Dinge, er hebt nur den ihnen gemeinsamen Sinngehalt heraus; er ist daher abstrakt" („abstrahere" = abziehen). Dagegen ist das Ding, auf das er sich bezieht, durchaus „konkret", insofern die eine im Begriff gemeinte und abgehobene Bestimmung in der dinghaften Wirklichkeit verbunden, gleichsam verwachsen ist („concrescere" = zusammenwachsen) mit vielen anderen individuellen Eigenschaften, von denen der Begriff jedoch absieht. Und weil er davon absieht, also abstrakt ist, ist er auch allgemein, d. h. auf viele Einzeldinge beziehbar und anwendbar, während die Dinge selbst, auf die er bezogen und angewendet wird, jeweils konkrete und individuelle, unvertauschbare und unwiederholbare Wirklichkeiten sind.

2. Schon aus dieser ersten, sehr einfachen Überlegung ergibt sich: Dem menschlichen Denken ist die Fähigkeit eigen, aus der konkreten Wirklichkeit allgemeine Sinngehalte abzuheben. Die klassische Tradition sprach von „Abstraktion", die moderne Psychologie und Anthropologie spricht von „Ideation"; gemeint ist im Wesen dasselbe: die Fähigkeit, einen Sinngehalt von der konkreten Einzelheit abzuheben und in allgemeine Gültigkeit zu erheben. Dies zeigt aber, daß hier jene Ur-Abhebung am Werk ist, die wir allgemein im menschlichen Verhalten vorgefunden und als *Grundfreiheit*, als Vermittlung der Unmittelbarkeit bezeichnet haben. Der Mensch ist nicht festgelegt auf das hier und jetzt Gegebene, sondern hebt sich davon ab, gewinnt Distanz und dadurch einen weiteren Horizont, aus dem heraus er die Dinge erst sachlich in ihrem Wesensgehalt zu erfassen vermag. Diese Grundfreiheit, in der wir uns lösen aus der Bindung an die Unmittelbarkeit, liegt dem Geschehen der Abstraktion oder Ideation zugrunde und drückt sich darin aus. Insofern ist dies ein anthropologisch bedeutsames Phänomen. Es zeigt, daß auch das Denken nur aus Freiheit möglich ist, durch die der Mensch aus der Naturgebundenheit gelöst und zu seinem spezifisch menschlichen Erkennen freigegeben ist.

3. Dies wird noch deutlicher aus dem wesenhaften Unterschied zwischen dem *Ding* und dem *Begriff.* Das Ding ist konkret und einzeln, der Begriff dagegen abstrakt und allgemein. Das heißt aber, daß der Begriff etwas wesentlich anderes ist als ein materielles Einzelding. Während die Dinge, die wir vorfinden, individuell, quantitativ und qualitativ eindeutig determiniert sind, ist dies der Begriff nicht. Dem abstrakten Allgemeinbegriff kommt eine inhaltliche Indetermination zu, durch die er sich insofern der Sphäre dinghaften Seins überlegen erweist, als er sich auf eine Vielfalt von Einzeldingen bezieht. Dies kann er nur, weil er die Seinsweise der Einzeldinge grundsätzlich übersteigt. Die materiellen Dinge sind an *Raum und Zeit* gebunden, sie sind auf das räumliche bestimmte Hier und das zeitlich bestimmte Jetzt festgelegt. Dies gilt nicht mehr vom Begriff. Zwar ist der Denkakt, in dem wir den Begriff bilden oder erfassen, räumlich und zeitlich bestimmt, insofern wir hier und jetzt denken. Aber der reine Denkinhalt, also der Sinngehalt, den wir im Begriff erfassen, ist als solcher nicht mehr an eine bestimmte Raum- und Zeitstelle gebunden, er ist vielmehr auf beliebige, räumlich und zeitlich verschiedene Einzeldinge beziehbar. Er zeigt damit an, daß er den Gesetzen des Raumes und der Zeit nicht mehr unterworfen ist, also die Dimensionen des materiellen, raum-zeitlich bestimmten und beschränkten Daseins wesentlich übersteigt.

4. Weiter besteht im dinghaft-materiellen Bereich eine eindeutig determinierte *Kausalrelation* des Geschehens – von der problematischen Indetermination im mikrophysikalischen Raum können wir hier absehen, weil unabhängig davon im makrophysikalischen Bereich jedenfalls kausale Determination herrscht. Jede Ursache hat eine bestimmte, ihr eindeutig zugeordnete Wirkung, und jede Wirkung geht zurück auf eine bestimmte, ihr eindeutig zugeordnete Ursache. Dieses Kausalverhältnis besteht noch in der Sinneserkenntnis. Das konkrete Ding, das hier und jetzt gegenwärtig ist, übt seiner Eigenart gemäß hier und jetzt eine Wirkung auf die Sinnesorgane aus, so daß

der sinnenhafte Eindruck entsteht. Dieses Kausalverhältnis besteht nicht mehr so unmittelbar in der Einbildung und Erinnerung. Doch scheinen hier, sofern die Vorstellungen nicht frei erweckt werden, andere, nämlich physiologische und psychologische Kausalgesetze wirksam zu sein, die etwa Assoziationen u. dgl. bedingen. Jedenfalls aber ist die raum-zeitlich bestimmte Kausaldetermination im begrifflichen Denken grundsätzlich durchbrochen. Ich kann nicht nur Begriffe von Dingen bilden, die raumzeitlich gegenwärtig sind und wahrgenommen werden, sondern ebenso von beliebig anderen. Ich kann beliebig höhere, abstraktere und allgemeinere Begriffe bilden, ich kann Begriffe verbinden, ich kann sie metaphorisch anwenden, ihnen einen analogen Sinn geben usw. Hier zeigt sich die grundsätzliche *Freiheit des Denkens.* Denken ist nur möglich im Raum der Freiheit des Geistes, der sich aus der Bindung an das unmittelbare Hier und Jetzt löst und sich eine Welt des Gedankens schafft. Dies zeigt aber von neuem, daß diese Welt des Gedankens – des Begriffes – der Sphäre dinghaft-stofflichen Seins enthoben ist und einer wesentlich anderen Seinsweise angehört.

5. Dazu kommt, daß wir nicht nur – wie in den angeführten Beispielen – Begriffe von sinnenhaft wahrnehmbaren Dingen bilden, Begriffe also, die nur im Bereich materieller Dinge verwirklichbar und nur von ihnen aussagbar sind. Wir haben auch Begriffe, deren Sinngehalt nicht mehr auf sinnlich-materielle Dinge beschränkt ist, wie etwa die Begriffe: möglich und wirklich, Ursache und Wirkung, gut und schlecht, Recht und Unrecht, Liebe und Haß, also Wertbegriffe und viele andere, auch solche, in denen sich philosophisch allgemeine Seinsaussagen formulieren lassen. Noch mehr: Wir bilden nicht nur Begriffe, die von einer sinnlich-materiellen Verwirklichung absehen, sondern auch solche, die eine solche Verwirklichung und Wahrnehmbarkeit ihres Inhalts ausschließen und sich wesentlich auf Übersinnliches, Überstoffliches beziehen. So etwa die Begriffe, die wir eben gebraucht haben: übersinnlich, überstofflich oder immateriell und geistig; ebenso die Begriffe unendlich, absolut, göttlich und alle Begriffe, in denen wir Gott und seine Eigenschaften denken, wie Allwissen, Allmacht, Allgegenwart, Ewigkeit usw. Es steht hier nicht zur Frage, ob damit eine Wirklichkeit getroffen wird und, wenn ja, ob und wie sie unserem Erkennen erreichbar oder beweisbar ist. Hier genügt die Feststellung, daß wir tatsächlich solche Begriffe bilden und damit etwas ganz Bestimmtes meinen, das wir sinnvoll denken können.

Dagegen wendet der *Neupositivismus* ein, daß ein Begriff nur dann als „sinnvoll" gelten kann, wenn er in der Erfahrung intersubjektiv „verifizierbar" – oder wenigstens „falsifizierbar" – ist. Dem liegt jedoch schon ein bestimmt begrenztes Sinnkriterium zugrunde, das zwar im Bereich empirischer Wissenschaften berechtigt ist, aber dem Gesamtbereich menschlichen Denkens, Sprechens und Verstehens nicht gerecht wird. Es gibt eine ursprünglichere Sinnerfassung, die sich nicht auf empirische Vorfindbarkeit reduzieren läßt. Auch wenn wir nur die Frage nach der Wirklichkeit von Geistigem, Unendlichem und Göttlichem stellen, setzt dies schon voraus, daß wir in diesen Begriffen – wenn auch nur hypothetisch – sinnvoll etwas Bestimmtes meinen und denken. Dies ist auch dann noch vorausgesetzt, wenn die Wirklichkeit solcher nicht empirisch feststellbarer Inhalte ausdrücklich negiert wird. Auch die Negation kann nur sinnvoll sein, wenn sie weiß, was sie negiert, d. h., wenn sie den Sinngehalt versteht, dessen Wirklichkeit sie bestreitet. Dies zeigt, daß wir auch solche Begriffe *sinnvoll* bilden, also einen bestimmten Sinn damit meinen. Dies zeigt aber weiter – und von neuem –, daß die Begriffe unseres Denkens etwas wesentlich anderes sind als materielle Dinge, daß sie der Wesensdimension materiellen Seins überlegen und seiner Gesetzlichkeit nicht mehr unterworfen sind.

Wenn wir diese Phänomene überschauen, so stellt sich unabweisbar die Frage: Wie kommen sie zustande? Was ist ihr *Erklärungsgrund?* Der Positivist oder Materialist wird darauf antworten: Die Erklärung liegt in bestimmten physiologischen Prozessen physikalischer und chemischer Art, also rein materiellen Prozessen. Jeder psychische Akt, auch jeder Denkakt, ist getragen und begleitet von einem bestimmten physiologischen oder biochemischen Geschehen, das ihm eindeutig zugeordnet ist. Bis zu gewissen Grenzen ist die Wissenschaft heute schon imstande, diese Zuordnung festzustellen, die physischen Prozesse sogar exakt zu messen und damit die Ursachen der psychischen Phänomene nachzuweisen. Und soweit es heute noch nicht möglich ist, so bleibt es grundsätzlich möglich und kann schon morgen wirklich werden. Damit wären die Phänomene durch Ursachen rein materieller Art restlos erklärt.

Dagegen bleibt die Frage: Ist damit wirklich etwas erklärt? Sicher sind dem Akt des Denkens bestimmte physiologische Prozesse zugeordnet und können mit großer Genauigkeit festgestellt werden. Das wirft ein wertvolles Licht auf das geheimnisvolle Verhältnis zwischen dem psychischen und dem physischen Geschehen im Menschen; daß auch ein Akt des Denkens nur möglich ist unter der Bedingung des materiellen Substrats, der gesunden Funktion der Gehirnzellen usw., daran ist kein Zweifel. Trotzdem ist das Psychische selbst, in unserem Fall: der Denkakt, wie wir ihn als Phänomen unseres Bewußtseins erfahren, so grundsätzlich verschieden von jedem materiellen Sein und Geschehen, daß er nicht allein darauf zurückgeführt werden kann. Damit wird das Phänomen noch gar nicht erreicht, erst recht nicht erklärt. Das begriffliche Denken gehört als solches einer durchaus anderen Sphäre an. Wenn auch eine noch so eindeutige Zuordnung zwischen physischem und psychischem Geschehen besteht, so heißt das noch lange nicht, daß das psychische Phänomen allein durch physische Prozesse erklärt werden kann. Hier versagt ein positivistisches Denken grundsätzlich, weil es die Phänomene nicht so nimmt, wie sie sich zeigen, sie nicht wirklich erklärt, sondern wegerklärt oder wesentlich verkürzt. Hier muß ein ganz anderes Denken einsetzen, das vom Phänomen ausgeht, seine Wesensart zu verstehen und eine diesem Wesen angemessene Erklärung zu geben sucht.

Darin zeigt sich aber, daß der Begriffsgehalt nicht mehr der Seinsweise materieller Dinge angehört, also nicht etwas Materielles, sondern etwas *Immaterielles* ist – zunächst in dem allgemeinsten und unbestimmtesten Sinn: etwas, das nicht ein materielles Ding, sondern ein nicht-materielles Etwas ist. Nun bilden wir die Begriffe in unserem eigenen Denken; gewiß nicht in reiner, voraussetzungsloser Spontaneität, sondern angewiesen auf die Welt und ihre Gehalte, die wir wahrnehmen, die wir aber begrifflich verarbeiten, der unmittelbaren Gegebenheit entheben und in die Sphäre der Allgemeinheit erheben. Dies setzt voraus, daß der denkende Mensch selbst in seinem Wesen die Dimension des materiellen Seins übersteigt, daß er eine Fähigkeit besitzt, die seinsmäßig nicht mehr der Stufe des Materiellen angehört, sondern von wesentlich höherer Seinsart ist, daß also dieses Vermögen – wir nennen es *Verstand oder Vernunft* – eine immaterielle oder übermaterielle, in diesem Sinne „geistige" Fähigkeit ist. Sie ist zwar hineingebunden in die sinnenhaft-materielle Leiblichkeit des Menschen und darum angewiesen auf sinnenhaft hinnehmende Erkenntnis, die aber durch das Denken wesentlich überstiegen wird. Dem Menschen kommt geistige Erkenntnis zu, er ist ein geistiges, nicht nur leibliches Wesen. Nur vom Geist her kann man voll verstehen, was Menschsein bedeutet und was wir als Menschsein erfahren.

Doch haben wir bisher das Wesen des Geistigen nur negativ bestimmt als etwas, das alles materielle Sein und Geschehen überragt, also nicht materieller Art ist. Kann man darüber hinaus auch positiv etwas aussagen über die innere Struktur, die Wesensart und Wesensdimension geistigen Seins?

b) Urteilendes Denken

Wir fragen nochmals: Was heißt denken? – und finden eine zweite, schon tiefer führende Antwort: Denken ist *urteilendes* Erkennen; denken heißt Urteile bilden, d. h. eine behauptende Aussage machen. Ob sie im Gespräch nach außen kundgetan oder nur innerlich als meine Überzeugung gesetzt wird, darauf kommt es hier nicht an. Wir sprechen nicht nur in einzelnen Worten und denken nicht nur in einzelnen Begriffen, sondern wir verbinden die Worte zu einem Satz, der ein Urteil ausspricht: das ist ein Tisch, heute ist schönes Wetter; zwei mal zwei ist vier usw. Was geschieht im Urteil? Was geht hier in unserem Denken vor?

1. Das Urteil wird oft gekennzeichnet als eine Verknüpfung von Begriffen, die grammatisch als Subjekt und Prädikat bezeichnet und durch die Kopula verbunden werden. Doch ist das Urteil wesentlich mehr als eine bloße Verbindung von Begriffen. Wenn ich sage: grüner Tisch, schönes Wetter, so ist das auch eine Verknüpfung von Begriffen, aber noch kein Urteil. Das ist es erst, wenn ich aussage: der Tisch ist grün; das Wetter ist schön. Das Wesentliche des Urteils besteht darin, daß das Satzganze, aus Subjekt und Prädikat bestehend, ausgesagt, *behauptet* wird: es „ist" so. In diesem Istsagen erhebt das Denken einen hohen Anspruch, den weder das sinnliche noch das bloß begriffliche Erkennen als solches jemals erheben kann, nämlich den Anspruch auf Wahrheit, d. h. den Anspruch, die Wirklichkeit zu treffen, also das auszusagen, was „ist" und wie es „ist". Dieser Anspruch ist deshalb so bedeutsam, weil er – und zwar in jedem Urteil – eine unbedingte, darum unaufhebbare, unüberholbare Geltung setzt. Wenn ich um einen Sachverhalt weiß und dieses Wissen urteilend behaupte: „es ist so", dann weiß ich auch, daß das, was ist, unbedingt ist und *unbedingte Geltung* beansprucht. Diese Unbedingtheit bedeutet nicht, daß der Sachverhalt an keinerlei Bedingungen gebunden ist, also immer und notwendig besteht. Sie bedeutet nur, daß der Sachverhalt, wenn er ist, in seiner Geltung nicht mehr irgendwie bedingt oder beschränkt ist. Wenn ich das erkenne, was ist, so weiß ich, daß es nicht nur „für mich" so ist, nicht nur meinem Denken so erscheint, nicht nur für erkennende Wesen bestimmter Art so gilt, sondern daß es „an sich" so ist und sich in der unbedingten Gel-

tung seines Seins behauptet vor dem Denken jedes anderen, der Wahrheit fähigen Wesens, ja vor jedem anderen Seienden, welcher Region oder Dimension des Seins es angehören mag. Ich weiß also, daß das Seiende, sofern es ist, sich durch das Sein, das ihm eigen ist, in unbedingter und unbegrenzter Geltung behauptet, daher im Gesamtzusammenhang des Seins überhaupt Geltung beansprucht.[11]

2. Wenn das Denken ein Seiendes erkennend vollzieht, nimmt es die unbedingte Selbstsetzung oder Selbstbehauptung des Seienden auf und sagt sie im Urteil mit derselben Unbedingtheit einer nachvollziehenden Setzung oder Behauptung aus: es ist so. Das Urteil erhebt seinem Wesen nach den Anspruch auf unbedingte Geltung. Das bedeutet nicht, daß jedes Urteil deshalb schon unbedingt *wahr* sein muß. Das Urteil über einzelne Gegenstände oder Sachverhalte kann auch *falsch* sein; der Irrtum ist nicht ausgeschlossen. Denn die Richtigkeit des Einzelurteils ist durch vielerlei Umstände bedingt. Auch erfaßt das Einzelurteil immer nur einen Teilaspekt der Sache, nie die volle Wirklichkeit; es bleibt daher inhaltlich begrenzt, also der Ergänzung und Berichtigung durch weitere Erkenntnisse fähig. Trotzdem erhebt jedes, auch inhaltlich noch so bedingte und begrenzte Einzelurteil formal den Anspruch unbedingter Geltung. Es setzt eine Unbedingtheit im Bedingten. Darauf kann das Denken gar nicht verzichten. Denn der Verzicht, der sich wieder in einem Urteil ausspricht, wäre von neuem eine Setzung, die Geltung beansprucht und damit das ausdrücklich Gesagte widerlegt.

3. Wenn ich aber urteilend das Seiende oder den Sachverhalt in der Unbedingtheit seines Seins behaupte, so setze ich ihn hinein in den Gesamtzusammenhang von allem, was ist, in die absolute Ganzheit des Seins. Ein Seinsdenken, wie es sich im Urteil vollzieht, ist seinem Wesen nach nur möglich im Horizont des Seins überhaupt, also nur dann, wenn unser Denken ursprünglich und grundsätzlich jede Begrenztheit eines Teilbereichs der Wirklichkeit übersteigt und auf die Gesamtwirklichkeit schlechthin ausgreift, d. h., wenn das Denken sich in der *Offenheit des Seins* überhaupt vollzieht. Dazu ist nicht verlangt, daß wir alles, was ist, im einzelnen erkennen. Das ist nicht möglich; dazu müßte unser Geist schlechthin unendlich sein. Wohl aber bedeutet es, daß unser Geist, obwohl er endlich ist und nur auf endliche Weise zu erkennen und zu begreifen vermag, immer schon ausgreift auf die Unbegrenztheit des Seins überhaupt, daß ihm der Horizont des Seins grundsätzlich offensteht.
Dieser Ausgriff auf die Gesamtheit des Seins tut sich kund im Ist-sagen selbst. Wir behaupten urteilend: das ist so. Dieses „ist" kann ein reales Einzelding meinen, das wir empirisch vorfinden: das ist ein Buch. Es kann auch einen allgemeinen Sachverhalt meinen: jeder Mensch ist sterblich. Es kann auch andere, nicht mehr empirisch-gegenständliche Sachverhalte meinen: Logik ist eine Wissenschaft. Es kann auch Sachverhalte meinen, die jenseits unseres Erfahrungsbereiches liegen. Wenn wir auch noch nicht um deren Dasein wissen, so können wir doch danach fragen, ob so etwas ist, was und wie es ist; ob geistiges Sein wirklich „ist", was und wie es ist; ob ein göttliches Wesen wirklich „ist", was und wie es ist. Wir können gar nicht anders danach fragen als in dem „ist" – ob es wörtlich ausgesprochen wird oder nicht. Aber es ist eine alte Erfahrung des Sprechens und Denkens, die sich schon in der griechischen Philosophie,

besonders bei *Aristoteles*[12], niederschlägt, daß dem Wort „Sein" oder „Seiendes" – als etwas, das „ist", dem also „Sein" zukommt – unbegrenzte Universalität eigen ist; es ist von allem aussagbar, was nicht schlechthin nichts ist. Darin zeigt sich: Wir haben ein ursprüngliches Wissen darum, daß alles, was überhaupt etwas ist – welcher Seinsweise oder Seinsregion es auch angehören mag – eben „ist", d. h. etwas ist, das durch das Sein als *Seiendes* gesetzt ist und sich als Seiendes behauptet. Vor allem anderen, was wir davon wissen und aussagen können, wissen wir, daß es Seiendes ist. So haben wir einen Begriff, mit dem wir beständig im Denken und Sprechen urteilend umgehen, der nicht mehr auf irgendeinen besonderen Seinsbereich beschränkt ist, sondern alles schlechthin trifft, was überhaupt ist, ob es materiell oder geistig, erfahrbar oder unerfahrbar, endlich oder unendlich sein mag.

4. Damit enthüllt sich die *Grundstruktur* unseres Denkens. Es ist ein Seinsdenken, dem die Gesamtheit des Seins grundsätzlich offensteht. Wir erkennen daraus erneut und vertieft das Wesen des menschlichen Geistes. Er überragt nicht nur die Wesensdimension des dinghaft materiellen Seins; durch seine immaterielle Eigenart war er nur negativ – durch Abhebung vom materiellen Sein und Geschehen – bestimmt. Jetzt zeigt sich darüber hinaus positiv, daß der menschliche Geist in gewissem Sinne die Begrenztheit des endlichen Seins überhaupt durchbricht und auf die unendliche Weite des Seins im ganzen ausgreift. Das heißt sicher nicht, daß er selbst unendlich ist; er ist wesentlich endlicher Geist. Auch jeder einzelne Erkenntnisakt ist immer nur endlich. Darum können wir nur endliche Dinge in ihrem Wesen adäquat erfassen. Wenn wir unendliches Sein denken, so können wir dies nur auf endliche Weise, die dem Wesen des Unendlichen unangemessen bleibt und es nie voll zu begreifen vermag. Trotzdem vollzieht sich das menschliche Denken immer und notwendig im unbegrenzten Horizont des Seins, es greift auf die unendliche Weite des Seins überhaupt aus. Das heißt: Der Geist des Menschen ist nicht unendlich im Sinne aktueller Unendlichkeit; sonst wäre er Gott. Aber er ist unendlich im Sinne eines entwerfenden Ausgriffs, einer *virtuellen Unendlichkeit,* die das Wesen des Geistes, auch des *aktuell endlichen* Geistes, ausmacht.

Darin liegt das Geheimnis des menschlichen Geistes. Man kann sein Wesen nur verstehen von der Unendlichkeit her, die ihm eigen ist. Nur von daher werden Tiefe und Reichtum, Vielfalt und Gestaltungskraft des geistigen Lebens verständlich. Nur von daher erklärt sich die ungeheuere Dynamik des Geistes, der in keiner Erkenntnis endlicher Dinge voll befriedigt zur Ruhe kommt, sondern weiter sucht und forscht bis an die Grenzen der Welt und bis in die letzten Tiefen des Wißbaren; der aber auch in aller Erkenntnis innerweltlicher, also endlicher Wahrheit nicht seine Erfüllung finden kann, sondern darüber hinaus fragt nach dem letzten Grund und Sinn des eigenen Dasein und der Welt im ganzen, nach einem letzten, unbedingten und unendlichen Seinsgrund, der allem endlich Seienden tragend und sinngebend zugrunde liegt.

c) Schlußfolgerndes Denken

Auch darin hat sich aber unsere Frage nach dem Denken noch nicht erschöpft. Es bedeutet nicht nur, daß wir Begriffe bilden und Urteile fällen. Es ist noch mehr: Denken ist *schlußfolgerndes* Erkennen, das aus gewonnenen Einsichten und Urteilen zu weiteren Erkenntnissen fortschreitet, die wir in neuen Urteilen aussprechen. Sicher gehört dieses Element nicht so grundlegend zum Wesen des Denkens wie das Urteil. Denken heißt immer und notwendig urteilen, aber nicht immer und notwendig schließen. Auch setzt schlußfolgerndes Denken schon Urteile voraus und führt selbst wieder zu einem Urteil. Doch werden gerade hier Wesensstrukturen des menschlichen Denkens sichtbar, denen wir nachgehen wollen. Dabei geht es uns nicht um formale Logik, welche die Formen und Gesetze des logischen, besonders des schlußfolgernden Denkens zu erforschen hat. Es geht uns um das, was aller Logik vorausliegt und was sich daran vom Wesen des menschlichen Geistes offenbart.

1. Logisch-schlußfolgerndes Denken ist nicht unmittelbare, sondern vermittelnde Erkenntnis. Etwas unmittelbar nicht Wahrnehmbares, nicht Erkennbares, wird von anderem, zuvor schon Erkanntem erschlossen. Das tun wir beständig im alltäglichen Leben, das tun alle Wissenschaften, das tut auch die Philosophie – ob wir wollen oder nicht, kommen wir ohne solches Denken nicht aus. Darin zeigt sich aber eine Eigenart des menschlichen Erkennens. Es ist einerseits an die Unmittelbarkeit des Wahrnehmbaren, Erfahrbaren gebunden, übersteigt aber anderseits die Unmittelbarkeit durch die Vermittlung des Schließens. Das ist nur möglich, weil wir nicht an das „hic et nunc" des Gegenwärtigen, des faktischen Gegebenen gebunden – wiederum: nicht „umweltgebunden" – sind, sondern davon abgehoben und in die *Freiheit des Geistes* freigegeben sind. Wieder zeigt sich die Grundfreiheit als Bedingung der Möglichkeit des Denkens. Diese Freiheit des Denkens hat aber einen Horizont, der weiter ist als der Bereich dinghaft-gegenständlicher Erfahrung. Dies hat sich schon im begrifflichen und urteilenden Denken gezeigt: im Begriff, insofern wir sinnvoll Begriffe bilden, deren Geltung den Erfahrungsbereich übersteigt, und im Urteil, sofern wir jeden Gegenstand in seiner unbedingten Seinsgeltung hineinsetzen in die unbegrenzte Ganzheit des Seins. Wir greifen immer schon irgendwie nach der Ganzheit des Seins aus, ohne sie voll begreifen zu können. Aber dadurch sind wir imstande, die Grenzen des unmittelbar Erfahrbaren und Endlichen zu übersteigen und zum Übererfahrbaren, ja zum Unendlichen aufzusteigen, niemals aber in unmittelbar schauendem Wissen, sondern – dem Wesen des endlichen und weltgebundenen Geistes gemäß – immer nur in denkend vermittelnder, also schlußfolgernder Erkenntnis. Daraus zeigt sich, wie sehr gerade das schlußfolgernde Denken der Wesensstruktur des menschlichen Geistes entspringt und diese offenbart.

2. Wir müssen jedoch noch eine Überlegung anstellen, die weitere Hintergründe des logisch-schlußfolgernden Denkens aufdecken kann. Von jeder Wissenschaft, auch von der Philosophie, muß verlangt werden, daß sie nicht willkürliche Behauptungen aufstellt, sondern jeden ihrer Sätze begründet. Daher die Forderung: alles muß bewiesen werden. So berechtigt diese Forderung erscheint und weithin auch ist, so widersinnig wird sie, wenn sie unbeschränkt erhoben wird. Es gibt Grenzen der Beweisbarkeit, die jedoch nicht zusammenfallen mit den Grenzen der Erkennbarkeit. Das zeigt die einfache logische Überlegung, daß jeder schlußfolgernder Beweis anderes,

zuvor Gewußtes voraussetzt, nämlich das „Woher" und das „Wie" der Argumentation, d. h. die Prämissen (Vordersätze) des Beweises und die logischen Regeln oder Gesetze schlußfolgernden Denkens.
Zum ersten: Für die vorausgesetzten *Prämissen des Beweises* kann – entsprechend der Forderung: alles muß bewiesen werden! – wieder ein Beweis verlangt und für die dazu erforderten Prämissen wiederum und so fort, aber sicher nicht ins Unendliche fort. Sonst könnte das Denken nie eine einsichtige Gewißheit erreichen, die eine gültige Ableitung erlaubt, und die ganze Kette von Beweisen hinge gleichsam in der Luft. Dies zeigt: Wenn es überhaupt einen gültigen Beweis geben soll, dann nur unter der Bedingung, daß es zuvor unbeweisbare, d. h. nicht mehr von anderem ableitbare, sondern in sich selbst evidente Einsichten gibt, die eines Beweises weder fähig noch bedürftig sind. Wird dagegen die Forderung, alles müsse bewiesen werden, unbeschränkt erhoben, so folgt daraus, daß überhaupt nichts mehr bewiesen werden kann, weil es kein einsichtiges „Woher" der Ableitung mehr gibt. Der schlußfolgernde Beweis ist eine mittelbare Erkenntnisweise, die nur möglich ist, wenn ihr eine unmittelbare Erkenntnis vorausgeht, die der Möglichkeit und Notwendigkeit eines Beweises enthoben ist.
Dieselbe Überlegung gilt auch hinsichtlich der *logischen Gesetze* beweisenden Denkens. Soll der Beweis gültig sein, so setzt er – formal – die Gültigkeit der logischen Gesetze des Denkens voraus. Die Gültigkeit eines bestimmten, hier angewendeten Gesetzes kann vielleicht bewiesen werden durch allgemeinere, zuvor einsichtige Gesetze. Aber auch hier ist ein beweisender Rückgang nicht ins Unendliche fortzusetzen. Die Einsicht in nicht mehr beweisbare, jedoch gültige Grundgesetze des Denkens ist erfordert, wenn es überhaupt einen berechtigten Beweisgang geben soll. Hier zeigt sich von neuem, daß die Forderung, alles müsse bewiesen werden, nicht, wie beabsichtigt, zu streng logischer, kritisch-rationaler Gewißheit aller Erkenntnis führt, sondern im Gegenteil die Möglichkeit eines logischen Beweises, ja die Möglichkeit des Wissens überhaupt aufhebt.

3. Wir stehen hier an den Grenzen logisch schlußfolgernden Denkens oder vielmehr an der Schwelle eines Bereichs, der allem logischen Denken vorausliegt und es ermöglicht. Es ist der Bereich von *Ureinsichten*, die wir, wenn auch nicht ausdrücklich bewußt, so doch immer schon haben und die in unserem ganzen Denkvollzug bedingend und normgebend wirksam sind. Wir haben ein ursprüngliches Wissen um Sein, das aller, inhaltlich wie immer bestimmten Einzelerkenntnis von Seiendem als Bedingung seiner Möglichkeit vorausliegt und in jedem Akt des Denkens – des Fragens, Wissens und Urteilens – unthematisch mit-vollzogen wird. Wir haben aber auch ein ebenso ursprünglich unmittelbares Wissen um grundlegende Seinsgesetze und Strukturen, die von allem Seienden, sofern es ein Seiendes ist, also von der Gesamtwirklichkeit, notwendig gelten, das unserem gesamten Denkvollzug, darüber hinaus unserem ganzen sowohl theoretischen als praktischen Verhalten zu Seiendem bedingend und normgebend zugrunde liegt.
Sicher dürfen diese Ureinsichten in einer Philosophie, die kritisch-methodische Wissenschaft sein will, nicht unkritisch vorausgesetzt, sondern müssen kritisch reflektiert und methodisch aufgewiesen werden. Geschieht das, so stehen wir hier an der *Schwelle*

zur Metaphysik. Denn von hier aus – und nur von hier aus – wird es möglich, eine Metaphysik im Sinne einer allgemeinen Seinslehre oder Ontologie zu begründen und zu entfalten. Deren Grundlegung kann nicht die Aufgabe haben, eigentlich Neues, bisher schlechthin Unbekanntes zu beweisen. Sie hat vielmehr die Aufgabe, das immer schon Bekannte, aber noch nicht ausdrücklich Erkannte aufzuweisen, das Selbstverständlichste – das sich von selbst versteht –, das in unserem bewußten Selbstvollzug immer schon, wenn auch unthematisch und unausdrücklich, mit-gegeben, als Bedingung der Möglichkeit des Vollzugs mit-gewußt und mit-gesetzt war, durch transzendentale Reflexion auf die vorgängigen Bedingungen des Vollzugs thematisch zu machen und zur Sprache zu bringen, also zu ausdrücklichem Wissen zu erheben. Daraus können Grundeinsichten in das Sein und in die allgemeinsten Grundstrukturen und -gesetze des Seins im ganzen aufgezeigt werden. Dem menschlichen Geist, obwohl er endlich ist, aber sofern er Geist ist, steht das Sein im ganzen grundsätzlich offen.

3. FREIES WOLLEN

Der Mensch ist erkennendes Wesen. Aber er ist nicht nur das. Wollte man in diesem Wesenszug der geistigen Erkenntnis schon das Ganze und Eigentlichste des Menschseins sehen, so wäre das ein einseitiger Rationalismus oder Intellektualismus, der unser konkretes, lebendig menschliches Selbstverständnis verkürzt, unsere gesamtmenschliche Selbsterfahrung nicht in den Blick bekommt. Erkenntnis ist nur ein Teilelement, sicher ein wesentliches und grundlegendes, aber doch nur ein Teilelement des gesamten menschlichen Selbstvollzugs. Mehr noch: Erkenntnis ist ihrem Wesen nach nicht eine letzte, in sich selbst ruhende, sich selbst sinngebende Größe. Sie hat vielmehr eine wesentlich vermittelnde Funktion im Ganzen des Menschseins und ist hingeordnet auf anderes: das Wollen und Handeln.

Denn der Mensch steht, solange er lebt, in einem Prozeß des Werdens, der Entwicklung und Entfaltung, in dem sein eigenes Wesen immer mehr offenbar, verwirklicht und vollendet werden soll. Doch ist das ein Geschehen, in dem wir selbst unser Wesen von innen her aktiv zu verwirklichen, zu entfalten haben: Werde, was du bist! Die Verwirklichung dessen, was wir anfänglich immer schon sind und was wir endgültig sein sollen, ist uns selbst übertragen: das stets neue Ergreifen und Verwirklichen unserer eigenen Möglichkeiten in freier Selbstverfügung, Selbstentscheidung, Selbstbestimmung. Die Erkenntnis zeigt uns die Möglichkeiten, uns dem eigenen Wesen gemäß zu entscheiden und zu entfalten oder davon abzufallen. Die Erkenntnis bietet uns die Orientierung in unserer Welt und im Ganzen des Seins. Sie zeigt uns Werte und Unwerte, eigentliche und uneigentliche, wahre und falsche Möglichkeiten unseres Selbstseins. Zu wählen, zu entscheiden haben wir selbst. Wir sind frei in unserer Selbstverwirklichung. Gerade weil wir frei sind, brauchen wir zur Orientierung die Erkenntnis, und zwar geistige, intellektuelle Erkenntnis, die – im unbedingten Horizont des Seins – die Wahrheit zu erreichen, Wahr und Falsch, Gut und Böse zu unterscheiden vermag.

Daher fordert die Freiheit des Wollens als Bedingung ihrer Möglichkeit die Geistigkeit der Erkenntnis, und umgekehrt: geistige Erkenntnis fordert als wesensgemäßes Korrelat die Freiheit des Willens. Es ist darum fast eine müßige Frage, was höher steht, der *Verstand* oder der *Wille* – eine Frage, um die durch Jahrhunderte ein Streit der Philosophen und Theologen ging. Beide Auffassungen haben jeweils, nämlich unter ihrer speziellen Rücksicht, recht. Fragt man allein danach, was allererst das Wesen eigentlich menschlichen, geistig-personalen Selbstvollzugs konstituiert, so ist das jedenfalls die intellektuelle Erkenntnis, in der uns erst der Raum des Seins und seiner Wahrheit erschlossen ist und die in aller Freiheit der Selbstentscheidung vorausgesetzt ist. Fragt man aber danach, worin sich der menschliche Selbstvollzug vollendet, seine volle Wirklichkeit und Werthaftigkeit erreicht, so ist es das freie Wollen und Handeln. Erkennen als solches verwirklicht überhaupt noch keinen eigentlich menschlich-sittlichen Wert. Auch die höchste metaphysische, ethische und religiöse Erkenntnis, solange sie nur theoretische Kenntnisnahme bleibt, ist noch völlig wertfrei, indifferent, wenn ihr nicht die freie Bejahung und Stellungnahme folgt. Der menschliche geistig-personale Selbstvollzug vollendet sich erst im freien Wollen und Handeln. Dies zeigt, daß unter jeweils verschiedener Rücksicht beiden, dem Erkennen und Wollen, ein gewisser Primat zukommt. Aber ontologisch gehören beide gleich wesentlich und ursprünglich zum geistig-personalen Dasein des Menschen. Beide stehen daher ontologisch auf derselben Stufe geistig-personalen Seins. Sie sind zwei korrelate oder komplementäre Funktionen des einen Menschen, die wesenhaft aufeinander angewiesen und hingeordnet sind, in ihrer Einheit aber erst die Ganzheit der menschlichen Selbstverwirklichung ausmachen.

Daraus folgt weiter: Wollen erscheint zunächst als das Ergreifen gegenständlicher Ziele und Möglichkeiten. Es sind aber konkret „meine" Ziele und Möglichkeiten. In ihrer Bejahung und Verwirklichung habe ich mich selbst zu verwirklichen. Daher bedeutet Freiheit nicht nur die Fähigkeit zu gegenständlicher Wahl zwischen diesem und jenem, sondern Entscheidung über mich selbst und die Möglichkeiten meines eigenen Daseins: Selbstverfügung und Selbstbestimmung. Weil wir aber uns selbst in unserem anderen vollziehen, geschieht die Selbstverfügung in der Entscheidung zu anderem, die Selbstbestimmung im Bejahen von anderem, das ich in seinem Wert erfasse, darum ergreife oder verwirkliche. Beides gehört zusammen in dialektischer Einheit: Entscheidung über mich selbst in der Entscheidung zu anderem. Der Vollzug der Einheit der beiden Elemente geschieht aber in Freiheit.

a) Begriff der Freiheit

All dem vorausgehend, stellt sich die Frage: Sind wir überhaupt frei in unserem Wollen und Handeln? Und was bedeutet Freiheit? Dazu muß vor allem der *Begriff der Freiheit* geklärt werden. Wir gebrauchen das Wort „frei" in einem vielfältigen, analog gestuften Sinn. Wir sprechen vom freien Fall eines Körpers, vom freien Flug des Vogels, allgemeiner vom freien Leben eines Tieres in der Natur. In der Antike meinte auch menschliche Freiheit vor allem den Stand der „Freien" gegenüber dem Sklaven als „Unfreiem".[13] In all dem ist *äußere Freiheit* oder Unfreiheit gemeint, d. h., daß die natürliche Kausalität oder Spontaneität des Wirkens nicht von außen her eingeschränkt oder durch äußeren Zwang begrenzt ist. Dasselbe gilt, wenn wir – bezüglich des Menschen – von Meinungsfreiheit, Gewissens- und Religionsfreiheit, von Rede- und Pressefreiheit usw. sprechen. Dies alles bedeutet, daß nicht von außen her dem menschlichen Denken, Wollen und Handeln Grenzen gesetzt, ein Zwang auferlegt wird. Freiheit in diesem Sinn ist zwar erfordert, weil der Mensch sich im anderen vollzieht, seine Freiheit also einen freien Raum der Selbstbestimmung und -entfaltung verlangt. Dennoch trifft es noch nicht das Wesen der menschlichen Freiheit, die in *innerer Freiheit* besteht, d. h. darin, daß wir in unserem Wollen und Handeln nicht determiniert, auch nicht von innen her durch das eigene Wesen determiniert sind.

Thomas von Aquin unterscheidet daher treffend die „libertas a coactione" (Freiheit von äußerem Zwang) von der „libertas a necessitate" (Freiheit von innerer Notwendigkeit), durch die erst das Wesen menschlicher Freiheit konstituiert ist.[14] Dagegen gibt *Spinoza* eine Definition der Freiheit, die ihr Wesen allein durch Abhebung vom äußeren Zwang, nicht aber von innerer Notwendigkeit bestimmt. Im Gegenteil, gerade das versteht Spinoza als „frei, was allein aus der Notwendigkeit seiner Natur existiert und allein durch sie zum Handeln bestimmt wird. Notwendig oder besser gezwungen ist etwas, das durch anderes zum Sein und Wirken bestimmt wird auf sichere und bestimmte Weise".[15] Dies trifft für Spinoza im strengen Sinn nur für Gott zu – dessen Wirken ebenso notwendig ist wie sein Dasein –, kennzeichnet aber allgemein Spinozas Verständnis der Freiheit im Sinne notwendiger Selbstentfaltung des eigenen Wesens. Damit ist aber das spezifische Wesen der menschlichen Freiheit noch nicht erreicht. Auch wenn kein äußerer Zwang vorliegt, bin ich erst dann im vollen Sinne frei, wenn ich nicht durch innere Notwendigkeit meines Wesens, meiner Anlagen und Triebe bestimmt bin, sondern mich selbst dazu entscheiden kann und muß, so oder anders zu handeln.

Wahlfreiheit in diesem Sinne wird oft weiter ausgelegt als *Bestimmungsfreiheit* (libertas specificationis), nämlich als Fähigkeit, so oder anders zu handeln, diese oder jene Möglichkeit zu wählen, also den Akt selbst zu bestimmen, oder als *Vollzugsfreiheit* (libertas exercitii), d. h. als Fähigkeit, einen bestimmten Akt zu setzen oder nicht zu setzen. Dies bedeutet jedoch nicht verschiedene Wirkweisen der Freiheit, sondern nur verschiedene Erklärungsweisen desselben freien Geschehens. Einerseits geht Bestimmungsfreiheit insofern auf Vollzugsfreiheit zurück, als ich zwischen Möglichkeiten des Handelns nur dann frei wählen kann, wenn ich nicht zu einer der Möglichkeiten notwendig determiniert bin, sondern den Vollzug frei setzen oder nicht setzen kann. Anderseits aber ist das Nicht-Wollen einer bestimmten Handlung nicht nur negativ ein Sich-Enthalten, sondern als solches schon ein positiver Willensentschluß. Die Vollzugsfreiheit, die bestimmte Handlung zu wollen oder nicht zu wollen, geht insofern auf die Bestimmungsfreiheit zurück, als ich mein eigenes Handeln durch freien Entschluß in diese oder jene Richtung „bestimme".

Aller *Wahlfreiheit* als Bestimmungs- oder Vollzugsfreiheit ist jedoch eigen, daß sie sich auf jeweils konkrete Möglichkeiten richtet, zwischen denen zu entscheiden ist. Diesem Geschehen geht aber als Bedingung seiner Möglichkeit die *Grundfreiheit* voraus. Nur dadurch, daß der Mensch schon in seinem Wesen aus der Naturgebundenheit gelöst und in die Offenheit seines Verhaltens freigegeben ist, sich in einem weiteren, sogar unbegrenzten Horizont vollzieht, der ihm offensteht und in dem geistige Erkenntnis erst möglich ist, nur dadurch ist auch die konkrete Wahlfreiheit möglich, in der wir uns jeweils neu zu den Werten und Möglichkeiten unseres Daseins zu entscheiden haben. Dies wird sich aus der inneren Struktur des freien Wollens und Handelns noch deutlicher zeigen.

b) Problem der Freiheit

Zuvor aber müssen wir uns dem *Problem der Freiheit* in der Geschichte stellen. Der allgemeinen Überzeugung der Menschen von ihrer Freiheit und Verantwortung steht immer wieder ein Determinismus gegenüber, der aus völlig verschiedenen Gründen die Freiheit bestreitet. In einem positivistisch-materialistischen Denken ist die Freiheit ebenso aufgehoben wie in einem idealistischen und pantheistischen Denken; in beiden Fällen aus allgemein philosophischen Vorentscheidungen.

Für den *Materialismus* gibt es nur materielles Sein und Geschehen. Wie aber im rein materiellen Bereich alles einer eindeutigen Kausaldetermination physikalischer und chemischer Prozesse unterliegt, die unter bestimmten Bedingungen mit Naturnotwendigkeit ablaufen, so auch die biologischen und physiologischen Prozesse und schließlich auch die Phänomene des menschlichen Bewußtseins, da sie ja selbst nichts anderes als Wirkweisen und Erscheinungsweisen des materiellen, wenn auch eines höher organisierten und sublimierten materiellen Geschehens sind. Demnach unterliegt auch das ganze Leben des Menschen und seines Bewußtseins derselben Kausaldetermination, wie sie materiellen Naturprozessen eigen ist.

Unter Voraussetzung der materialistischen These bleibt für Freiheit grundsätzlich kein Raum. Wenn auch die moderne Physik von einer letzten Indetermination der Elementarpartikel spricht und damit die Naturgesetze auf eine bloß statistische Notwendigkeit herabsetzt, so bleibt im makrophysikalischen Raum die notwendige Determination bestehen, obwohl sie auf Gesetzen beruhen mag, die nur statistisch faßbar sind. So bleibt aber nach wie vor auf materialistischer Basis keinerlei Raum für die Freiheit des Menschen. Es ist darum ein grundsätzliches Mißverständnis, die Indetermination mikrophysikalischen Geschehens als Beweis oder Bestätigung menschlicher Willensfreiheit anzuführen – wie dies gelegentlich geschehen ist. Auch wenn eine solche Indetermination besteht, ist doch die Freiheit menschlichen Wollens und Handelns etwas so wesentlich anderes, daß es nur Verwirrung stiftet, wenn schon dort – im materiellen Bereich – von Freiheit gesprochen wird.

Ebenso wie im Materialismus bleibt – auf der anderen Seite – auch in jeder Form des *Pantheismus* kein Raum für die Freiheit. Wenn alles endliche Sein und Geschehen aufgehoben wird in ein einziges, absolutes und göttliches Prinzip, das in allen endlichen Dingen sich selbst entfaltet und offenbart, dann ist auch alles hineingenommen in die göttliche, daher absolute Notwendigkeit. Es ist so notwendig wie Gott selbst und wie alle göttlichen Eigenschaften, die ihm auf Grund seines eigenen, ewig notwendigen Wesens zukommmen. Aus einem Pantheismus folgt notwendig ein Determinismus des Geschehens. Dies zeigt sich am schärfsten bei *Spinoza*, dem Prototyp pantheistischen Denkens, der deshalb – in strenger Konsequenz – eine absolut starre Determination vertritt und Freiheit als innere Notwendigkeit versteht.

Ebenso ist es im Idealismus, insofern er mehr oder minder pantheistische Züge trägt. Bei *Hegel* ist der Mensch, das einzelne endliche Geistwesen, aufgehoben in einen allgemeinen unendlichen Geist, der in allen Dingen sich selbst entfaltet und im menschlichen Geist zum Bewußtsein kommt, im vollen Sinne Geist wird. So ist der Einzelmensch nur noch ein Moment des absoluten Geistprozesses. Er geht unter in der Notwendigkeit dieses Prozesses. Die ganze Geschichte ist bestimmt von der Notwendigkeit eines metaphysischen Gesetzes, demzufolge der absolute Geist sich selbst zur Erscheinung und Entfaltung bringt. Wenn auch Hegel den Gegensatz zwischen Freiheit und Notwendigkeit in ihrer dialektischen Einheit begreifen und damit überwinden will, so bleibt doch zumindest die Frage, ob darin echte Freiheit des Menschen gewahrt bleiben kann.

Dagegen erhebt sich als schärfste Antithese der *Existentialismus.* Wir verstehen darunter vor allem die radikalsten Formen existenzphilosophischen Denkens, wie es etwa bei *J.-P. Sartre* zur Ausprägung kam. Hier wird die Freiheit des Menschen absolut gesetzt, also ein absoluter Indeterminismus vertreten, der keinerlei Bindung oder Beschränkung der Freiheit anerkennt. Er leugnet die Bindung an vorgegebene Wesensgesetze und -ordnungen, die dem Wollen und Handeln des Menschen auferlegt wären und die er in Freiheit zu bejahen hätte. Der Mensch ist Existenz, d. h., er ist nur das, wozu er sich in freiem Selbstvollzug macht. Erst recht gibt es keine höhere Macht, die unserer Freiheit verpflichtende Bindungen auferlegen könnte. Sartre erhebt im Namen der menschlichen Freiheit einen Protest gegen Gott: Wenn es einen Gott gibt, dann ist der Mensch nicht mehr frei. Nun ist der Mensch aber frei. Also kann und darf es keinen Gott geben, der unsere Freiheit bindet oder beschränkt. Es ist ein postulatorischer Atheismus ähnlich wie bei *Nietzsche.* Die Negation Gottes wird im Namen der menschlichen Freiheit gefordert, aber im Namen einer absolut gesetzten, bindungslosen und schrankenlosen Freiheit.

Auch damit ist aber das Wesen der menschlichen Freiheit nicht getroffen, sondern von neuem einseitig verzeichnet, indem ein Element maßlos übersteigert, andere Elemente dagegen übersehen oder ausgeschaltet werden. Der Mensch ist ein endliches, darum bedingtes, relatives Wesen. So ist auch seine Freiheit nicht absolute, sondern relative, vielfach bedingte Freiheit – bedingt schon durch das endliche Wesen des Menschen, erst recht durch die konkrete und geschichtliche Situation, in der wir uns mit jeweils begrenzten Möglichkeiten auseinanderzusetzen und zu entscheiden haben. Sie ist überdies gebundene Freiheit in dem Sinn, daß unserer freien Entscheidung Werte und Normen des Sollens vorgegeben sind. Freiheit bedeutet nicht sinnlose Willkür, sondern sinnvolle Selbstentfaltung in der Bejahung und Verwirklichung des „Guten“ – im Erstreben des „bonum“, wie Thomas von Aquin sagt – und ist als solche an das Gute, das Sein-Sollende gebunden. Allein darin erreicht die menschliche Freiheit ihren Sinn.

c) *Erfahrung der Freiheit*

Doch müssen wir auf diesem Hintergrund nochmals die Frage stellen: Ist der Mensch in seinem Wollen und Handeln überhaupt frei? Und wie kann die Freiheit aufgewiesen werden? Vor jedem weiteren „Beweis“ für die Freiheit muß beachtet werden: Freiheit ist eine *Grunderfahrung* unseres menschlichen Daseins. Sie kann, richtig verstanden, gar nicht geleugnet werden. Wie immer die These des Determinismus, der Mensch sei nur scheinbar frei, in Wirklichkeit aber streng determiniert, begründet werden mag – mit naturwissenschaftlichen, psychologischen oder philosophischen Argumenten –, so bleibt doch bestehen: Die Freiheit kann nur rein theoretisch geleugnet werden. Die Leugnung der Freiheit bleibt graue Theorie, die das faktische Leben, wie es wirklich ist und wirklich erfahren wird, nicht trifft, sondern durch das Leben beständig widerlegt wird. Die Freiheit ist eine ursprüngliche, nicht rückführbare, darum auch unaufhebbare und unwiderlegbare Grundgegebenheit unseres Menschseins. Wir wissen uns frei, wir erfahren uns immer von neuem vor Entscheidungen gestellt, die uns selbst anheimgegeben sind, in denen wir selbst, gleichsam aus der Mitte unseres Selbstseins, Stellung zu nehmen haben zu dieser oder jener Möglichkeit unseres Handelns, für oder gegen einen Wert, der uns begegnet und zur entsprechenden Wertantwort aufruft. Wir sind oft genug in die Qual der Wahl gestellt, in die unausweichliche Notwendigkeit, wählend uns zu entscheiden zwischen Möglichkeiten, vielleicht von großem Gewicht und weitreichenden Folgen. Wir überlegen, wir wägen ab, wir suchen das richtige Verhalten zu erkennen – und wir wissen darin unwiderlegbar: Ich muß mich selbst entscheiden. Diese Entscheidung ist mir auferlegt, ganz persönlich und unvertretbar; niemand kann mir die Würde und Bürde einer freien Stellungnahme abnehmen, die ich selbst zu verantworten habe. Ich selbst muß mich entscheiden, aber ich bin frei, mich zu entscheiden. Ich bin in die Notwendigkeit der Freiheit gestellt, dadurch aber – notwendig – in meine eigene Freiheit und Verantwortung frei-gegeben.

Wir erfahren dies vor allem in sittlichen Entscheidungen, d. h. in Entscheidungen für oder gegen einen sittlichen Wert, der gegenüber allen anderen Wertbereichen – des Angenehmen, des Nützlichen usw. – eine ihm eigene Unbedingtheit besitzt und den verbindlichen Anspruch des Sollens erhebt, während vielleicht das Schwergewicht der triebhaften Natur uns niederdrückt und der sittlichen Wertbejahung widerstrebt. Darin erfahren wir mit voller Gewißheit, daß wir selbst uns in Freiheit zu entscheiden haben. Gerade die sittliche Entscheidung ist der Ort, an dem – wie sich noch zeigen wird – die menschliche Freiheit ihren eigentlichen Sinn erreicht.

Wenn einer auch theoretisch die Freiheit leugnet, so kann er sich doch in seinem faktischen Leben, im alltäglichen Umgang mit Dingen und Menschen, gar nicht anders verhalten, es sei denn unter *Voraussetzung* der eigenen Freiheit. Im faktischen Vollzug kommt er seiner eigenen Freiheit nicht aus, er setzt sie – ob er will oder nicht – immer wieder voraus: wenn er überlegt, Motive des Handelns abwägt und sich für dies oder jenes entscheidet. Ebenso können wir im Umgang mit anderen Menschen uns gar nicht anders verhalten als unter der Voraussetzung ihrer je eigenen Freiheit. Wir sprechen den anderen an; wenn wir ihn zu etwas bewegen wollen, suchen wir nicht mechanisch auf ihn einzuwirken wie auf ein Ding, einen unpersönlichen Gegenstand, sondern wir bemühen uns, ihn durch Rat und Mahnung, durch Vorgabe von Beweggründen zum Einsatz seiner eigenen Freiheit aufzurufen, zur eigenen Entscheidung herauszufordern. Denn wir wissen, daß wir ihn nur durch das Ansprechen und Aufrufen seiner Freiheit zu entsprechendem Verhalten bewegen können. Dies setzt aber die Frei-

heit des anderen und unser eigenes Wissen um die Freiheit des anderen voraus.
So ist auch das ganze Gemeinschaftsleben der Menschen wesentlich durch Beziehungen bestimmt, welche die Freiheit voraussetzen. Gut und Böse, Recht und Unrecht, Lohn und Strafe – all diese Begriffe wären schlechterdings sinnlos, sie könnten nicht einmal in ihrer Bedeutung verstanden werden, wenn nicht die Erfahrung der Freiheit ihnen zugrunde läge und ihnen ihren Sinn gäbe. Wir setzen immer und notwendig die eigene sowohl als auch die fremde Freiheit voraus. Jederzeit, selbst wenn wir ausdrücklich die Freiheit verneinen wollten, wissen wir zugleich um die Freiheit und werden von diesem Wissen in unserem gesamten Verhalten geleitet. Es ist ein unaufhebbares Urwissen, das, wenn auch unthematisch, unausdrücklich gegenwärtig ist und den Vollzug unseres Wollens und Handelns bedingt und begleitet. In diesem Sinn – aber nur in diesem Sinn eines unreflexen Vollzugswissens, das jedoch durch Reflexion ausdrücklich gemacht werden kannn – gibt es ein unmittelbares *Freiheitsbewußtsein*, wenn wir auch im Einzelfall nicht genau den Punkt oder Augenblick angeben können, an dem die freie Entscheidung fällt. Weil es ein unthematisches Vollzugswissen ist, kann es zwar thematisch gemacht, aber nie adäquat eingeholt werden. Wohl aber kann aufgewiesen werden, daß es immer und notwendig vorausgesetzt ist und nicht aufgehoben werden kann.
Allein in dieser Grunderfahrung der Freiheit, die wir immer schon selbstverständlich voraussetzen, liegt der Ansatz zu einer philosophischen Lehre von der Freiheit. Das Denken hat sich an das „Selbstverständliche" zu halten, nämlich dasjenige, was dem menschlichen Selbstverständnis immer schon, wenn auch nicht ausdrücklich, offenbar ist, ans Licht zu heben und verstehend in seinem Wesen zu durchdringen. Es geht hingegen grundsätzlich fehl, wenn es ein Urphänomen wie die Freiheit leugnet oder wegerklären will. Dann verliert es die Wirklichkeit des menschlichen Daseins aus dem Blick und wird durch die reale Selbsterfahrung widerlegt.

d) Wesen der Freiheit

Wir müssen jedoch noch tiefer dringen und nach dem *metaphysischen Wesen* der Freiheit fragen. Was Freiheit bedeutet, erschließt sich erst voll, wenn man sie als die spezifische Weise aktiven Verhaltens versteht, die einem geistig-personalen Wesen – auf Grund seiner Wesensstruktur – notwendig zukommt, d. h., wenn man die Freiheit des Wollens als wesensnotwendiges Korrelat der Geistigkeit des Erkennens begreift.
Die Besinnung auf die Eigenart unseres Denkens hat erwiesen, daß der menschliche Geist jeden Gegenstand erfaßt, insofern er „ist", insofern ihm Sein zukommt, insofern er ein Seiendes ist. Das *Formalobjekt des Verstandes*, d. h. die Rücksicht, unter der er seinen Gegenstand erreicht und erkennt, ist das Seiende als solches. Deshalb steht ihm alles, was ein Seiendes – welcher besonderen Seinsweise auch immer – ist, grundsätzlich offen. Das heißt nicht, daß wir alles im einzelnen, in seiner jeweiligen Besonderheit, adäquat erfassen können; das ist unserer Erkenntnis durch die Bindung an die sinnenhafte Erfahrung verwehrt. Wohl aber heißt es, daß wir ausgreifen auf die Gesamtheit dessen, was ist. Das Materialobjekt des Verstandes, d. h. der ihm zugeordnete Gegenstandsbereich, ist alles Seiende schlechthin, die Gesamtwirklichkeit in unbe-

grenzter Weite. Dem denkenden Geist kommt eine ursprüngliche Offenheit für das Sein im ganzen zu. Er vollzieht sich im Horizont des Seins. Ihm ist daher eine gewisse – nicht aktuelle, aber virtuelle – Unendlichkeit eigen. Seine Dynamik ist wesenhaft hingeordnet auf die Unendlichkeit des Seins und kann in keinem endlichen Seienden erfüllt zur Ruhe kommen.

Von hier aus kann einsichtig werden, daß ein aktives Strebevermögen, in dem ein geistig-personales Wesen sich selbst zu verwirklichen hat, nicht anders als frei sein kann. Hier liegt der entscheidende Beweisgrund für die menschliche Freiheit, nämlich aus dem Wesen des endlichen Geistes, das die metaphysische Wesensstruktur der menschlichen Freiheit aufzuhellen vermag. Denn zwischen Erkennen und Wollen besteht notwendig strenge Entsprechung. Der Wille ist nichts anderes als das dem denkenden Erkennen zugeordnete, von ihm vermittelte, daher ihm wesensgemäße Strebevermögen. So steht denn auch der Wille vor derselben unbegrenzten Weite von Möglichkeiten. Wie der Verstand das Seiende als solches erfaßt, so ergreift der Wille strebend das Gute als solches, nämlich das, was ihm als ein Gut, ein Wert begegnet. Wie das Formalobjekt des Verstandes das Seiende als solches ist, so ist das *Formalobjekt des Willens* das Gute als solches. Und wie der Verstand erkennend im Raum des Seins überhaupt steht und nicht beschränkt ist auf irgendeine besondere Region oder Dimension des Seins, so steht der Wille vor dem Bereich des Guten überhaupt, vor der Gesamtheit von Gütern und Werten. Er ist nicht mehr – wie ein sinnliches Strebevermögen – beschränkt auf einen besonderen und begrenzten Wertbereich, etwa auf das sinnlich-materielle Gut, das Angenehme und Lustvolle, das praktisch Nützliche oder biologisch Förderliche usw. Er kann auch höhere, übersinnliche und übermaterielle, geistige und sittliche Werte erstreben. Er kann sich auch unter Verzicht auf andere, niedrigere Wertbereiche dafür entscheiden. Er kann auch den höchsten Wert, das unendliche Gut – das „summum bonum", wie die Scholastiker sagten –, nämlich Gott selbst, wollend und liebend erstreben. Das heißt aber: Wie das Materialobjekt, der Gegenstandsbereich des Verstandes alles Seiende in unbegrenzter Weite ist, so ist das Materialobjekt des Willens alles Gute, alles Werthafte schlechthin in grundsätzlich unbegrenzter Weite.

Dem Willen kommt ebenso wie dem Verstand eine gewisse Unendlichkeit zu, sicher nicht die Unendlichkeit eines erfüllten, aktuellen Besitzes, sondern nur die Unendlichkeit eines noch leeren und offenen Ausgriffs, also eine virtuelle Unendlichkeit. Doch besagt diese schon dynamisch-finale Hinordnung auf die unendliche Fülle von Sein und Wert. Wie darum der Verstand in seinem Erkenntnisdrang über jeden einzelnen endlichen Gegenstand hinausgreift, immer weitere Seins- und Sinngehalte, immer tiefere Schichten der Wirklichkeit zu errreichen strebt und nur dann endgültig erfüllt zur Ruhe kommen kann, wenn er über alles Seiende hinaus die Wahrheit des Seins selbst in der Unendlichkeit seiner Fülle und seines Reichtums erreicht – was in diesem Leben niemals möglich ist –, so greift auch der Wille in der Dynamik seines Strebens über jedes einzelne endliche Gut hinaus auf immer weitere Güter und Werte. Doch findet er darin nie seine endgültige Erfüllung. Er kann sie nur finden und erfüllt zur Ruhe kommen, wenn er ein Gut zu erreichen vermag, das die unbegrenzte Fülle der

Möglichkeiten von Gutheit oder Werthaftigkeit in sich schließt, also ein unendliches Gut, ein unendlicher Wert ist.

In diesem Leben begegnen uns aber immer nur endliche, in ihrem Wert *begrenzte Güter,* die unter einer Rücksicht zwar ein Gut sind, uns nicht nur eine Erfüllung, Bereicherung, Wertsteigerung verheißen, sondern in sich selbst bejahenswert, erstrebenswert sind, daher unsere Wertbejahung und Wertbeantwortung verlangen, zugleich aber unter anderer Rücksicht einen Mangel, eine Grenze zeigen. Jede Entscheidung für ein Gut ist zugleich Verzicht auf andere Güter und andere Möglichkeiten unseres eigenen Daseins. Weil aber jedes Gut, das uns begegnet, endlich ist und keines die unbegrenzte Weite unseres Strebens und Wollens erfüllen kann, darum kann auch keines mit Notwendigkeit unsere Entscheidung bestimmen. Es kann uns nicht zwingen, es zu wollen und zu ergreifen. In dieser Indetermination, genauer darin, daß die Determination unseres Wollens nicht notwendige, uns bindend auferlegte Determination ist, sondern eine solche, die wir selbst in eigener Entscheidung unseres Wollens und Handelns setzen, liegt das *Wesen der Freiheit.* Ich kann dies und jenes wollen oder auch nicht. Für die eine wie für die andere Möglichkeit stehen Gründe und Gegengründe, Motive und Gegenmotive. Das Motiv ist notwendige Bedingung der freien Entscheidung – gegenüber einem häufigen Mißverständnis: Dadurch, daß der Willensakt motiviert ist, ist die Freiheit nicht aufgehoben, sondern erst ermöglicht. Ich muß zuvor die Möglichkeiten meiner Wahl in ihrer Gutheit, ihrer Werthaftigkeit als erstrebenswert erkennen, wenn ich mich dafür entscheiden soll. Aber diese Werthaftigkeit ist derart, daß sie zwar die Entscheidung motiviert, jedoch nicht determiniert, d. h., daß sie die Möglichkeit und Sinnhaftigkeit der Entscheidung begründet, aber nicht die Notwendigkeit gerade dieser und nicht jener Entscheidung auferlegt. Sie stellt sich vielmehr einer freien Wahl. Wir selbst müssen uns entscheiden, müssen frei wählen zwischen den Möglichkeiten der Selbstverwirklichung unseres eigenen Daseins.

e) Einwände gegen die Freiheit

Gegen echte Wahlfreiheit des Menschen erheben sich immer wieder Einwände im Sinne eines Determinismus, der die Freiheit in Notwendigkeit aufhebt, die Freiheitserfahrung also auf eine nur scheinbare oder vermeintliche Freiheit reduziert, während unser Handeln in Wahrheit streng determiniert ist. So kann der Einwand erhoben werden, daß wir immer das Bessere, das größere Gut oder den *höheren Wert* wählen. Damit ist nicht notwendig das gemeint, was „an sich" in einer objektiven Wertordnung das Bessere und Wertvollere ist, sondern nur dasjenige, was „für mich" als das Bessere erscheint, d. h. was in der konkreten Situation die stärkere Motivkraft auf mein Wollen ausübt und dadurch die Entscheidung determiniert. Dieser Gedanke geht auf *Leibniz* zurück, der damit zwar den strengen Determinismus Spinozas überwinden und die Freiheit des Willens wahren will, diese aber an die „lex optimi" bindet. Ist damit nicht doch wieder die Freiheit aufgehoben, zwar nicht durch metaphysische, aber durch psychologische Notwendigkeit, die unser Wollen und Handelns determiniert?

Selbst wenn wir oft oder auch immer dem stärkeren Motiv folgten, das höhere Gut wählten, so könnte das noch nicht beweisen, daß dieses höhere Motiv uns eine Notwendigkeit auferlegt, die unser Wollen bindend determiniert. Selbst wenn wir uns tatsächlich für das höhere Gut entscheiden, tun wir es doch nicht aus Notwendigkeit, sondern in Freiheit, weil kein begrenztes Gut, es mag noch so hoch und erstrebenswert sein oder erscheinen, unseren Willen, dessen Dynamik jedes begrenzte Gut übersteigt, zwingend bestimmen kann.

Dazu kommt, daß wir zwar oft, vielleicht meistens, aber durchaus nicht immer und nicht notwendig, dem höheren Motiv folgen. Das erfahren wir alle in täglichen Entscheidungen. Wir erfahren es vor allem in dem Phänomen sittlichen Versagens, sittlicher Schuld. Wir wissen um ein höheres Motiv. Wir wissen um ein verbindliches Sollen, das uns aufruft, die höheren und eigentlichen Möglichkeiten unseres Selbstseins zu verwirklichen. Wir wissen, daß wir sonst abfallen von dem, was wir eigentlich sind und sein sollen. Und doch schieben wir dieses Motiv beiseite, wir folgen ihm nicht, weil ein anderes, niedrigeres Motiv, vielleicht eine sinnliche Lust mit ihrer augenblicklichen Lockung, davon abzieht. Dieses Phänomen, das wir – leider – alle kennen, macht die Freiheit unserer Entscheidung deutlich. Wir gehorchen durchaus nicht immer und erst recht nicht notwendig der Motivkraft des höheren Gutes.

Trotzdem ist immer noch der Einwand möglich, daß in der konkreten Situation des Augenblicks das „an sich" niedrigere Motiv „für mich" die stärkere Motivkraft hat, von der ich mich determinieren lasse. Dies zeigt aber, daß Motive von wesentlich verschiedener Art und auf verschiedenen Ebenen sich gar nicht „an sich" nach ihrer Motivationskraft vergleichen und einordnen lassen. In diesem Sinn gibt es gar nicht höhere und niedrigere Güter, stärkere und schwächere Motive. Vielmehr hängt dies schon davon ab, ob und wie weit wir uns selbst der Motivation durch einen Wert öffnen und sie auf uns einwirken lassen. Je mehr dies geschieht, umso mehr wird es zum stärkeren Motiv, dem wir – schließlich mit psychologischer Notwendigkeit – folgen. Damit ist die Freiheit nicht aufgehoben, wohl aber ist die freie Entscheidung schon lange zuvor gefallen, bevor es zur ausdrücklichen Wahl und entsprechenden Handlung kommt. Die Entscheidung ist schon gefallen in der Wahl der Motive. Es mag sein, daß wir uns schon lange zuvor sosehr der Motivkraft der einen Möglichkeit geöffnet und hingegeben haben, ihr also selbst eine Motivkraft eingeräumt haben, die wir auf uns einwirken lassen, daß auf der anderen Seite das Gegenmotiv, vielleicht ein höheres Gut, dadurch verdrängt, beiseite geschoben wurde und schließlich seine Motivkraft verloren hat. Wenn es dann zur konkreten Wahl kommt, besteht gar nicht mehr – oder kaum mehr – die echte Möglichkeit einer freien Wahl. Wir haben uns schon festgelegt. Die Entscheidung ist schon vorweggenommen durch eine Vorentscheidung, aber nicht weil ein Motiv uns durch eine ihm eigene Notwendigkeit gebunden hätte, sondern weil wir selbst uns zuvor schon diesem bestimmten Motiv geöffnet, ihm eine stärkere Motivationskraft verliehen haben, von der wir uns bestimmen lassen. In solchen, sicher nicht seltenen Fällen liegt auch eine freie Entscheidung vor, aber in einem weiten, schwer zu bestimmenden, reflexiv kaum einholbaren Vorfeld der einzelnen, konkret sich verwirklichenden Wahlhandlung.

Ein weiterer Einwand gegen die Willensfreiheit liegt darin, daß sie die *geschlossene Naturkausalität* durchbrechen würde, was nicht möglich wäre. Das ganze Naturgeschehen ist von der strengen Gesetzmäßigkeit physischer Kausalität bestimmt. Jede Erscheinung oder Veränderung weist zurück auf eine bestimmte, diesem Geschehen eindeutig zugeordnete Ursache. Die ganze Naturordnung bildet demnach einen geschlossenen Kausalzusammenhang, der aus sich selbst, d. h. aus Ursachen, die innerhalb dieses geschlossenen Systems liegen, erklärt werden muß, nicht aber das Eingreifen einer anderen, nicht physisch-materiellen, nicht eindeutig determinierten, sondern freien Kausalität duldet.

Dem ist zu erwidern, daß es eine geschlossene Naturkausalität in diesem Sinn nicht gibt. Vielmehr gibt es verschiedene übereinander gelagerte und einander durchdringende Seinsstufen: die unbelebte Materie, das Leben in seinen verschiedenen Formen, das vegetative Leben der Pflanze, das sensitive Leben des Tieres und schließlich das geistig-personale Leben des Menschen. Im Verhältnis dieser Seinsstufen zeigt sich aber, daß keine starr in sich verschlossen ist, sondern jede vorausgehende Seinsweise wesentlich dafür offen ist, in eine höhere Seinsstufe erhoben, von ihr gleichsam ergriffen und überformt zu werden. Die tiefere Seinsstufe wird in ihrem Eigensein und ihrer Eigengesetzlichkeit durch die höhere „aufgehoben" in einem doppelten Sinn. Einerseits wird sie positiv aufgehoben, nämlich bewahrt, nicht vernichtet. So geht das materielle Sein in den Bereich des Lebendigen ein, ohne seine Eigenart zu verlieren; die physikalisch-chemischen Gesetze und Prozesse werden nicht außer Kraft gesetzt. Ebenso geht das vegetative Leben in das sensitive Leben ein und dieses schließlich wird aufgenommen vom geistigen Leben des Menschen. Anderseits aber wird durch eine solche „Aufhebung" die tiefere Seinsstufe herausgehoben aus der verschlossenen Selbständigkeit ihres eigenen Seins und Wirkens; sie wird hineingehoben in eine höhere Dimension des Seins und Geschehens, wodurch sie umgriffen, überformt und in ihrem Wirken gesteuert wird. So wird die Materie aufgenommen in das Lebendige, jedoch so, daß die Gesetze, die schon im Unbelebten wirken, in Geltung bleiben, aber im Dienst einer höheren Einheit lebendigen Geschehens auf neue Weise gelenkt werden, die der toten Materie fremd war. Ähnlich verhält es sich, wenn das vegetative Leben auf die Ebene des sensitiven Lebens erhoben wird, in seiner Eigenart zwar erhalten bleibt, jetzt aber einer höher organisierten Lebenseinheit zu dienen hat und dadurch in seiner Wirkweise abgewandelt wird. Und wieder ähnlich ist es, wenn das untermenschliche Sein und Wirken, die unbelebte Materie, das vegetative und das sensitive Leben der unfreien Natur eingeht in die Lebenseinheit des menschlichen Daseins, von ihm ergriffen, überformt und in seinem Wirken gesteuert wird durch den freien Willen. Dies zeigt, daß jede tiefere Seinsstufe wesenhaft dafür offen ist, von einer höheren Seinsweise ergriffen, in sie aufgenommen und durch sie abgewandelt zu werden. So ist das ganze untermenschliche Sein zwar in seinem unfreien Wirken der determinierten Naturkausalität unterworfen, zugleich aber offen dafür, daß das freie Wirken des Menschen in das Naturgeschehen eingreift, die Kräfte der Natur in seinen Dienst stellt und auf seine Ziele lenkt.

Dies bedeutet jedoch nicht, daß durch einen freien Willensentschluß etwa neue physische Energien den physisch-materiellen Prozessen zugeführt würden, die wirkursächlich in den Kausalzusammenhang des Naturgeschehens eingreifen. Dies kann zumindest nicht erwiesen werden, ist aber für die Freiheit des menschlichen Handelns auch nicht erfordert. Jeder physische Vorgang, wie etwa eine körperliche Bewegung, die ich frei vollziehe, hat demnach eine entsprechende Ursache im physisch-materiellen Bereich; die Bewegung fordert eine entsprechende physische Energie. Aber der Vorgang läuft nicht allein auf Grund einer kausalen Notwendigkeit physischer Gesetzlichkeit ab, sondern er ist gesteuert, gelenkt von einem neuen und höheren Element, dem zwar Wirkursächlichkeit, aber auf einer durchaus anderen Ebene zukommt, nämlich nicht als Ursprung einer neuen physischen Energie, sondern als freie Verfügung und Steuerung des physischen Geschehens innerhalb der vom Geist beseelten und beherrschten Einheit des menschlichen Daseins.

Daraus ergibt sich, daß wir die freie Entscheidung im Einzelfall nicht isoliert sehen dürfen. Sie steht im Zusammenhang unseres ganzen menschlichen Lebens. Sie vollzieht sich im Horizont unserer konkreten, geschichtlichen Erfahrungs- und Verständniswelt. Darin sind uns Werte, Aufgaben und Möglichkeiten vorgegeben, mit denen wir uns auseinandersetzen, auf die wir eingehen oder denen wir uns verschließen. Dies alles geschieht – immer und notwendig – aus Freiheit. Sie ist das Wesenselement unseres Daseins, auch wenn sie nicht immer in derselben Ausdrücklichkeit und mit demselben Gewicht einer existenziellen Entscheidung vollzogen wird, sondern in der Selbstverständlichkeit kleiner, alltäglicher Entscheidungen geschieht. Weder die Bedingtheit der Entscheidung durch die konkrete Situation und Motivation noch die Bedingtheit der Einzelentscheidung durch Vorentscheidungen hebt die Freiheit auf. Sie kennzeichnen aber die Weise, in der sich menschliche Freiheit als endliche, vielfach bedingte Freiheit des konkreten Menschen in seiner Welt verwirklicht.

Zu dieser Bedingtheit gehört vor allem die interpersonale, also mitmenschliche und gemeinschaftliche Dimension. Der Einzelmensch verwirklicht seine Freiheit nicht in isolierter Autonomie; dies wäre ein individualistisches Vorurteil. Vielmehr lebt er von Anfang an in Gemeinschaft mit anderen Menschen, anderen „Freiheitswesen" (Fichte). Durch die Freiheit des anderen wird er zum Einsatz der eigenen Freiheit aufgerufen und herausgefordert. Er muß seine Freiheit in Wechselwirkung mit der Freiheit der anderen verwirklichen. Das bedeutet nicht eine Beschränkung oder gar eine Aufhebung, sondern positiv eine Bedingung der eigenen freien Entfaltung. Nur dadurch kommt der einzelne zu menschlich richtigem und verantwortlichem Einsatz seiner Freiheit. Er hat die Freiheit der anderen zu achten, ihr Recht auf Freiheit zu wahren, ihnen den jeweils entsprechenden Freiheitsraum zu gewähren, die eigene Freiheit also im Beziehungsgefüge mitmenschlicher Freiheitsräume und -ansprüche zu entfalten. Dies erfordert jedoch wieder eine Gesellschaftsordnung und Sozialstruktur, in der die Freiheitsrechte der einzelnen nicht aufgehoben oder unterdrückt werden, sondern ein gesamter Freiheitsraum menschlich und mitmenschlich freien Handelns gewährt und gesichert ist.

Freiheit ist das Wesenselement menschlichen Daseins. Wenn die einzelne Entscheidung in freier Wahl geschieht, so setzt dies als Bedingung seiner Möglichkeit schon die Freiheit voraus, durch die unser Dasein grundsätzlich und wesentlich frei-gegeben ist.

Der Wahlfreiheit liegt die *Grundfreiheit* bedingend voraus. Sie bestimmt – wie sich gezeigt hat – schon unser gesamtes Verhalten, insofern dieses aus der Naturgebundenheit gelöst und der Selbstverfügung überantwortet ist. Durch die Grundfreiheit ist die geistige Erkenntnis erst ermöglicht, insofern sie aus der Bindung an das Stoffliche und Sinnliche erhoben und in die Offenheit des Seins frei-gegeben ist. Anderseits vermittelt sich die Grundfreiheit gerade durch die geistige Erkenntnis der Werte und Möglichkeiten zur ausdrücklichen Entscheidung in der jeweils konkreten Wahl. Je mehr diese Wahl bewußte Selbstverfügung und Selbstbestimmung bedeutet, je mehr sie aus der Mitte unseres Selbstseins mit vollem Einsatz und in echter Verantwortung vollzogen wird, umso mehr kommt menschliche Freiheit zur Verwirklichung und Entfaltung.

4. SITTLICHES HANDELN

a) Das Phänomen des Sittlichen

Der Mensch ist frei in seinem Wollen und Handeln. Aber er ist nicht absolut frei ohne Grenzen und ohne Bindung. Wollte man die Freiheit so verstehen, so würde man das Wesen des Menschen, wie wir es in unserem konkreten Dasein erfahren, von neuem verzeichnen. Wir erfahren vielmehr Begrenzungen und Bindungen unserer Freiheit. Was meinen wir damit?

Unter *Begrenzung* der Freiheit verstehen wir Sachverhalte, die der Freiheit unserer Entscheidung Grenzen setzen, jenseits derer die Freiheit aufgehoben oder wenigstens herabgesetzt ist. Jeder einzelne lebt in einer bestimmten und einmaligen Situation seines Daseins. Er bringt bestimmte körperliche und geistige Anlagen als Erbgut mit, er ist von Kindheit an geprägt durch seine Umwelt, durch Einflüsse der Erziehung, durch das geistige, sittliche, religiöse, weltanschauliche Milieu, er lebt in einer bestimmten Zeit mit ihrem geschichtlich bedingten Geist oder Ungeist, er lebt unter bestimmten nationalen, sozialen, politischen und kulturellen Verhältnissen, mit einem Wort: in seiner „Welt". Dadurch ist das Dasein des einzelnen von außen und von innen her gestaltet, sogar zum Teil unausweichlich bestimmt. Möglichkeiten unseres Wollens und Handelns sind uns vorgezeichnet, aber auch Begrenzungen der Freiheit auf einen bestimmten Bereich konkret erstrebbarer und verwirklichbarer Möglichkeiten auferlegt. Andere Möglichkeiten scheiden von vornherein aus. Manche treten gar nicht in unser Blickfeld, andere, die wir zwar sehen, erscheinen uns – mit Recht oder Unrecht – als unerreichbar. Sie rufen uns gar nicht zur freien Wahl auf, weil sie uns nicht als echte Möglichkeiten unserer Freiheit begegnen. In all diesen Fällen ist unsere Freiheit begrenzt: durch die Beschränkung unseres endlichen, einzelhaften Daseins, unseres endlichen, stets unvollkommenen Erkennens und des endlichen, auf einen engen Wirkbereich begrenzten Willens.

Doch gibt es noch ein anderes Phänomen, das wir als *Bindung* der Freiheit bezeichnen wollen. Damit ist ein Phänomen gemeint, das die Freiheit weder aufhebt noch vermindert, sondern sie vielmehr voraussetzt und zum Einsatz aufruft, ihr aber verpflichtende Bindungen auferlegt. Wir erfahren, daß uns ein Wert begegnet, der Bejahung und

Verwirklichung fordert, daß uns ein unbedingtes Sollen anspricht, das vielleicht den Verzicht auf anderes, auf angenehmes und gewohntes Verhalten verlangt. Vielleicht wenden wir den Blick davon ab und suchen es zu verdrängen, aus dem Blickfeld zu schieben. Und doch vernehmen wir einen gebietenden Anruf, eine verbindliche Forderung, die unsere freie Entscheidung verlangt, der Freiheit aber eine bindende Verpflichtung auferlegt. Dieses Phänomen gehört zu den Grunderfahrungen des menschlichen Daseins. Es hat darum immer wieder die Philosophen aller Zeiten beschäftigt. Es ist das Phänomen des Sittlichen. Was bedeutet es und wie ist es zu erklären? Was ist ein sittlicher Wert, ein sittliches Gebot, eine sittliche Handlung?
Das Phänomen, das damit gemeint ist, kennt jeder von uns. Es gehört zu den *Grunderfahrungen* des Menschseins. Es ist jedem Menschen bekannt, aus jedem noch so fremden Volk, jeder noch so fernen Zeit und jeder noch so tiefstehenden oder hochentwikkelten Kultur. Sicher gibt es geschichtlich, soziologisch und kulturell bedingte Unterschiede darin, welche Handlungen im einzelnen als gut oder böse gewertet werden, welche als lobwürdige Heldentaten gerühmt und welche als schändliche Verbrechen verurteilt werden. Daß es in der sittlichen Bewertung sehr bedeutende Unterschiede und Gegensätze gibt, wissen wir aus der Geschichte und Völkerkunde. Daß aber eine grundlegende Unterscheidung besteht zwischen Gut und Böse, Recht und Unrecht, zwischen Handlungen, die getan werden sollen, und solchen, die nicht getan werden dürfen, das ist eine Urtatsache, deren sich die Menschheit zu allen Zeiten und in allen Breiten bewußt war und bewußt ist. Es ist eine allgemein menschliche Grunderfahrung.

b) Auslegung des Sittlichen

Was ist aber das sittlich Gute, das uns so verbindlich entgegentritt? Auf diese Frage gibt es in der Geschichte viele Antworten. Wir greifen daraus drei typische, wenn auch gegensätzliche Antworten oder Gruppen von Antworten heraus, um von diesem Hintergrund unsere Antwort abzuheben und zu begründen.

1. Die erste Antwort besteht – allgemein – darin, daß der sittliche Wert auf andere Wertbereiche zurückgeführt, das sittlich Gute also aus einer Beziehung auf einen *praktischen Zweck* erklärt, dadurch aber in seiner Eigenständigkeit und Eigenwertigkeit aufgehoben wird. Je nach dem Ziel, auf welches das sittliche Handeln bezogen wird, gibt es da eine Vielfalt verschiedener Meinungen. Gut ist das Lustvolle, das die sinnliche Lust, den Lebensgenuß steigert – so sagt der Hedonismus der Epikureer. Gut ist das Nützliche, das den praktischen Zielen und Interessen des Lebens dient – so sagt der Utilitarismus in all seinen Gestalten. Gut ist das biologisch Werthafte und Förderliche, das der Steigerung des Lebens, der Höherentwicklung der Menschheit dient – so sagt Nietzsches Biologismus. Gut ist, was dem Volk, der Rasse, dem Staat in ihrer vitalen und politischen Entfaltung dient – so sagte der Nationalsozialismus. Gut ist, was dem Klassenkampf des Proletariats, der Weltrevolution dient und den Aufbau der kommunistischen Gesellschaft fördert – so sagt mit Marx der Kommunismus.

Gemeinsam ist diesen Lehren, daß sie den sittlichen Wert auf empirisch-praktische Ziele beziehen, also zum Mittel zu einem Zweck machen und damit relativieren. Es bleibt die Frage, ob dies dem Phänomen sittlichen Sollens gerecht werden kann. Die sittliche Forderung behauptet sich doch oft gegen das sinnlich Lustvolle, gegen das praktisch Nützliche, gegen das biologisch Vorteilhafte, auch gegen das unmittelbar praktische Interesse des Volkes und Staates. Hier besteht eine seltsame Unbedingtheit des sittlichen Wertes, der seinem Wesen nach nicht durch andere Werte ersetzt oder aufgewogen werden kann. Darum kann auch keine Erklärung, die ihn auf andere Werte reduziert und dadurch relativiert, seiner Eigenart gerecht werden.

2. Eine andere Erklärung, die in der Gegenwart sehr verbreitet ist, sucht das Phänomen sittlicher Bindung nicht sosehr auf einen Zweck hin, sondern von einer Ursache her zu erklären, nämlich durch *psychologische und soziologische Ursachen.* Durch die Erziehung von früher Kindheit an, durch die soziale Umwelt mit ihren konkreten Verhaltensnormen und Wertvorstellungen, ihren Forderungen und Verurteilungen wird demnach der einzelne zu einem entsprechenden Verhalten erzogen. Sein eigenes Werturteil über Gut und Böse wird dadurch gebildet, sein eigenes Gewissen über das, was man tun soll und nicht tun darf, dadurch geprägt. Dies wird etwa von *S. Freud* tiefenpsychologisch erklärt durch die Bildung eines „Über-Ich" als einer verbindlichen Instanz, der die Forderung des Gewissens entspringt und der wir uns verantwortlich fühlen. *K. Marx* erklärt es soziologisch, insofern auch die Moral zum „ideologischen Überbau" gehört, der die jeweilige Gesellschaftsordnung im Interesse der herrschenden Klasse rechtfertigen und ihren Bestand sichern soll, der einzelne aber, selbst nur das „Ensemble gesellschaftlicher Verhältnisse"[16], durch die sozial vorherrschenden Wertvorstellungen und Verhaltensnormen bestimmt wird. Eine Änderung sittlicher Normen ist daher nur durch eine Änderung der gesamten Gesellschaft möglich.

Richtig ist daran, daß die konkreten sittlichen Normen geschichtlich und soziologisch weithin sehr verschieden sind und daß Erziehung, soziale Umwelt und geschichtliche Situation zur Ausbildung sittlicher Wertauffassungen des einzelnen – des „Gewissens" – positiv oder negativ wesentlich beitragen. Trotzdem kann auch das nicht alles erklären. Woher kommt es, daß bei allem Wandel konkreter Verhältnisse nicht nur allgemein das Phänomen des Sittlichen in seiner unbedingten Forderung sich durchhält, sondern auch bestimmte Grundforderungen des Sittlichen allgemein anerkannt werden? Und wenn auch die inhaltlich bestimmten Werturteile und Verhaltensnormen dem einzelnen anerzogen werden, woher kommt es, daß der Mensch überhaupt fähig und bereit ist, daß er bestimmte Werte und Normen als sittlich verpflichtend auffassen kann und daß er darin einen unbedingt verbindlichen Anspruch des Sollens erfährt? Dies ist nicht allein psychologisch oder soziologisch zu erklären, sondern liegt all dem als Bedingung seiner Möglichkeit voraus. Es ist begründet in einem absoluten Bezug, der dem Wesen des Menschen eigen ist.

3. Gegenüber allen relativierenden Erklärungen des Sittlichen wurde im Raum der Wertphilosophie eine weitere Antwort gegeben, deren Anliegen es ist, die

Eigenständigkeit und Eigenwertigkeit des Sittlichen zu wahren und vor jeder verfälschenden Rückführung auf anderes – dem Sittlichen wesensfremde Ziele oder Ursachen – zu sichern. So nimmt sie jenseits unserer Erfahrungswelt materieller Dinge eine durchaus andere, wesensverschiedene *Region geltender Werte* an. Diese sind nicht konkrete Dinge, sondern inhaltliche Qualitäten. Ihnen kommt nicht im eigentlichen Sinne „Sein“ zu, sondern eine andere arteigene Weise der Gegebenheit, nämlich das „Gelten“. Damit ist ein objektives, vom empirischen Sein und Geschehen jedoch völlig unabhängiges Bestehen gemeint. So werden sie auch nicht in rationaler Erkenntnis erfaßt, wie wir reale Dinge erkennen, sondern auf irrationale oder emotionale Weise gefühlt: durch ein „Wertfühlen“ eigener Art. Es sind ideale Wesenheiten, ähnlich den platonischen Ideen, die aber im wertenden Akt realisiert, in die empirische Wirklichkeit eingeführt werden.

Diese Wertlehre, die von *Hermann Lotze* stammt und in verschiedenen Abwandlungen von *Heinrich Rickert* und *Franz Brentano* bis zu *Max Scheler* und *Nikolai Hartmann* vertreten wurde[17], will die unaufhebbare Eigenart des sittlichen Wertes gegen jede Reduzierung und Relativierung sichern. Aber muß man dazu objektive Wertqualitäten annehmen, die zwar gelten, aber nicht sind, die wir nur fühlen, aber nicht erkennen – eine Wertlehre, die mehr Fragen aufwirft, als sie beantworten kann? Müssen wir überhaupt zu einer so gewagten, ja schließlich unhaltbaren Hypothese Zuflucht nehmen, wenn wir das Wesen des Sittlichen in seiner Eigenart und seinem Eigenwert verstehen wollen?

c) Das Gute und der Wert

Was ist aber der sittliche Wert, was ist das sittlich Gute? Fragen wir zuvor allgemeiner: *Was ist ein Gut,* was ist ein Wert? Gut ist das Erstrebbare oder Erstrebenswerte – im Anschluß an Aristoteles sprachen die Scholastiker vom „appetibile“. Gemeint ist etwas, das so beschaffen ist, daß es zum Ziel eines Strebens oder Wollens werden kann. Dies setzt voraus, daß es einen Seinsgehalt besitzt, der dem Streben eines Seienden nach Selbstentfaltung und -vervollkommnung entspricht. Jedes Seiende ist seinsmäßig gut. Denn jedem Seienden ist ein Seinsgehalt, eine seinem Wesen gemäße Seinsfülle eigen, die dem Naturstreben dieses Seienden entspricht und die es zu besitzen, zu bewahren und zu entfalten strebt. So ist das Seiende durch den ihm wesenhaft eigenen Seinsgehalt ein „bonum sibi“, ein Eigenwert, d. h. ein Gut für sich selbst. Diese Entsprechung macht das Seiende primär und ursprünglich zu einem Guten, d. h. einem Erstrebbaren und im eigenen Naturstreben immer schon Erstrebten. Darum kann es sekundär und nachfolgend zu einem „bonum alteri“ werden, einem Fremdwert, d. h. einem Gut für ein anderes, das im Erstreben und Ergreifen dieses Gutes eine Bereicherung und Entfaltung seines eigenen Wesens zu gewinnen vermag.

Jedes Seiende ist ein Gut, aber nicht jedes Seiende ist deshalb schon ein Gut oder Wert *für mich* – allgemeiner: Jedes Seiende ist ein Gut, aber es ist dadurch noch nicht notwendig ein Gut für jedes andere bestimmte Seiende. Im Begriff des (seinsmäßig) Guten meinen wir etwas, das durch seinen Seinsgehalt an sich erstrebbar, erstrebenswert ist. Wir meinen damit noch nicht einen bestimmten Bezug der Entsprechung auf das Streben dieses oder jenes Seienden; wir denken noch nicht an ein Gut für dies oder jenes. Das aber nennen wir einen Wert. Ein Wert ist immer Wert für etwas, ein Gut für etwas, d. h. ein Gut, das dem Streben eines – spezifisch oder individuell – bestimmten Seienden gemäß ist. Was also dem Streben eines Seienden entspricht, seiner Selbstentfaltung förderlich ist, bedeutet ihm einen Wert. Was diesem Streben widerspricht, ihm hinderlich oder schädlich ist, bedeutet ihm einen Unwert.

Dies zeigt sich besonders im Bereich des *Lebens.* Das einzelne Lebewesen – die Pflanze, das Tier – muß sich im eigenen Wirken entfalten, es muß wachsen, um sich voll zu verwirklichen. Dabei ist es aber auf äußere Einflüsse angewiesen: auf bestimmte Nahrungsstoffe, bestimmte klimatische und atmosphärische Verhältnisse usw. Was dieses Lebewesen in seiner naturgemäßen Entfaltung fördert, ist ihm ein Gut, ein Wert. Was es dagegen hemmt, ihm schädlich ist, oder sein Leben zu vernichten droht, ist schlecht dafür, ein Unwert. Wert und Unwert bleiben also bezogen auf die Natur, d. h. die vorgängige Wesensart und Wesensgesetzlichkeit dessen, was diesen positiven oder negativen Einfluß aufnimmt.

Ähnliches gilt auch vom *Menschen.* Auch er ist nicht von Anfang an als Vollmensch verwirklicht, sondern unterliegt einem Prozeß des Werdens und Wachsens, in dem sich nicht nur sein leibliches, sondern auch und vor allem sein geistig-personales Leben entfalten soll. Hier zeichnen sich verschiedene Seinsstufen und, darauf bezogen, verschiedene Wertbereiche ab. So sind schon gesunde Lebensumstände, eine gesunde Lebensweise, gesunde Nahrung usw. gut für das Wachstum und die Erhaltung der Körperkräfte. Es sind Werte, wenn auch noch im Wertbereich des leiblich-biologischen Lebens; es sind biologische Werte. Weil aber der Mensch sein Leben selbst zu gestalten, seine Umwelt zu bewältigen hat, muß er sich Ziele setzen, dazu Mittel wählen und im Handeln ergreifen; daraus ergibt sich der Wertbereich des praktisch Nützlichen. Doch gibt es auch ein eigenes Wachstum, eine innere Entfaltung unseres geistigen Lebens. So öffnen wir uns der Wahrheit, die sich unserem Verstande darbietet, als einem Wert, der unserem geistigen Leben Bereicherung, Vertiefung, Vervollkommnung bedeutet. Es ist ein Wert im Erkenntnisbereich, ein intellektueller Wert. Ähnlich verhält es sich mit anderen Werten oder Wertbereichen, ästhetischen, künstlerischen, allgemein kulturellen Werten, die alle unserem inneren Leben eine Bereicherung und Erfüllung bieten.

Hier zeigt sich aber ein seltsames Phänomen. Nur im Bereich der niedrigeren Werte, die unmittelbar zweckbezogen sind, also des Angenehmen, des praktisch Nützlichen, des vital Förderlichen usw., streben wir danach, den Wert „für uns" zu ergreifen, um dadurch eine Bereicherung und Erfüllung oder einen praktischen Nutzen zu gewinnen. Im Bereich höherer Werte geht es nicht mehr darum, den Wert „für mich" zu ergreifen, sondern ihn „in sich" zu bejahen, sich ihm zu öffnen, sich ihm hinzugeben. Man bejaht den Wert um seiner selbst willen und gibt ihm die „Wertantwort", die von der betreffenden Wertqualität gefordert wird. Das gilt schon vom intellektuellen Wert der Wahrheit, der ich mich öffnen und die ich anerkennen muß; erst dadurch kann sie sich mir erschließen. Das gilt ähnlich vom ästhetischen Wert des Schönen in der Natur und der Kunst; im Schönheitserleben geht es nicht darum, vom Schönen bereichert zu werden, sondern zuvor sich ihm zu öffnen, sich dem Schönen betrachtend, staunend hinzugeben und sich von ihm ergreifen zu lassen. Erst recht gilt das vom ethischen Wert der Tugend, etwa der Wahrhaftigkeit und Gerechtigkeit, der Demut und Güte, die in ihrem Eigenwert bejaht und angestrebt werden – weil diese Werte im personalen Wert gründen. Im Verhalten zum anderen Menschen, der in der konkreten Situation gütiges Verständnis, gerechte Beurteilung, hilfsbereite Liebe verlangt, geht es nicht um mich, sondern um den anderen, nicht darum, daß ich mich durch „Wertergreifung" selbst sittlich bereichere oder vervollkommne, sondern darum, daß ich in reiner *„Wertbeantwortung"* auf den anderen eingehe, ihn in seinem personalen Selbstwert bejahe und anerkenne, mich ihm öffne und hingebe, ihm – um seiner selbst willen – die Wertantwort wohlwollender Liebe schenke. Der Vollzug solchen Verhaltens wird schon unterbrochen und aufgehoben, wenn ich darauf reflektiere, daß ich darin selbst etwas Gutes tue, einen sittlichen Wert verwirkliche. Der aktuelle Vollzug ist reine, in diesem Sinne selbstlose Hingabe an den Wert in sich selbst.

In der traditionellen aristotelisch-scholastischen Auffassung wurde vorwiegend, wenn auch nicht ausschließlich, der Aspekt der Wertergreifung und Wertverwirklichung „für mich" gesehen und von daher auch das sittliche Handeln verstanden als Verwirklichung von Werten, durch die sich die sittliche Persönlichkeit bereichert und entfaltet. Erst die Wertphänomenologie – besonders bei *Max Scheler* und *Dietrich von Hildebrand* – hat auf den Aspekt der Wertantwort und Werthingabe aufmerksam gemacht. Doch besteht hier kein letzter Gegensatz. Denn ich kann die hingebende Wertantwort nur geben, weil und insofern sie in der Sinnrichtung meiner eigenen Wertverwirklichung liegt. Je höher aber die Wertqualität „in sich" steht, umso mehr tritt der ausdrückliche Rückbezug auf die eigene Wertverwirklichung zurück gegenüber der reinen Wertantwort und Werthingabe. Gerade dadurch aber, daß ich mich diesem Wert öffne und ihn beantworte, wird der Vollzug selbst durch die Wertqualität bestimmt: „actus specificatur ab obiecto". Der um seiner selbst willen bejahte Wert übt daher auf den, der die Wertantwort gibt, eine bereichernde, vervollkommnende Wirkung aus. Diese Bereicherung durch den Wert, nämlich im Bereich geistig-personaler, sittlicher Werte, gewinne ich aber nur, wenn ich ihn im Vollzug des Wertverhaltens nicht um meinetwillen, sondern um seinetwillen bejahe, also die reine Wertantwort gebe.

d) Der sittliche Wert

Gegenüber der Vielfalt von Werten und Wertbereichen – nicht nur des Angenehmen, des praktisch Nützlichen und vital Vorteilhaften, sondern auch der intellektuellen, ästhetischen und kulturellen Werte – stellt sich die Frage: Gibt es auch Werte, die den *Menschen als Menschen* betreffen, ihn in seinem eigentlich menschlichen Wesen zur Entfaltung und vollen Verwirklichung bringen? Gibt es Werte, durch die der Mensch nicht nur ein guter Musiker, ein guter Student oder Sportler, ein guter Jurist, Physiker, Mediziner usw., also „gut" in diesem oder jenem Sonderbereich menschlichen Handelns wird, sondern ein „guter Mensch", d. h. ein solcher, der im Eigentlichen und Wesentlichen seines Menschseins zur vollen Entfaltung und Verwirklichung gekommen ist?[18]

Das ist das *Wesen des Sittlichen.* Einen solchen Wert nennen wir einen sittlichen Wert, das sittlich Gute. All das, was der wesensgemäßen, gesamtmenschlichen Selbstentfaltung entspricht, ist sittlich gut. All das, was dieser wesensgemäßen Selbstentfaltung widerspricht, ist sittlich schlecht. Die Norm, an der sich das sittlich Gute oder Böse mißt, liegt in der vorgängigen Wesensstruktur des Menschen, dergemäß sich die Vollverwirklichung unseres Menschseins zu vollziehen hat. Als Beispiel kann schon der Same oder der Keim der Pflanze dienen, worin schon die Strukturgesetzlichkeit des ganzen Lebens und Wachstums angelegt ist und woran sich bemißt, was, darauf bezogen, ein Wert oder ein Unwert ist.

Die Besonderheit menschlich-sittlicher Wertverwirklichung gegenüber dem gesamten untermenschlichen Lebensgeschehen liegt aber in der *Freiheit.* Sie ist die erste und grundlegende Bedingung sittlichen Handelns. Daher ist überall, wo die Freiheit des Menschen geleugnet wird, auch kein Platz für ein echtes Verständnis des Sittlichen. Während in der untermenschlichen Natur die Entfaltung des Lebens mit innerer Notwendigkeit geschieht, das Lebewesen mit Naturnotwendigkeit den ihm innewohnenden Gesetzen des Lebens, Wachsens und Verhaltens folgt und darum nur von außen her – durch schädliche oder hemmende Einflüsse – die naturgemäße Entfaltung verhindert werden kann, ist allein der Mensch frei in seinem Wollen und Handeln. Daraus ergibt sich, daß das sittlich Gute und Böse, der sittliche Wert oder Unwert noch nicht eigentlich in äußeren, wie immer förderlichen oder schädlichen Einflüssen und Umständen verwirklicht ist, sondern nur im freien Akt des Menschen. Weil er frei ist, kann und soll er in jeder Situation aus sittlicher Verantwortung heraus sich entscheiden und gut handeln. Aber er ist auch fähig, in jeder Situation, unter jeder noch so förderlichen Einwirkung von außen sich gegen ein sittliches Verhalten zu entscheiden und schlecht zu handeln. Sittlich Gut und Böse sind demnach Qualitäten, die im ersten und eigentlichen Sinn nur der freien Handlung des Menschen zukommen und nur in einem analog übertragenen Sinn von äußeren Umständen und Einflüssen ausgesagt werden können.

Erst hier erreicht die Freiheit ihren vollen Sinn. Dieser Sinn liegt noch nicht in der Wahl zwischen Sachwerten oder gegenständlichen Möglichkeiten. In jeder solchen Wahl vollziehen wir zugleich eine Entscheidung über uns selbst. Jede Entscheidung ist Selbstentscheidung, Selbstverfügung. Wir haben Stellung zu nehmen zu den Werten, die uns begegnen, d. h. aber zu den Möglichkeiten unseres eigenen Menschseins und vollen Menschwerdens. Wir haben in Freiheit uns zu entscheiden, ob wir die volle und reife Verwirklichung unseres menschlichen Daseins erreichen oder ein Torso bleiben wollen, der zwar in diesem oder jenem Teilbereich ausgebildet sein mag, im ganzen aber unfertig, bruchstückhaft und darum im letzten sinnlos geblieben, in der eigentlich sinngebenden Ganzheit nicht zur Vollendung gekommen ist. Das ist der freien Entscheidung überantwortet. Darin liegt der Sinn der Freiheit. Nur aus Freiheit ist Sittlichkeit möglich. Aber erst in der Sittlichkeit vollendet sich der Sinn menschlicher Freiheit – mit Hegels Wort: „Wahre Freiheit ist Sittlichkeit.“[19]

e) Totalität und Finalität

In Freiheit stehen wir aber vor einer Vielfalt von Werten und Möglichkeiten. Worin gründet die Eigenart des sittlichen Wertes gegenüber anderen Werten, die wir auch in Freiheit bejahen und verwirklichen können? Worin gründet die seltsame Unbedingtheit, die dem sittlichen Wert eigen ist und wodurch er sich allen anderen Wertbereichen als grundsätzlich überlegen erweist? Wir haben den Grund, dem der sittliche Wert entspringt, und zugleich die Norm, an der sich das sittlich Gute und Böse bemessen, schon genannt: das Wesen des Menschen. Damit ist aber nicht nur ein abstrakter Allgemeinbegriff „Mensch" gemeint, auch nicht eine ebenso abstrakte Definition des Menschen etwa als „animal rationale". Damit wäre noch wenig gesagt. Vielmehr ist der ganze und konkrete Mensch gemeint in all dem, was Menschsein bedeutet und was mit dem Menschsein gegeben ist, der Mensch also – in zwei Stichworten gesagt – in seiner Totalität und Finalität.

1. Fürs erste der Mensch in seiner *Totalität:* Der ganze Mensch als leibliches und geistiges, freies und personales Wesen in seinen vielfältigen Beziehungen zur Welt und zum Sein im ganzen ist Grund und Norm des Sittlichen. Die Beziehungen zur Umwelt und zum Mitmenschen, das Verhältnis des einzelnen zur Gemeinschaft und Gesellschaft, zur Familie, zum Staat usw. sind mitbestimmend für das sittliche Verhalten, das verlangt ist. Aus der Stellung des Menschen zur Welt, zu seiner konkreten geschichtlichen Situation und zur Gesamtwirklichkeit ergeben sich die sittlichen Werte, Aufgaben und Pflichten. Sie bedeuten nichts anderes als die Verpflichtung in Freiheit das zu bejahen, was wir sind, und die uns zukommende Stellung in der Welt und im Sein aus Freiheit zu verwirklichen.
Daraus ergibt sich aber, daß nun doch wieder alle Wertbereiche des Menschen umgriffen sind vom sittlichen Wert. Er ist nicht ein besonderer Teilbereich neben vitalen und praktischen, intellektuellen, kulturellen und anderen Werten. Sondern es gehört zur Einheit und Ganzheit des Menschen, daß er als leibliches und geistiges Wesen auch für das leibliche Wohl in gebührender Weise zu sorgen hat, daß er entsprechend seiner jeweiligen Stellung und seinen Möglichkeiten auch die geistigen Kräfte und sonstigen Fähigkeiten auszubilden hat. All das ist sittlich gut, aber nur dann, wenn es eingeordnet ist in die Ganzheit des Menschseins, d. h., wenn sich der Mensch nicht mitreißen läßt von einzelnen, die Ordnung des Ganzen durchbrechenden Trieben, die isoliert und darum hemmungslos ihre Erfüllung suchen, sondern wenn dies alles beherrscht, d. h. nicht erdrückt und ertötet, sondern geordnet ist in der sinnhaften Einheit der konkreten Totalität des Menschen.

2. Die Totalität muß aber zugleich in ihrer *Finalität* gesehen werden. Nur die dynamisch-finale Sicht menschlichen Daseins kann den Übergang vom Sein zum Sollen vermitteln. Nur in dieser Sicht können wir aus dem, was wir sind, erkennen, was wir sein sollen. Schon aus jeder Entwicklung im Lebensgeschehen wie im Wachstum der Pflanze und des Tieres ergibt sich, was werden soll; Mißwuchs, Krankheit u. dgl. sind etwas, das nicht sein soll. Das spezifisch sittliche „Sollen" richtet sich jedoch an die

Freiheit des Menschen, der sich selbst zu dem entfalten soll, was seiner dynamisch-finalen Natur entspricht. Dieses sittliche Sollen betrifft einen breiten Bereich immanenter Werte, das Verhalten zu anderen Menschen und zur menschlichen Gemeinschaft, Erfüllung der Berufs- und Standespflichten usw. Aber all diese Werte und Pflichten sind umgriffen und untergeordnet dem einen absoluten und transzendenten Ziel, das dem Menschen eigen ist und sein Wesen auszeichnet. Die Analyse des menschlichen Erkennens und Wollens hat die apriorische Offenheit des Geistes für das Absolute, das Unendliche gezeigt. Sie bedeutet eine mit dem Wesen des Menschen gesetzte Hinordnung auf ein letztes und unbedingtes Ziel: auf Gott. Diese Hinordnung besteht und wird in jedem geistigen Akt immer und notwendig mitvollzogen – ob es der einzelne will oder nicht, ob er sich dessen bewußt ist oder nicht. Es ist dasjenige, was den geistigen Selbstvollzug als solchen konstituiert, ihm einen absoluten Horizont erschließt und allein den spezifischen Absolutwert des Sittlichen begründen kann. Es geht daher im sittlichen Tun nicht allein um innerweltliche Entfaltung des menschlichen Wesens, sondern zugleich – diese begründend, umgreifend und übersteigend – um eine letzte Vollendung, die der Mensch auf Grund seiner ursprünglichen Hinordnung auf das Unendliche nur in Gott als seinem letzten Ziel gewinnen kann.

Es gab – und gibt zum Teil bis heute – einen Gegensatz der Meinungen innerhalb der christlichen Philosophie, ob Grund und Norm des Sittlichen in der *Natur des Menschen* oder im *letzten Ziel* liegen, kurz: im Menschen oder in Gott. Doch ist dies kein echter Gegensatz, es ist ein Streit um Worte, weil beide Aspekte gleich wesentlich zusammengehören. Die menschliche Natur kann nur dann der Bestimmungsgrund des Sittlichen sein, wenn sie in ihrer finalen Hinordnung auf den absoluten Höchstwert, das unbedingte Endziel, auf Gott, gesehen wird. Und dieses Ziel, das unendliche Sein Gottes, kann nur dann zum Bestimmungsgrund sittlicher Werte und Pflichten des Menschen werden, wenn es konkret als Ziel des Menschen und mit apriorischer Notwendigkeit immer schon implizit bejahtes und angestrebtes Ziel alles menschlichen Wollens und Handelns verstanden wird. Nur daraus ergibt sich die Eigenart des Sittlichen gegenüber jedem anderen Wertbereich. Nur daraus wird im besonderen der unbedingte Charakter des sittlichen Wertes verständlich. Jede sittliche Entscheidung und Wertbejahung ist eine schrittweise Teilverwirklichung in Hinordnung auf jene Vollverwirklichung, die der Mensch nur in seinem letzten Ziel erreichen kann. Durch die unbedingte und unaufhebbare, weil a priori notwendige Finalität des menschlichen Daseins auf sein absolutes Ziel erhält das sittliche Handeln auch im innerweltlichen, vor allem mitmenschlichen Wert- und Pflichtbereich seinen unbedingten Charakter, der grundsätzlich durch keinen anderen Wert aufgewogen oder ersetzt werden kann.
Dagegen wird bisweilen der *Einwand* erhoben, daß der sittliche Wert, wenn er auf ein absolutes Ziel bezogen und dadurch begründet wird, seinen ihm eigenen Absolutwert verliert und relativiert wird; er bleibt nicht mehr „in sich" absolut gültig und bedeutsam, sondern ist nur noch „für mich"in meiner finalen Selbstverwirklichung bedeutsam, er wird also zu einem bloßen Mittel im Hinblick auf ein Ziel herabgesetzt.[20] Das gilt besonders vom Verhalten zum personalen Wert des anderen Menschen, der nicht mehr in seiner eigenen absoluten Werthaftigkeit gesehen und bejaht wird, sondern als

bloßes Mittel gewertet wird, durch das ich mich selbst auf das letzte Ziel hin vermittle. Wird es so aufgefaßt – und eine religiöse, zu einseitig transzendent ausgerichtete Ethik mag dieser Gefahr erliegen –, so wird dies sicher nicht dem Wesen des sittlichen und personalen Wertes gerecht. Das Sittliche hat einen unbedingten Eigenwert, erst recht hat der andere Mensch einen absolut personalen Selbstwert, der nicht relativiert, nicht zum bloßen Mittel für praktische Ziele mißbraucht werden darf. Aber gerade wenn ich ihn in seinem eigenen Absolutwert bejahe und ihm die entsprechende Wertantwort gebe, wird er mir zur Vermittlung auf das absolute Ziel hin. Oder umgekehrt, gerade weil und insofern der sittliche und personale Wert auf den absoluten Höchstwert bezogen und von ihm her begründet ist, besitzt er die ihm eigene, nämlich absolute Wertqualität. Das eine schließt das andere nicht aus, sondern setzt es voraus.

Der unbedingte Charakter des Sittlichen bedeutet aber nicht, daß jeder sittliche Wert uns ein verbindliches Sollen auferlegt, also im strengen Sinne Pflicht ist. Das gilt nur von jenen Werten, die so wesentlich und notwendig mit der finalen Ordnung des Menschseins mitgegeben und mitgefordert sind, daß die Abkehr von ihnen schon eine Abkehr vom letzten Ziel, somit einen Widerspruch zum Sinn und Ziel des menschlichen Daseins bedeutet. Darüber hinaus gibt es aber einen weiten Bereich sittlicher Werte und Möglichkeiten, die uns nicht als bindende Pflicht begegnen – je höher die sittliche Vollkommenheit eines Menschen, umso weiter ist der Raum seiner sittlichen Freiheit. Aber auch in diesem Raum der Freiheit jenseits verbindlicher Pflicht bleibt der unbedingte Wertcharakter des Sittlichen gewahrt, d. h., es ist etwas, das wertmäßig über jedem anderen Wert steht, auf keinen anderen Wert zurückgeführt noch durch einen solchen aufgewogen werden könnte. Dieser Höchstwert stammt einzig aus dem Bezug des Sittlichen auf den absoluten Höchstwert, das unbedingt letzte Ziel des Menschen in Gott. Weil unter allen innerweltlichen Seienden allein dem Menschen der Bezug eigenen Erkennens und Strebens auf Gott zukommt, ist nur ihm sittliches Handeln möglich. Und weil nur in der sittlichen Tat dieser Bezug aus freier Entscheidung verwirklicht wird, ist der sittliche Wert der spezifisch menschliche, den Menschen als solchen vervollkommnende Wert. Nur der sittlich handelnde Mensch wird zum vollen Menschen, wie er sein soll.

5. THEORIE UND PRAXIS

Wir haben bisher als Grundformen des menschlichen Selbstvollzugs das geistige Erkennen und das freie Wollen und Handeln vorgefunden. Doch sind das nicht zwei völlig verschiedene, unvermittelt einander gegenüberstehende Dimensionen. Nicht der „Verstand" denkt und erkennt, und nicht der „Wille" entscheidet sich, so oder anders zu handeln, sondern der eine und selbe konkrete Mensch vollzieht sich in seinem Erkennen und Wollen. Beide Vollzugsweisen entspringen gleichermaßen dem geistig-personalen Wesen des Menschen. Daraus ergibt sich die Frage, warum sich der menschliche Selbstvollzug in diesen beiden Dimensionen auslegt und wie sich diese beiden Vollzugsweisen zueinander verhalten.

a) Zur Problemgeschichte

Weil dies ein – nicht nur theoretisches, sondern auch praktisches – Grundproblem menschlichen Daseins ist, hat es eine lange, sehr aufschlußreiche *Geschichte* im philosophischen Denken. Nicht nur das Begriffspaar „Theoria" und „praxis" stammt aus dem griechischen Altertum, sondern auch die Bewertung des theoretischen gegenüber dem praktischen Element: Dem theoretischen Erkennen kommt ein grundsätzlicher *Wertvorrang* gegenüber dem praktischen Handeln zu.

„Theoria" bedeutet für den Griechen ursprünglich Schau oder Anschauung, dann aber zumeist einfach intellektuelle Erkenntnis, nämlich der Vernunft (neus), die über die sinnliche Erscheinung hinaus das eigentlich gültige Wesen der Dinge erfaßt. Die „Theoria" ist nicht beschränkt auf die Unmittelbarkeit einer „intellektuellen Anschauung" (im neuzeitlichen Sinn) gegenüber dem rational vermittelnden Denken. Sie umfaßt beides, wird daher lateinisch nicht nur mit „contemplatio", sondern auch mit „speculatio" übersetzt; dieses Wort, obwohl ebenso vom „Schauen" abgeleitet, erhält vorwiegend den Sinn „spekulativen" Denkens. Dies alles ist mit „Theoria" gemeint: die Gesamtheit geistiger Erkenntnis. Dagegen bedeutet „praxis" das eigentlich menschliche Handeln. Dieses hebt sich zumeist ab vom bloßen „Machen" (poiein) im Sinne des Herstellens oder Verfertigens im handwerklichen oder künstlerischen Tun. „Handeln" (prattein) bedeutet jedoch eigentlich menschliches, daher sittliches, auch politisches Handeln. Obwohl es schon in dieser Bedeutungsfülle verstanden wird, steht die Theoria grundsätzlich höher. Sie ist dasjenige, was den Menschen eigentlich in seinem Wesen auszeichnet.

Diese Bewertung wird von *Platon* dadurch metaphysisch begründet, daß sich alles menschliche Handeln in der unwirklichen Scheinwelt der sinnlichen Erfahrung bewegt, die geistige Erkenntnis aber zur ewigen, göttlichen Wahrheit der „intelligiblen Welt" allgemeiner und notwendiger Ideen vordringt; sie allein ist das wahrhaft Seiende, die eigentlich gültige Wirklichkeit. Obwohl Aristoteles die Ideenlehre Platons ablehnt, bleibt auch bei ihm der Vorrang theoretischer Erkenntnis gewahrt. Die Vernunft (nous) ist das höchste Vermögen des Menschen. Intellektuelle Erkenntnis ist das Höchste, was der Mensch zu leisten vermag. Ein „theoretisches Leben" – später wird man sagen: „vita contemplativa" – ist die vollendete Lebensweise, weil sie möglichst ausschließlich der Erkenntnis zugeordnet ist und nach der ewigen Wahrheit strebt.

Diese Bewertung wirkt weitreichend in der ganzen Geschichte fort. Sie wirkt hinein in den christlichen Raum und steht dahinter, wenn im Mönchstum und in der Theologie des Mittelalters die „vita contemplativa" einen grundsätzlichen Vorrang gegenüber der „vita activa" erhält, obwohl „actio" und „contemplatio" jetzt andere Bedeutungsakzente haben als die griechische Theoria und Praxis. „Vita activa" wird als sittlich-aszetisches Streben verstanden, das die Vorbedingung der „vita contemplativa" bildet; und diese bedeutet nicht allein intellektuelle Kontemplation im griechischen Sinn, sondern religiöse Kontemplation, die sich in Gebet und Gottesliebe vollzieht. So steht noch für *Thomas von Aquin* die kontemplative Lebensweise grundsätzlich höher als ein aktives Leben.[21]

Die griechische Auffassung wirkt sich nicht minder in der Neuzeit aus, hier aber im Primat theoretisch-rationalen Denkens der autonomen Vernunft des Rationalismus bis zur absoluten Vernunft des deutschen Idealismus. Bei *Hegel* kommen sehr deutlich platonische und aristotelische Ansätze zu ihrer letzten systematischen Entfaltung.
Noch allgemeiner bildet die griechische Bewertung der Theorie den entscheidenden Hintergrund der Rationalität abendländischen Denkens, das die Wirklichkeit auf streng rationale Weise theoretisch-wissenschaftlich zu erfassen strebt. Das gilt schon für die scholastische Philosophie und Theologie des Mittelalters, die in begrifflich-rationalem Denken die Welt des Wissens und des Glaubens zu ergründen sucht. Das gilt erst recht vom Einsatz neuzeitlicher Wissenschaft, die – besonders seit *Descartes* – unter dem Anspruch streng rationalen, exakt wissenschaftlichen Denkens steht, weil sich ihm allein Wahrheit und Gewißheit erschließen.
Diese Auffassung führt aber auch zu mancherlei Verkürzungen eines einseitigen Intellektualismus, der immer neue Antithesen und Kontroversen hervorruft. So schon im Mittelalter die Auseinandersetzung zwischen Intellektualismus und Voluntarismus – historisch konkreter zwischen Thomismus und Augustinismus: Es ist die Frage, ob wirklich die Vernunft das höchste Vermögen des Menschen sei oder nicht vielmehr – gerade christlich gesehen – die Freiheit des Wollens und Liebens einen höheren Wert verwirklicht als intellektuelle Erkenntnis. In der Neuzeit erhebt sich auf dem Boden des Rationalismus in seltsamer Antithese dazu die Aufklärung mit ihrer Betonung des praktischen Elements: Theoretische Erkenntnis muß praktischen Nutzen erbringen. Wissenschaft hat dem Fortschritt der Menschheit zu dienen. Philosophie hat die Aufklärung und Volksbildung zu fördern. Auch die Religion hat allein einen praktisch-moralischen Zweck.
Bei *Kant* bricht das Problem mit neuer Schärfe aus. Wenn er von theoretischer und praktischer Vernunft spricht, steht immer noch das griechische Begriffspaar dahinter. Aber die beiden Bereiche des Theoretischen und des Praktischen fallen völlig auseinander. Und Kant verkündet – entgegen der klassischen Tradition, aber im Sinne der Aufklärung – den Primat der praktischen Vernunft, d. h. des praktischen Glaubens gegenüber dem theoretischen Wissen; es ist ein Glaube, der dem Gebot praktisch-sittlichen Handelns entspringt. Für Kant beginnt das praktische Wollen dort, wo das theoretische Wissen am Ende ist, so daß die Grenze des Wissens zur Vermittlung des Wollens wird und dieses in seine Freiheit entläßt. Gerade weil das theoretische Wissen an seine Grenze stößt, gibt es das praktische Wollen frei. So stehen aber beide Bereiche unvermittelt einander gegenüber: Das Theoretische wird nicht praktisch und das Praktische nicht theoretisch, d. h., das theoretische Wissen kann das praktisch-sittliche Handeln nicht bestimmen, und das praktisch-sittliche Wollen kann nichts beitragen zu theoretischer Erkenntnis. Bei *Fichte,* der den kantischen Primat der praktischen Vernunft aufnimmt und zum Ansatz seines Denkens macht, wird das Verhältnis ähnlich bestimmt. Das Ende des Theoretischen ist der Anfang des Praktischen. Die Freiheit des Wollens wird durch die Grenze des Wissens vermittelt. Das Übersteigen der Grenze ist die Aufhebung des Wissens in „unendlichem Streben“. Wenn auch *Hegel* das Verhältnis wieder umkehrt, indem er das praktische im theoretischen Element des „absoluten Wissens“ begründet und aufhebt, so bleibt doch in der Folgezeit der Primat des Prakti-

schen, wenn auch in verschiedenen Gestalten, gültig: nicht nur bei *Schopenhauer* und *Nietzsche,* auch in manchen Formen des Neukantianismus und der Wertphilosophie, erst recht in der Lebens- und Existenzphilosophie. Vor allem aber schlägt bei *K. Marx* die klassische Bewertung in ihr Gegenteil um. Das praktische Element wird allein bestimmend und entscheidend. Es wird jetzt verstanden als politisch-gesellschaftliches Geschehen, das sich zwar eine theoretische Interpretation schafft, die aber als „ideologischer Überbau" vollkommen auf die Praxis bezogen bleibt und durch praktische Ziele bestimmt ist.

b) Wissen und Wollen

Auf diesem Hintergrund müssen wir das *Sachproblem* aufnehmen und nach dem Verhältnis zwischen dem theoretischen Wissen und dem praktischen Wollen fragen. Das Problem wird vielfach unsachlich belastet, wenn man von der Zweiheit ausgeht und die ursprüngliche Einheit aus dem Blick verliert. Es ist der eine und ganze Mensch, der sowohl erkennt als auch aus freiem Wollen handelt, beide, Wissen und Wollen, sind Wirkweisen des Menschen, der sich darin selbst vollzieht und verwirklicht. Was heißt das und was ergibt sich daraus?

Wenn ich etwas erkenne oder erstrebe, so ist das jedenfalls ein Akt, ein aktives Verhalten, d. h. der Vollzug eigenen *Wirkens,* also einer Seinswirklichkeit, die nicht schon mit meinem wesenhaften Sein gegeben ist (sonst müßte ich immer und notwendig diesen Akt setzen), sondern die mich in eine neue Wirklichkeit versetzt. Das Wesen des Wirkens erschöpft sich nicht darin, daß wir etwas anderes „bewirken", an einem anderen eine Wirkung hervorbringen. Es gibt tiefere, wesentlichere Weisen des Wirkens, in denen sich der Wirkvollzug nicht auf anderes richtet und nichts anderes bewirkt. Immer aber und wesentlich ist Wirken Selbstvollzug, Selbstverwirklichung des Wirkenden, der sich dadurch in eine neue Seinswirklichkeit versetzt. Doch müssen wir fragen: Warum kann und muß ich wirken? Allgemeiner: Warum kann und muß überhaupt Seiendes wirken? Warum ist es nicht immer schon in seine volle und endgültige Wirklichkeit gesetzt? Warum kann und muß es wirkend sich selbst verwirklichen? Der Grund liegt in der metaphysischen Konstitution des endlichen Seienden. Es ist als Seiendes gesetzt durch das Sein, jedoch als endliches Seiendes in eine jeweils bestimmte Begrenzung seines Seins gesetzt. Sein ist aber von sich aus mehr als nur dieses bestimmt begrenzte Sein des Seienden. Es ist im endlichen Seienden begrenzt, daher sind weitere, vom Sein her mögliche Seinsgehalte oder Seinsvollkommenheiten ausgeschlossen. Das Sein ist nicht mehr ganz es selbst, es ist in eine Selbstentfremdung versetzt; es ist nicht das „Sein selbst". Daher hat das Sein im endlichen Seienden das Bestreben, die Begrenzung durch das endliche Wesen zu durchbrechen und zu übersteigen, sich selbst voller zu verwirklichen. Weil aber das Seiende endlich ist und auch im Wirken endlich bleibt (sonst würde es sich selbst aufheben), bleibt auch der Wirkvollzug zurückgebunden an das endliche Wesen. Das Seiende kann wirkend nicht unmittelbar die Fülle des Seins schlechthin einholen, d. h., es kann nicht alle vom Sein her mögliche Seinswirklichkeit in sich verwirklichen. Aber es kann und muß über die Begrenzung durch das eigene Wesen hinaus nach anderem ausgreifen und sich – nach Maßgabe seines Wesens – in eine jeweils höhere und vollere Seinswirklichkeit versetzen. Dies geschieht im Wirken, insofern es Selbstverwirklichung bedeutet.

Es gibt aber auch eine Weise des Wirkens, das sich selbst gelichtet, bewußt bei sich selbst ist. Wir nennen es bewußtes oder *geistes Wirken.* Seine Auszeichnung liegt darin, daß es im Vollzug um sich selbst weiß, sich selbst in seinem Sein erreicht und erfaßt – in einer „reditio completa ad seipsum", wie dies bei *Thomas von Aquin* heißt.[22] Diese „Rückkehr" (reditio) ist insofern „voll" oder endgültig (completa), als sich der Wirkvollzug selbst in seinem Sein innewird, also eine unmittelbare Identität von Sein und Wissen im Vollzug des Wirkens setzt. In dieser Identität im Vollzug liegt der einzige Ursprungsgrund der Gelichtetheit oder Bewußtheit überhaupt. Wenn aber der Wirkvollzug sich selbst in seinem Sein, d. h. unter dem Formalobjekt des Seins, erfaßt, so bedeutet das, daß ihm Sein überhaupt erschlossen ist; es ist nur möglich im Horizont des Seins – wie wir ihn schon als den Wesenshorizont geistiger Erkenntnis und freien Wollens aufgewiesen haben. In der Sprache scholastischer Philosophie heißt das: Wenn das Formalobjekt eines Wirkvollzugs das Seiende als solches (ens qua ens) ist, dann ist damit schon grundsätzlich als Materialobjekt alles Seiende (omne ens) gegeben. Ein solcher Wirkvollzug erfaßt seinen jeweiligen Inhalt oder Gegenstand unter der Form des Seins, daher als „etwas, das ist", und im Horizont des Seins überhaupt, im – wenn auch unthematischen – Ausgriff auf die unbegrenzte Ganzheit des Seins. Nur durch diesen letzten, nicht mehr übersteigbaren Horizont des geistiges Vollzugs ist die Unbedingtheit begründet, die sowohl (in der Erkenntnis) der Setzung des Urteils als auch (im freien Wollen und Handeln) der Verbindlichkeit des Sollens eigen ist. Dem Geist als solchen ist es wesentlich, sich im unbedingten und unbegrenzten Horizont des Seins zu vollziehen. Aber der endliche Geist bleibt im Vollzug seines Wirkens jederzeit endlich, greift jedoch auf die Unendlichkeit aus, ohne sie voll einholen zu können. Sein Wesen ist daher durch die Spannung zwischen *aktueller Endlichkeit* und *virtueller Unendlichkeit* bestimmt.

Daraus folgt, daß das endliche Geistwesen notwendig über sich selbst hinausgreifen muß. Es kann, wenn auch im unbegrenzten Horizont sich vollziehend, unmittelbar immer nur anders endliche Seiende erreichen und erfassen. Sich selbst vollziehend greift er auf anderes aus. Er vollzieht sich selbst in seinem anderen. Der Vollzug seiner selbst ist zugleich Vollzug seines anderen, oder umgekehrt: Im Vollzug seines anderen, das er – erkennend oder wollend – erfaßt, verwirklicht der endliche Geist sich selbst in seinem Wesen. Er bewegt sich in der Dialektik zwischen sich selbst und dem anderen, er vollzieht sich notwendig in der Zweiheit von *Subjekt und Objekt.* Das bedeutet nicht ein „reines", zuvor objektlos in sich verschlossenes Subjekt gegenüber einem ebenso „reinen", subjektfrei gedachten Objekt. Insofern ist es richtig, wie in der neueren Philosophie – Phänomenologie und Hermeneutik – immer wieder betont wird, daß der neuzeitliche Gegensatz von Subjekt und Objekt grundsätzlich überwunden oder zu überwinden ist. Doch bleibt der grundlegende Unterschied zwischen „mir" und dem „anderen" bestehen. Er ist eine unaufhebbare Grunderfahrung unseres Selbstvollzugs, die hier aber in ihrer metaphysischen Notwendigkeit einsichtig wird. Nur in meinem anderen kann ich mich selbst geistig vollziehen. Wissen um mich und Wissen

um das andere, Selbstbewußtsein und Gegenstandsbewußtsein, Selbstvollzug und Gegenstandsvollzug bilden notwendig eine, wenn auch dialektische Einheit.
Wenn aber der endliche Geist sich selbst in seinem anderen vollzieht, so setzt er – im aktuellen Vollzug – eine *Identität von Subjekt und Objekt.* So ist im identischen Akt des Wissens die Zweiheit von Wissendem und Gewußtem – von Subjekt und Objekt – gesetzt; daß dies in seiner Weise auch vom Akt des Wollens, somit von jedem bewußten, geistigen Akt gilt, wird sich noch zeigen. Wenn aber im Aktvollzug eine Identität von Subjekt und Objekt gesetzt wird, so bedeutet das eine Identität „im Vollzug", nicht eine Identität „an sich". Die reale Differenz, die zwischen Subjekt und Objekt „an sich", d. h. in ihrem jeweils realen Sein, besteht, ist dadurch nicht aufgehoben. Sie ist vielmehr vorausgesetzt; sonst wäre es nicht mehr ein Vollzug meiner selbst in meinem anderen. Dennoch wird im Vollzug des Subjekts eine Identität gesetzt; Subjekt und Objekt werden zu Momenten des einen identischen Aktvollzugs. Wenn aber diese Identität im Vollzug die Differenz an sich nicht aufhebt, sondern bestehen läßt und voraussetzt, so kann der Vollzug selbst entweder im Subjekt oder im Objekt gesetzt werden, d. h. entweder in der Immanenz des Subjekts an sich oder in der Transzendenz auf das Objekt an sich. Der Vollzug ist eine Bewegung, ein aktuelles Geschehen, das entweder im Subjekt selbst oder in seinem Objekt sein Ziel, seine Vollendung erreicht. In diesem Sinn intendiert der Vollzug entweder die Immanenz des Subjekts oder die Transzendenz auf das Objekt. In diesem Entweder-Oder gründet die Zweiheit von *Wissen und Wollen.* Warum und in welchem Sinn?[23]

Wird der Aktvollzug der Identität von Subjekt und Objekt in der Immanenz des Subjekts gesetzt, so ist es ein Vollzug des Subjekts in seinem Objekt, insofern dieses im Subjekt selbst gesetzt ist. Das Objekt ist aber „im Subjekt" gesetzt nicht als Objekt „an sich", d. h. in seinem eigenen realen Sein, sondern als Objekt „im Vollzug", d. h. so, daß es in den aktuellen Vollzug des Subjekts aufgenommen wird, in ihm gegenwärtig wird. Nun ist dieser Vollzug aber ein geistiger, also sich selbst gelichteter, sich selbst bewußter Vollzug. Das Objekt geht also in den sich wissenden, sich selbst gelichteten Vollzug des Subjekts ein. Es wird im Licht des Bewußtseins gesetzt: als ein dem Subjekt bewußtes, vom Subjekt gewußtes Objekt. Ein solcher Vollzug bedeutet *Wissen* – geistige Erkenntnis. Es ist ein Vollzug, in dem das Subjekt in sich selbst sein anderes als Gewußtes setzt. Das Objekt ist hier nicht in seinem „An-sich-Sein", sondern in seinem „Für-mich-Sein" präsent, nicht in seinem realen Sein, sondern in seiner mir bewußt werdenden Formbestimmtheit, die jedoch nicht zur formalen Bestimmung des Subjekts selbst wird, sondern als formale Bestimmung eines anderen im Wissen des Subjekts gegenwärtig ist: als „forma alterius ut alterius", wie *Thomas* sagt.
Wird hingegen der Vollzug der Identität von Subjekt und Objekt nicht im Subjekt, sondern im Objekt gesetzt, d. h. genauer: nicht in der Immanenz des Subjekts, sondern in der Transzendenz auf das Objekt, so ist dies ein Aktvollzug des Subjekts in seinem Objekt, insofern dieses nicht „im Vollzug" des Subjekts, sondern „an sich" selbst gesetzt ist. Auch hier wird die reale Differenz von Subjekt und Objekt nicht aufgehoben. Sie bleibt bestehen und wird vorausgesetzt; sonst wäre es nicht mehr ein Vollzug meiner selbst in meinem anderen. Das Objekt an sich steht also dem Subjekt als real

anderes gegenüber. Insofern hier eine Identität von Subjekt und Objekt vollzogen wird, so ist es nicht eigentlich ein Vollzug des Subjekts „in“ seinem Objekt, sondern ein Vollzug „auf“ sein Objekt „hin“. Es wird nie eine reale Identität erreicht, welche den Vollzug meiner selbst in meinem anderen aufhöbe. Wohl aber ist es eine reale Bewegung des Strebens auf das andere hin, um mit ihm eins zu werden, ohne jedoch die Differenz aufheben und die Identität mit dem anderen vollenden zu können. Es ist aber eine Bewegung des Strebens auf das andere zu, sofern dieses „an sich“ selbst gesetzt ist, also ein Streben nach seinem eigenen Sein, seinem eigenen Seins- und Wertgehalt, der die Bewegung des Strebens erweckt. Es ist der Vollzug einer sich selbst übersteigenden Hingabe des Subjekts an sein anderes, einer den Seinswert des anderen bejahenden Bewegung des Strebens nach dem anderen um seiner selbst willen, und das heißt *Wollen.* Weil aber dieser Vollzug ein geistiger, also nicht nur von geistiger Erkenntnis geleiteter, sondern auch in sich selbst gelichteter Vollzug ist, in dem das Subjekt bei sich selbst ist und sich selbst in seinem Wesen verwirklicht, so bedeutet die Hingabe an das andere nicht eine Selbstpreisgabe, ein Sich-Verlieren an das andere, sondern eine Selbstverwirklichung im Hinausgehen über sich selbst zum anderen.

c) Die Funktion des Wissens

Aus dieser metaphysischen Überlegung ergeben sich einige für unsere Frage wichtigen Folgerungen. Die erste betrifft das Wesen und die *Funktion des Wissens.* Bei Kant und Fichte war der Primat des Praktischen darin begründet, daß dem theoretischen Wissen Grenzen gesetzt sind, welche das praktisch-sittliche Wollen freigeben; die Grenze des Wissens wird zur Vermittlung des Wollens. Nun besteht aber keine derart grundsätzliche Grenze des Wissens. Zwar ist unsere Erkenntnis bezüglich des einzelnen konkreten Inhalts immer begrenzt, aber sie vollzieht sich doch immer schon im Horizont des Seins, greift also ihrem Wesen nach auf alles schlechthin aus, was ist. Hinsichtlich seines Gegenstandsbereichs hat das Wissen keine Grenze, die das Wollen erst vermitteln und in seine Freiheit entlassen könnte. Wohl aber hat das Wissen eine wesenhafte Grenze, insofern es ein Vollzug des Geistes in seinem anderen ist, also eine Identität von Subjekt und Objekt vollzieht. Diese Identität bleibt im bloßen Wissen auf die Immanenz des Subjekts beschränkt. Der Vollzug des Geistes in seinem anderen kommt noch nicht zur Vollendung. Das Wissen setzt die Identität von Subjekt und Objekt nur, insofern das Objekt im Subjekt präsent wird, nicht aber insofern es an sich selbst gesetzt ist. Das Objekt wird nicht in seinem realen, sondern nur in seinem intentionalen Sein vollzogen. In der Erkenntnis kommt demnach nicht eine reale, sondern nur eine intentionale Einheit von Subjekt und Objekt zustande. Wie aber das Intentionale über sich selbst hinausweist auf die Sache selbst, so weist auch die intentionale Identität mit dem Gegenstand über sich hinaus und ruft das Streben nach realer Identität hervor, die im Wollen geschieht. Der Vollzug des endlichen Geistes in seinem anderen ist daher im theoretischen Element des Wissens noch nicht vollendet und diese Grenze des Wissens vermittelt das Wollen, das über die Grenze hinausgeht und die Identität von Subjekt und Objekt an sich erst verwirklichen, den Vollzug des Geistes in seinem anderen erst zur Vollendung bringen „will“.

Daraus folgt, daß Erkennen wesentlich auf Streben, Wissen auf Wollen bezogen ist und das Wollen vermittelt. Das heißt weiter, daß Erkennen als solches, Wissen als solches gar nicht eine letzte, in sich ruhende und abgeschlossene, allein sich selbst sinngebende Größe ist. Vielmehr hat es eine wesentlich über sich selbst hinausweisende, *vermittelnde Funktion.* Die erkannte Wahrheit muß im freien Entschluß und Einsatz des Wollens bejaht und verwirklicht werden. Daher kann es gar nicht sinnvoll so etwas geben wie Wissen um des Wissens willen, auch nicht Wissenschaft allein um der Wissenschaft willen im Sinne eines „l'art pour l'art". Vielmehr sind Wissen und Wissenschaft wesentlich eingeordnet in den gesamtmenschlichen Selbstvollzug, der sich erst im freien Einsatz des Wollens vollendet.

Dasselbe bestätigt sich auch durch den Glauben im religiösen Sinn. Glaube bedeutet nicht nur Erkenntnis, also Wissen, wenn auch von den höchsten Inhalten, der geoffenbarten Heilswahrheit. Man kann das wissen, nämlich rein theoretisch zur Kenntnis nehmen. Aber dies ist noch kein Glaube, weil dieser die gesamtmenschliche, freie und personale Stellungnahme erfordert. Die freie Stellungnahme vollendet sich jedoch erst im praktischen Vollzug, im „Tun der Wahrheit", im „Wandel in der Wahrheit" – auch hier ist Erkenntnis Vermittlung des Wollens und Handelns.

Wenn aber der Erkenntnis als solcher eine vermittelnde Funktion zukommt, so muß – um gängige Mißverständnisse auszuschließen – ebenso betont werden, daß die Erkenntnis diese Funktion nur erfüllen kann, wenn sie Erkenntnis bleibt, wenn Wissen eben Wissen bleibt, das allein auf die Sache bezogen, allein der sachlichen Wahrheit verpflichtet bleibt. Auch Wissenschaft kann ihre Funktion im Ganzen der Gesellschaft nur erfüllen, wenn sie Wissenschft bleibt, die allein mit dem Blick auf ihre Sache der Wahrheit verpflichtet ist und sich durch keinerlei sachfremde Motivierung oder Ideologisierung beirren läßt. Sicher kann wissenschaftliche Forschung praktisch motiviert sein, wenn sie das Ziel hat, nützliche Erkenntnisse zu erbringen. Das folgt schon aus der „vermittelnden" Funktion des Wissens. Auch ist die Wahl, in dieser Wissenschaft und dieser bestimmten Forschungsrichtung zu arbeiten, schon eine praktische Entscheidung, die aber der eigentlichen methodisch wissenschaftlichen Forschung noch vorausliegt. Diese selbst hat allein die Sache zu erforschen, allein die Sache sprechen zu lassen. Nur aus dieser Haltung kann Wissenschaft sachliche Erkenntnis einbringen, die dem Wohl der Menschen und der Gesellschaft dient. In diesem Sinn hat auch sie – wie jedes Wissen – eine wesentlich vermittelnde Funktion und weist über sich hinaus auf das praktische Element des Wollens und Handelns. Daher trägt auch die Wissenschaft praktisch-sittliche Verantwortung – obwohl die Frage, wie theoretische Erkenntnisse praktisch eingesetzt und angewendet werden, nicht mehr im Bereich der Einzelwissenschaft liegt und mit ihren Methoden nicht ausgemacht werden kann. Dazu sind praktische, oft auch politische Entscheidungen erfordert, die nicht mehr Sache reiner Erkenntnis, sondern Sache freien Wollens und Handelns sind.

d) Wollen und Handeln

Wir müssen daher weiterfragen nach der Eigenart und Wesensstruktur des Wollens. Schon in der Analyse des sittlichen Handelns hat sich ein Gegensatz zwischen der traditionell vorwiegenden Auffassung des Wollens als „Wertergreifung" oder Wertaneignung „für mich" und dem Aspekt der „Wertbeantwortung" des Wertes „an sich" ergeben, der von der neueren Wertphänomenologie aufgezeigt wurde. Was dort vom Phänomen her in den Blick gekommen ist, enthüllt sich nun in seiner tieferen metaphysischen Struktur. Wenn das Wollen der Vollzug des Geistes in seinem anderen, des Subjekts in seinem Objekt ist, und zwar insofern dieses „an sich selbst" gesetzt ist, so bedeutet das eine Bewegung auf den mir vorgegebenen, mir begegnenden Wert hin, der nicht um meinetwillen, sondern um seinetwillen, d. h. wegen seines ihm eigenen Seins- und Wertgehalts, bejaht und angestrebt wird. Es ist die Bewegung einer Selbsttranszendenz, die – dem reinen Wesen des Wollens entsprechend – durchaus die Struktur einer Beantwortung und Bejahung des Wertes „an sich", nicht aber einer Ergreifung und Aneignung des Wertes „für mich" offenbart. Zur Wertergreifung wird das Wollen erst dort, wo es sich um *relative* Werte wie des Angenehmen, des praktisch Nützlichen usw. handelt, d. h. um solche, die ihrem eigenen Wertcharakter nach auf das Subjekt zurückbezogen sind. In dem, was sie „an sich" sind, können sie gar nicht anders bejaht und gewollt werden als im Vollzug dieses Rückbezugs, den solche Werte „für mich" haben. Sie sind „an sich" schon „für mich" da, weil ihre Wertqualität selbst relativ ist.

Dem Wertbereich des geistig-personalen Seins kommt dagegen eine Absolutheit zu, wie sie dem unterpersonalen Wesen nicht eigen ist. Der endliche Geist ist auf das Absolute bezogen, er vollzieht sich selbst im Horizont des Absoluten. Durch diese Transzendenz ist er in seinem Wesen bestimmt und dadurch besitzt er selbst eine *absolute,* durch nichts relativierbare Werthaftigkeit. Der Absolutheit des geistig-personalen Seins entspricht eine absolute Wertantwortung der Bejahung und Anerkennung des Wertes um seiner selbst willen, d. h. im letzten: die Antwort personaler Liebe, die nicht sich selbst sucht, sondern allein den anderen um dessen selbst willen bejaht und selbstvergessend sich dem anderen schenkt. Hier zeigt sich, daß die metaphysische Grundstruktur des Wollens am reinsten in personaler Liebe verwirklicht wird, weil nur dort, gegenüber dem Absolutwert der Person, der reine Gestus der sich selbst übersteigenden, sich selbst vergessenden Hingabe an anderes um seiner selbst willen möglich und sinnvoll ist.

Trotzdem bleibt bestehen, daß der Aspekt der Wertergreifung, also der wesensgemäßen Selbstverwirklichung und -vervollkommnung durch den erstrebten Wert, in allem endlichen Streben und Wollen seine Gültigkeit behält. Ich kann die Wertantwort der Hingabe an einen objektiven Wert um seiner selbst willen als sittlich-personales Verhalten, d. h. ohne Preisgabe des eigenen personalen Selbstwertes, nur vollziehen, weil und insofern diese Bewegung in der Dimension der mir eigenen Selbst- und Wertverwirklichung liegt. Im subjektiven Vollzug der sich selbst übersteigenden Wertantwort und Werthingabe geschieht also auch und zugleich objektiv eine Wertbereicherung und -verwirklichung des Subjekts. Umgekehrt kommt aber objektiv die sittlich-personale Wertverwirklichung nur zustande, wenn im subjektiven Vollzug die reine, sich selbst vergessende und verschenkende Hingabe an das andere – oder besser: den anderen – um seiner selbst willen geschieht.

Hier zeigt sich eine Dialektik, die im Wesen des Menschen als eines endlichen Geistes gründet. Alles Wirken eines endlichen Seienden bedeutet ein Hinausgehen über sich selbst, ein Sprengen der Grenzen des eigenen Wesens in der Setzung einer neuen Seinswirklichkeit. Dem Wirken des endlichen Geistes ist es eigen, diese Selbsttranszendenz bewußt und frei – im Horizont des Seins – zu vollziehen, d. h. die Wesensdynamik alles Endlichen „selbst" zu vollziehen. Der Mensch „ist" *Transzendenz.* Nur im Übersteigen seiner selbst, im Hinausgehen über sich selbst, in der Hingabe seiner selbst an das andere vollzieht der Mensch sein eigenes und eigentliches Selbstsein. Je mehr er sich selbst transzendiert, desto mehr aktuiert er sein eigenes Wesen. Je mehr er sich hingibt, ohne sich selbst zu suchen, desto mehr findet er sich selbst in der Verwirklichung seiner höchsten Möglichkeit. Diese schon philosophisch aufweisbare Struktur entspricht genau der biblischen Aussage: „Wer sein Leben retten will, wird es verlieren; wer aber sein Leben um meinetwillen verliert, wird es gewinnen" (Mt 16,25 u. ö.). Das hat seinen letzten Grund in der wesenhaften Transzendenz des endlichen Geistes auf die Unendlichkeit Gottes; es geschieht aber analog schon in jedem Wollen, das eine Wertantwort gibt, vor allem gegenüber dem personalen Absolutwert, der uns im anderen Menschen begegnet.

Noch eine letzte Folgerung ist hier erfordert. Wir haben aus dem Wesen des endlichen Geistes als seine Vollzugsweisen Wissen und Wollen aufgezeigt. Daraus ergibt sich, daß es grundsätzlich nur diese beiden Grunddimensionen des menschlichen Selbstvollzugs gibt: Erkennen und Streben, auf geistiger Ebene: Wissen und Wollen. Wird dadurch das Menschsein nicht immer noch verkürzt? Wird dabei das *Gefühl,* somit der ganze Bereich affektiven oder emotionalen Lebens, vergessen oder unterdrückt? Dazu sei hier nur gesagt: Daß das Gefühl, das Gemüt oder – wie *Pascal* sagt – das „Herz" eine zentrale Rolle im gesamtmenschlichen Leben spielt, soll keineswegs geleugnet werden. Doch ist es, strenggenommen, nicht eine dritte Dimension des Selbstvollzugs, die gleichwertig neben dem Wissen und Wollen steht, sondern von ganz anderer Art. Einerseits kann das, was man vielfach – in einem recht unbestimmten Sinn – als „Fühlen" bezeichnet, teils auf Erkenntnis, nämlich als unklare, mehr ahnungsweise, nicht rational begründbare Erkenntnis, teils auf das Streben zurückgeführt werden, sofern damit eine spontane Tendenz, eine Zuneigung oder Abneigung, also eine Strebebewegung gemeint ist, die dem freien Wollen noch vorausgeht. Anderseits ist das, was Gefühl im eigentlichen Sinne meint, das Mitschwingen der personalen Ganzheit, eine Resonanz der gesamten leiblichen und geistigen Einheit des Menschen. Eine Erkenntnis oder Einsicht, ein Erlebnis oder ein Schicksal, auch eine eigene schwerwiegende Entscheidung – alles, was meine ganze Existenz betrifft, kann ein derartiges *Mitschwingen der Ganzheit* meines Menschseins auslösen, das wir als Gefühl erfahren. Worauf ein derart affektives Mitschwingen der Ganzheit besonders anspricht, auf welche Weise und in welcher Stimmung es geschieht, kann sehr verschieden sein. Daran zeigt sich die besondere Eigenart der Persönlichkeitsstruktur, hier liegen die Unterschiede von Temperament und Charakter. Daher ist es zum psychologischen Verständnis der Menschen von großer Bedeutung. Diese Bedeutung ist aber gerade darin begründet, daß das Gefühl nicht eine andere, wesenseigene Vollzugsweise neben Wissen und Wollen ist, sondern ein Geschehen, in dem die wesenhafte Einheit und Ganzheit des Menschseins mehr als anderswo offenbar wird. Daher weist gerade dieses menschlich so zentrale Phänomen auf die Wesenseinheit des Menschen hin, die wir im folgenden in ihrer inneren Konstitution zu ergründen haben.

III. Das Wesen des Menschen

1. DIE FRAGE NACH DEM WESEN

Wir haben bisher den Menschen zu erfassen versucht, zuerst von den äußeren Phänomenen her: wie er in der Welt erscheint und sich zur Welt verhält, sodann in einer inneren Reflexion: wie er sich in seinem bewußten, geistigen Selbstvollzug erfährt, und wir haben diesen auf seine Grundstruktur zurückgeführt, in der sich bereits Wesensdimensionen geistigen Seins und Wirkens erschlossen haben.

a) Der Sinn der Wesensfrage

Wir müssen jetzt einen Schritt tiefer dringen und nach dem Wesen des Menschen fragen, insofern es dem Selbstvollzug noch bedingend und begründend vorausliegt. Zuvor muß aber der *Sinn der Frage* nach dem Wesen genauer bestimmt werden. Es geht hier nicht nur um die Frage nach einer „Definition". Man kann den Menschen sehr verschieden definieren und damit jeweils einen gültigen Aspekt nennen. Definition bedeutet „Abgrenzung". Sie gibt bestimmte Merkmale eines Dinges an, durch welche es eindeutig zu erkennen und von allem anderen unterschieden oder unterscheidbar ist. Viele Dinge können nur auf solche Weise definiert werden, nämlich in einer „beschreibenden Definition" (definitio descriptiva), die sich an äußere Merkmale hält, ohne das Wesen in seinen konstitutiven Elementen ergründen zu wollen. So könnte auch der Mensch schon biologisch oder morphologisch in Abhebung von allen anderen Lebewesen definiert werden. Man könnte ihn weiter beschreiben als handelndes Wesen, als sprachliches und geschichtliches Wesen, als Kulturwesen, als den Schöpfer von Kunst, Wissenschaft, Technik usw. Dies alles sind Merkmale, die allein dem Menschen zukommen und ihn hinreichend von allen anderen Dingen unterscheiden. Doch bleibt die Frage, ob damit dasjenige erreicht wird, was den Menschen eigentlich und ursprünglich konstituiert, so daß die übrigen Merkmale, auch die eigenen geistig-kulturellen Leistungen des Menschen daraus erklärt werden können. Die ontologisch konstitutiven Elemente versucht eine „Wesensdefinition" (definitio esentialis) zu erfassen und auf eine klare Formel zu bringen, die nur das Wesentliche nennt und von Unwesentlichem absieht. In diesem Sinn war die klassische Definition des Menschen gemeint, die auf Aristoteles zurückkehrt und sich in der gesamten Tradition durchhält: „homo est animal rationale".[1] Ob sie mit der Angabe von „genus" (animal) und „differentia specifica" (rationale) sehr zutreffend formuliert ist, steht hier nicht zur Frage. Doch ist im Grunde dasselbe gemeint, wenn man sagt, der Mensch sei „Geist in Leib" oder „Geist in Welt"[2] usw. Bei jeder derartigen Kurzformel einer Definition kommt es darauf an, wie sie gemeint ist, wie die genannten Elemente verstanden und aufgewiesen werden, wie sie sich zueinander verhalten und wie sie in die Wesenskonstitution des einen Menschen eingehen. Eine definitiorische Kurzformulierung kann nur auf ihrem Hintergrund einer philosophischen Wesensergründung richtig verstanden werden, die in der Definition ihren Niederschlag findet.

Wenn es aber um die Erschließung und Ergründung des menschlichen Wesens geht, so stellt sich weiter die Frage nach dem *Sinn des Wesens:* Was ist damit gemeint und wie können wir es erreichen? Unter „Wesen" im weitesten Sinn kann man das verstehen, „was" etwas ist, also die Washeit oder das Sosein. Dies umfaßt jedoch auch alle kontingenten und sekundären, individuellen und wandelbaren Eigenschaften eines Dinges, in unserem Fall des Menschen. Es verlangt also eine breiteste Beschreibung der Erscheinungs- und Entfaltungsweisen des Menschen, ohne dasjenige zu erreichen, was den Menschen überhaupt allererst zum Menschen macht, sein Menschsein ausmacht. In diesem engeren, philosophisch strengeren Sinn bedeutet das Wesen dasjenige, *wodurch* etwas ist, was es ist. Es ist also die Frage nach dem inneren Grund oder Prinzip der Washeit oder des Soseins. Es ist die Frage, wodurch der Mensch als Mensch ontologisch konstituiert ist. In diesem Sinne stellen wir die Frage nach dem Wesen des Menschen.

Doch erhebt sich hier von neuem ein Problem: Ist das Wesen des Menschen überhaupt jemals so definitiv vorgegeben, daß man es eindeutig erfassen könnte? Was Menschsein heißt, ist nicht festgelegt. Der Mensch muß sich selbst verwirklichen, er muß sein eigenes Wesen in Freiheit entfalten. Das gilt vom Werden, Wachsen und Wirken des einzelnen. Es gilt auch vom Werden und Wandel der Menschheit in der Geschichte, von der Entfaltung geschichtlicher Kulturen, also von einer vieldimensionalen Verwirklichung des Menschseins, die das Wesen des Menschen erst offenbaren kann. Dies zeigt, daß das „Wesen" immer noch – auch konstitutiv verstanden – eine seltsam fließende Größe ist. Man kann sie nicht allein *statisch* betrachten, sondern muß sie *dynamisch* begreifen. Dies betrifft nicht nur den Menschen, sondern alles, was sich selbsttätig entfaltet und verwirklicht. Hier bedeutet das Wesen einerseits die Minimalstruktur eines Seienden dieser Art, d. h. dasjenige, was mindestens erfordert ist, daß ein Seiendes dieses Wesens besteht. Doch niemand wird einem Embryo oder einem Neugeborenen zusprechen, daß in ihm das Wesen des Menschen schon voll verwirklicht ist und sich voll offenbart. Das Wesen kommt erst zur Entfaltung im eigenen Bewußtsein, im Einsatz eigener Freiheit, in der Verwirklichung menschlicher Möglichkeiten, in geistig-sittlicher Entfaltung, in geschichtlich-kulturellen Leistungen. Erst daraus wird deutlich, was Menschsein eigentlich heißt. Erst dies offenbart das Wesen des Menschen. Erst von hier aus wird die Frage sinnvoll möglich, was all dem als konstitutives Wesen des Menschen zugrunde liegt. Das zeigt aber, daß man das Wesen des Menschen nicht nur statisch als Minimalstruktur verstehen kann, sondern darüber hinaus dynamisch als das Prinzip einer „wesensgemäßen" Vollverwirklichung und Vollentfaltung begreifen muß. Dasjenige also, was den Menschen als solchen in seinem ontologischen Grundbestand konstituiert, ist zugleich Prinzip aktiver Selbstentfaltung. Weil daher das Wesen des Menschen erst aus seiner lebendigen Verwirklichung erschlossen werden kann, diese Verwirklichung aber geschichtlich sich ereignet und nie zu einem endgültigen Abschluß kommt, bleibt jede Wesenserschließung des Menschen an seine geschichtliche Erscheinung und Entfaltung zurückgebunden. Das geschichtliche Element kann nicht aufgehoben werden in ein übergeschichtlich „reines" Wesen des Menschen. Trotzdem halten sich in der Geschichte gewisse Konstanten des Menschseins durch. Schon die Aussage, daß der Mensch ein geschichtliches Wesen ist, betrifft etwas, das sich im geschichtlichen Wandel durchhält, unabhängig davon, ob und wie weit sich Menschen verschiedener Epochen und Kulturen ihrer Geschichtlichkeit bewußt waren. Es setzt voraus, daß der Mensch aller Zeiten als leibliches, in Raum und Zeit lebendes Wesen bewußt und erkennend, frei wollend und handelnd seine Welt gestaltet und sich selbst entfaltet. Dieses Ganze muß danach befragt werden, was das Wesen „Mensch" als solches ursprünglich konstituiert.

b) Die ontologische Konstitution

Es geht um die *ontologische Konstitution* des Menschen. Die Erscheinungs- und Wirkweisen des Menschen müssen auf ihren inneren Grund zurückgeführt und von da her begriffen werden. Was heißt das und wie ist es möglich? Dazu eine allgemeinere Überlegung: In der äußeren Erfahrung erfassen wir Dinge der Natur und der Kultur als „Sinngestalten", die wir „verstehen" als das, was sie sind. Nun ist aber die Frage nach dem Grund die Grundfrage aller Philosophie. Daher stellt sich die Frage, „wodurch" etwas gerade das ist, was es ist. Wenn – etwa aristotelisch – die Sinngestalt des Dinges auf eine Wesensform (morphé) zurückgeführt wird, so ist damit nicht wieder ein Ding, sondern ein innerlich konstitutives, nicht dinghaft gegenständliches Prinzip des Dinges gemeint, wodurch es in seiner Wesenheit bestimmt ist. Nun offenbaren die Dinge, besonders die Lebewesen, vor allem in der jeweiligen Art ihres Wirkens ihre besondere Wesensart. Wenn man daher von einem Lebensprinzip spricht, dem die wesenseigene Art lebendigen Wirkens entspringt, so ist damit wieder – und erst recht – nicht ein geheimnisvolles Ding gemeint, sondern ein rein metaphysisches Prinzip nicht dinghafter, nicht gegenständlicher Art, das aber als innerer Grund der spezifischen Weise des Lebens und Wirkens vorausgesetzt werden muß. Man kann dieses innere Prinzip nicht anders – „in sich selbst" – erfassen und bestimmen, als nur insofern es den notwendigen Erklärungsgrund des realen Lebensgeschehens ausmacht. Man kann es nicht unmittelbar in sich selbst erreichen, weil es gar nicht als etwas anderes in sich selbst besteht, sondern nur *als* inneres Prinzip des Lebewesens und seines Lebensgeschehens. Man kann deshalb darüber auch keine anderen Aussagen machen, als daß es der innere Grund dessen ist, was eine entsprechende Begründung verlangt. Man kann es nur in seiner realen Funktion am Seienden erfassen und von daher bestimmen.

Ähnlich ist es in der Frage nach dem Wesen des Menschen. Auch dieses offenbart sich in der spezifischen Art menschlichen Wirkens, das sich von den Wirkweisen anderer Dinge und Lebewesen grundlegend unterscheidet. Der wesentliche Unterschied liegt darin, daß es sich hier um unseren eigenen bewußten Selbstvollzug handelt, den wir selbst setzen und selbst erfahren. Hier ist uns eine Innenschau gegeben, wie sie uns anderswo verwehrt ist. Wenn wir nun von diesem Selbstvollzug, dessen Eigenart und Grundstruktur wir bereits aufgezeigt haben, zurückfragen nach der Wesenskonstitution des Menschen, so wird die allgemein metaphysische Frage nach dem inneren Grund hier zur *transzendentalen Frage*, nämlich nach dem apriorischen Grund unseres eigenen bewußten und freien Vollzugs des menschlichen Daseins. Auch hier geht es um den inneren Grund oder – mit Kant zu sprechen – um die Bedingung der Möglichkeit des realen, im Bewußtsein gegebenen Phänomens. Es geht um dasjenige, was notwendig vorausgesetzt ist, wenn das Phänomen möglich sein soll. Nun ist dieses Phänomen – in unserem Fall: das bewußte Geschehen unseres Wissens und Wollens usw. – wirklich gesetzt und wird als wirklich erfahren. Also muß auch seine notwendige Bedingung erfüllt sein; ein entsprechender Grund, ein inneres Prinzip dieses Geschehens ist notwendig vorausgesetzt.

Daraus folgt aber, daß wir davon nur rein transzendental sprechen können. Das gilt schon von *„Vermögen"* wie dem Verstand oder dem Willen des Menschen. Die Wirklichkeit der Akte des Erkennens und Urteilens wie des Strebens und Wollens setzt als Bedingung ihrer Möglichkeit die vorgängige Fähigkeit voraus, solche Akte zu setzen. Diese Vermögen oder Fähigkeiten dürfen aber nicht verselbständigt und vergegenständlicht werden, als wären sie für sich bestehende Dinge. Sie sind nur Bedingungen der Möglichkeit entsprechender Akte und können nur vom aktuellen Geschehen her erreicht werden.

Erst recht gilt das, wenn man vom *„Geist"* des Menschen spricht. Wir erfahren uns selbst in bewußten Akten, die wir, insofern sie die Sphäre materiellen Seins übersteigen und sich in einem grundsätzlich unbegrenzten Horizont bewegen, als „geistige" Akte bezeichnen. Sie setzen als Bedingung ihrer Möglichkeit nicht nur die jeweils entsprechende Fähigkeit wie Verstand und Willen voraus, sondern auch einen letzten Einheitspunkt und Ursprungsgrund, der die Einheit des Bewußtseins in der Vielheit seiner Akte bedingt. Man kann das Gemeinte gar nicht anders in seinem Wesen bestimmen als von dem her, dessen Grund es ist und das dadurch erklärt werden soll. Es ist ein metaphysisches Prinzip, das nicht selbständig und gegenständlich besteht, sondern nur innerlich konstitutives Prinzip des Bewußtseinsgeschehens ist.

Dasselbe gilt nochmals, wenn man das ganze menschliche Sein, Leben und Bewußtseinsgeschehen auf ein inneres Prinzip zurückführt, das die Einheit und Ganzheit des Menschen bedingt und das wir *„Seele"* nennen. Es ist kein Ding, es kann nicht verselbständigt und vergegenständlicht werden. Es kann nur als transzendental-ontologische Bedingung des realen, vielfach differenzierten und doch wieder zur Einheit zentrierten menschlichen Daseins erreicht und aufgewiesen werden. Es erfordert einen inneren Grund, der die Einheit und Ganzheit des Menschseins konstituiert.

Schon daraus wird deutlich, daß die transzendentale Frage auf einen ontologischen Grund hinzuführen und von daher zu beantworten ist. Wir nehmen die transzendentale Reflexion auf Bedingungen der Möglichkeit des Bewußtseinsgeschehens auf, gehen darin aber über Kant (und jede reine Transzendentalphilosophie) hinaus. Wir erfahren uns in einem realen Geschehen, einem realen und aktuellen Selbstvollzug. Bedingung seiner Möglichkeit kann nur ein real-ontologischer Grund in der wirklich bestehenden und vorgegebenen Wesensverfassung des Menschen sein, die – in diesem Sinn: transzendental-ontologisch – ergründet werden soll.

Dies sollen jedoch – vorläufig – nur methodische Hinweise sein, die das Problem in das richtige Licht stellen wollen. Sonst wird die Frage nach dem Wesen des Menschen verfehlt gestellt und seine Beantwortung von vornherein verbaut. Um das Problem aber voller in den Blick zu bekommen, müssen wir zuvor auf die Grundzüge seiner Geschichte im philosophischen Denken eingehen.

2. DAS LEIB-SEELE-PROBLEM

Die Frage nach dem Wesen und der Wesenskonstitution des Menschen schlägt sich geistesgeschichtlich im „Leib-Seele-Problem" nieder. Man sagt, der Mensch „habe" Leib und Seele, er „bestehe aus" Leib und Seele. Es bleibt die Frage, was mit „Leib" und was mit „Seele" gemeint ist, wie sie sich zueinander verhalten.

a) Zur Problemgeschichte

Wenn wir zuerst einen Blick in die *Geschichte* der Menschheit werfen, so fällt doch auf, daß immer schon, zu allen Zeiten und in allen Kulturen, eine gewisse Zweiheit oder Zweidimensionalität zum Bewußtsein kommt, die wir mit den Worten Leib und Seele bezeichnen können, so verschieden sie auch mythologisch oder ideologisch ausgelegt werden mag. Denken wir an die uralten Vorstellungen von Seelenwanderung und Wiedergeburten, von einem – wie immer gedachten – Fortleben nach dem leiblichen Tod, zum Ausdruck gebracht z. B. in den Gräberstätten der alten Ägypter und Etrusker; die Wohnungen der Sterblichen sind verfallen, aber die Grabmäler der Verstorbenen sind wie für die Ewigkeit gebaut. Denken wir auch an die frühgriechische, wie es scheint, aus der Orphik stammende Lehre von „soma" und „sema", vom Leib als dem Grab der Seele oder auch als der Fessel, dem Kerker der Seele, die eigentlich einer ganz anderen, nämlich rein geistigen Seinsweise angehört, nur vorübergehend in diesen irdischen Leib verbannt ist und sich wieder daraus zu befreien hat. Denken wir auch an Totenkult und Ahnenverehrung, z. B. in der griechisch-römischen Antike, aber auch in afrikanischen und fernöstlichen Kulturen, also den Glauben, daß die Seelen der Verstorbenen weiterleben und als gute oder auch als böse Geister wirkend gegenwärtig sind. In all diesen Auffassungen drückt sich der Gedanke aus, daß es eine Dimension des menschlichen Daseins gibt, die nicht identisch ist mit dem materiellen Körper, auch nicht mit dem organischen Leben, deshalb mit dem leiblichen Tod nicht stirbt, nicht untergehen kann, sondern irgendwie fortlebt und fortwirkt – bis zur christlichen Heilsbotschaft von der Auferstehung und dem ewigen Leben.
Solche und andere, in der Geschichte verbreitete Überzeugungen entstammen menschlichen Grunderfahrungen, vor allem der Erfahrung von Leben und Tod. Es besteht ein wesentlicher Unterschied zwischen einem lebendigen Organismus und einem unlebendigen Körper, auch zwischen dem lebendigen Leib eines Menschen und dem Leichnam eines Verstorbenen, der zwar auch noch aus organischer Materie besteht, aber nicht mehr lebt, sondern tot ist. Es muß also etwas geben, das über den materiellen Körper hinaus Leben als solches bedingt und bewirkt. Dazu kommt die allgemein menschliche, uns alle betreffende Einsicht, daß alles Leben auf Erden sterblich ist, daß auch alle Menschen sterblich sind, mögen sie uns noch so lieb sein und nahestehen, daß auch ich selbst mit allem, was mein Leben erfüllt und bewegt, ihm Sinn und Inhalt gibt, sterblich bin und dem sicheren Tod entgegengehe. Ist damit alles zu Ende? Dagegen erhebt sich so etwas wie eine existenzielle Auflehnung, nicht nur aus Angst vor dem Tod, die wir alle teilen, auch nicht aus leerer Utopie oder Illusion, sondern aus der personalen Erfahrung seelisch-geistigen Lebens. Bewußtsein, Erkenntnis des Wahren, Erstreben

und Wollen des Guten, Erleben und Gestalten des Schönen, echte Liebe und sittliches Handeln, auch in selbstlosem Einsatz und, all dem vorausliegend und darin sich ausdrückend, der einmalig personale Wert des Menschen – dies alles wird als etwas erfahren, das nicht mit der materiellen Wirklichkeit, auch nicht mit dem organischen Leben zusammenfällt und nicht allein von daher erklärbar ist, sondern als etwas ganz anderes einer höheren Dimension der Wirklichkeit angehört.

b) Griechisches Denken

Die philosophische Reflexion auf das Verhältnis zwischen Leib und Seele geht auf die klassisch *griechische* Antike zurück; dort liegt der Ursprung des Problems.
Ein gewisser Dualismus, der aus frühgriechischer Mythologie stammt, wirkt sich besonders bei *Platon* und von ihm her in der Geschichte aus. Die menschliche Seele wird nicht nur als Geistwesen, sondern im Grunde als reiner Geist verstanden, der schon vor diesem Leben präexistiert hatte, aber in die materielle Sinnenwelt verbannt, an den Körper gefesselt ist und sich daraus befreien muß, um in das rein geistige, seinem eigentlichen Wesen gemäße Dasein zurückzukehren. Diese Auffassung steht bei Platon auf dem Hintergrund eines allgemein metaphysischen Dualismus zwischen Materie und Geist, zwischen der wandelbaren, nicht-seienden Scheinwelt der sinnenhaften Erfahrung und der ewigen, unwandelbaren, allein wahrhaft seienden Welt geistiger Wesenheiten. Der menschliche Leib gehört der unwirklichen Scheinwelt des Stofflichen an, während die Seele als geistiges Wesen der ewigen Ideenwelt zugeordnet ist. Daß hier ein Dualismus besteht, der die Einheit des Menschen nicht voll erreicht, kann kaum bestritten werden; und ebensowenig, daß eine derart dualistische Auffassung im griechischen Denken vorherrschend war.
Umso bemerkenswerter ist die Leistung des *Aristoteles*, der diesen Dualismus bereits im Kern überwunden hat. Für ihn ist die Seele einfachhin das formgebende, wesenbestimmende Prinzip (morphé), das den ganzen Menschen eben zum Menschen macht, d. h. das die Materie zu einem lebendigen menschlichen Leibe formt, ihn belebt und beseelt, also das gesamte – wir würden sagen: physische und psychische – Lebensgeschehen des Menschen bedingt. Aristoteles geht so weit, die Sinnhaftigkeit einer Frage nach der Einheit oder Zweiheit von Leib und Seele zu bestreiten, weil der Leib nur „durch" die Seele eben ein lebendiger menschlicher Leib ist.[3] Daher besteht der Mensch nicht eigentlich aus Leib und Seele, sondern – wenn nach der Wesenskonstitution gefragt wird – aus ungeformter „erster Materie" und der Seele als dem Wesensprinzip, durch welches die Materie erst zu einem lebendigen menschlichen Leibe wird; wir kommen noch darauf zurück. Die beiden Auffassungen von Platon und Aristoteles bilden den bestimmenden Hintergrund des gesamten Leib-Seele-Problems in der Geschichte abendländischen Denkens.

c) Biblisch-christliche Lehre

Der *biblischen* Lehre vom Menschen ist ein Dualismus fremd. Der Mensch wird als lebendige Einheit verstanden. Das Wort im Alten Testament, das griechisch mit „psyche" (Seele) wiedergegeben wurde (hebräisch nephesch), bedeutet nicht die Seele abgehoben vom Leib und vom leiblichen Leben, sondern einfach das Leben oder die Lebenskraft, kommt also in gewisse Nähe zur Bedeutung der „Seele" als des Lebensprinzips, ohne daß eine philosophische Reflexion darauf geschehen wäre. Auf das schwierige, auch unter Exegeten diskutierte Problem der Auslegung ist hier nicht näher einzugehen. Bemerkenswert ist aber, daß im AT, abgesehen von seinen spätesten Schriften, weder ein Glaube an die Unsterblichkeit der Seele noch an die Auferstehung des Leibes aufscheint; Heil und Segen Gottes werden in diesem Leben, in dieser Geschichte verheißen und erhofft. Und dies, obwohl das Volk Israel von Ägypten, aus der Knechtschaft befreit, ausgezogen ist, gerade dort aber ein Jenseits- und Auferstehungsglaube besonders lebendig und wirksam, aber mit mythisch-polytheistischen Vorstellungen verwoben war. Davon hebt sich Israel klar ab im Glauben an den einen und einzigen, allein heilwirkenden Bundesgott Jahwe. Erst in der Spätzeit tritt ein Jenseitsglaube, wohl schon unter griechisch-hellenistischem Einfluß in Erscheinung (Weish. und Makk.), ohne jedoch im Hinblick auf das Verhältnis von Seele und Leib geklärt zu werden.

Auf diesem Hintergrund, zugleich darüber hinausgehend, halten sich im *Neuen Testament* die Evangelien zumeist an die Denkweise und den Sprachgebrauch des AT, indem sie die Seele (psyche) als Leben oder Lebenskraft (nephesch) verstehen und nicht in einen Gegensatz zum Körper oder zum leiblichen Leben stellen. Doch tritt der Unterschied schon deutlicher hervor. Wenn es z. B. heißt: „Füchtet euch nicht vor denen, die den Leib (soma) töten, die Seele (psyche) aber nicht töten können" (Mt 10,28 par.), so ist es zumindest problematisch (wenn nicht falsch), an vielen anderen Stellen „Seele" (psyche) mit „Leben" zu übersetzen, z. B.: „Wer sein Leben (psyche) retten will, wird es verlieren; Wer aber sein Leben (psyche) um meinetwillen verliert, wird es gewinnen. Was nützt es dem Menschen, wenn er die ganze Welt gewinnt, dabei aber sein Leben (psyche) einbüßt? Um welchen Preis kann ein Mensch sein Leben (psyche) zurückkaufen?" (Mt 16,25 f., par.). Wenn schon „Leben", dann hat es hier einen vielsagenden Doppelsinn: dieses irdischen Lebens und des wahren, ewigen Lebens, das aber schon in den synoptischen Evangelien einfach „Leben" (zoe) oder „ewiges Leben" (zoe aiónios) heißt (vgl. z. B. Mt 19,29; 25,46 u. ö.). So erst recht und noch viel mehr bei Johannes: In ihm, dem Wort Gottes, „war das Leben (zoe)" (Joh 1,4). Wer an ihn glaubt, „hat das ewige Leben (zoen aiónion)" (Joh 3,16). „Ich gebe ihnen ewiges Leben" (Joh 10,28). „Ich bin die Auferstehung und das Leben (zoe)" (Joh 11,25). Jesus betet zum Vater, daß er allen „ewiges Leben (zoen aiónion) schenkt" (Joh 17,2), und sagt von sich aus: „Ich bin der Weg, die Wahrheit und das Leben (zoe)" (Joh 14,5). Dieses Leben (zoe) wird aber nicht allein auf die Seele (psyche) bezogen oder gar – griechisch – darauf beschränkt. Die Auferstehung Jesu und damit die Verheißung unserer Auferstehung zu neuem, ewigen Leben enthält eine, griechischem Denken unfaßbare, Bewertung des Leibes (vgl. Apg. 17,32) in der endgültigen Vollendung des Menschen in der Wesenseinheit von Leib und Seele. Deren Verhältnis – nicht Aufgabe der grundlegenden Heilsbotschaft – wird nicht näher geklärt.

Manche Ansätze dazu bringt *Paulus*, der im hellenistischen Raum den christlichen Glauben verkündet. Bei ihm müssen aber zwei Begriffspaare klar unterschieden werden. Wenn er vom Gegensatz zwischen „Fleisch" (sarx) und „Geist" (pneuma) spricht (Röm 8,3-11; Gal 5,16-18), so hat es rein theologischen, übernatürlich heilsbedeutsamen Sinn: „Fleisch" ist die gefallene, sündhafte Natur des Menschen mit ihren selbstsüchtigen (nicht nur sinnlichen) Neigungen und Bestrebungen. „Geist" ist das neue, erlöste, begnadete Leben, im letzten der göttliche Geist selbst, der uns geschenkt ist, in uns wohnt und in uns wirkt. In diesem Sinn unterscheidet Paulus „Werke des Fleisches" (Gal 5,19-21) und „Früchte des Geistes" (Gal 5,22-25). Dieser Gegensatz hat mit Leib und Seele des Menschen kaum etwas zu tun. Doch deutet sich auch dieser Unterschied mindestens an, wo Paulus, von der Auferstehung handelnd, einerseits vom „Leib" (soma) in einem allgemeinen, auch den erlösten und verklärten Leib umfassendem Sinn, anderseits von der „Seele" (psyche) (1 Kor 15,45) oder, jedoch wieder in übernatürlichem Sinn, von „lebensspendendem Geist" (pneuma zoopoioun) spricht (allgm. 1. Kor 15).

Diese Aussagen stehen eindeutig in einem theologischen, heilsbedeutsamen Zusammenhang. Sie wollen nicht die allgemein menschliche, philosophisch ergründbare Wesensverfassung des Menschen aus Leib und Seele bestimmen. Aber sie widersprechen ihr nicht und schließen sie nicht aus, sondern geben Ansätze dafür vor, die mit griechisch-philosophischem Denken sicher nicht glatt harmonisierbar sind, umso mehr aber zur Auseinandersetzung herausfordern und christlich philosophisch-theologisches Denken verlangen, wie es schon in der Patristik – bei Origenes, Gregor von Nyssa, Augustinus u. a. – einsetzt. Tiefe Einflüsse des griechischen auf das christliche Denken liegen zweifellos vor, doch von einer entfremdenden „Hellenisierung" des Christentums zu sprechen, dagegen eine radikale „Enthellenisierung" zu fordern, ist sicher einseitig und durch neuere Forschung überholt. So einfach liegen die Dinge nicht, auch nicht unserer Frage. Einerseits finden sich schon in den biblischen Aussagen wenigstens Ansätze einer Zweiheit von Leib und Seele des Menschen vor, wenn auch noch unreflektiert vorausgesetzt. Anderseits ist der scharfe Dualismus, der aus dem Unterschied einen Gegensatz macht, nicht allgemein griechisch, wie Aristoteles bezeugt. Nicht überall, wo eine Zweiheit genannt wird, bedeutet das schon einen Dualismus, der den einen und ganzen Menschen in Stücke zerteilt. Es kommt darauf an, wie die beiden Elemente verstanden und in Beziehung zueinander gesetzt werden.

Doch haben die Lehren von Platon und Aristoteles tief in den Raum *christlichen* Denkens eingewirkt. Erst war die platonische Auffassung vorherrschend, die – vermittelt durch den Neuplatonismus und die griechischen Kirchenväter – besonders von *Augustinus* aufgenommen wird und durch ihn im frühen Mittelalter weiterlebt. Leib und Seele bilden demnach zwei gesonderte Substanzen, die nur eine Wirkeinheit ausmachen, indem sie aufeinander und miteinander wirken, ohne jedoch wesenhaft, seinsmäßig eine Einheit auszumachen. Alle späteren Lehren, die den Dualismus wesensverschiedener Substanzen des Leibes und der Seele durch eine Theorie der Wechselwirkung überbrücken wollen, sind hier im Ansatz schon vorgebildet. Mit dem Eindringen der Schriften des Aristoteles in das abendländische Mittelalter im 12. und 13. Jahrhundert wird hier auch seine Lehre von der substantiellen Einheit der Seele und des Leibes aufgenommen. Schon *Albertus Magnus*, der sich entschieden dem aristotelischen Lehrgut öffnet, neigt der Auffassung von der „anima forma corporis" zu, hat jedoch dagegen noch das Bedenken, daß die Transzendenz der geistigen Seele, ihre innere Unabhängigkeit vom Materiellen, somit auch ihr Fortleben nach dem leiblichen Tod gefährdet würden, wenn sie aufginge in der Funktion, „forma corporis“ zu sein. Dasselbe Bedenken hielt andere Theologen, wie *Bonaventura*, davon ab, diese Lehre zu übernehmen. Erst *Thomas von Aquin* tut auch in dieser Frage den kühnen Schritt von Platon zu Aristoteles, sichert aber die Lehre von der „anima forma corporis“ gegen das Bedenken dadurch ab, daß er zwischen Wesensformen unterscheidet, die in sich subsistieren (in se subsistunt), und solchen, die nicht in sich substistieren.[4] Nur diese gehen in der Funktion auf, Lebensprinzip des Leibes zu sein, und sterben mit dem leiblichen Tod des Lebewesens. Die geistige Seele des Menschen hat zwar die Funktion des Lebensprinzips, aber sie besteht (subsistiert) in sich selbst, d. h., sie ist auch ohne materiellen Leib existenzfähig und im materiellen Leib zu rein geistigen, vom materiellen Substrat innerlich unabhängigen Akten fähig. Ihr geistiges Wesen überragt also ihre Funktion am leiblichen Leben, wenn sie auch mit dem Leib eine substantielle Einheit, nämlich des einen und ganzen Menschen, ausmacht. So konnte sich die aristotelisch-thomistische Lehre bald durchsetzen. Sie wurde schon auf dem Konzil von Vienne (1311/12) und später nochmals auf dem V. Laterankonzil (1512–1517) ausdrücklich vom kirchlichen Lehramt verkündet: die „anima intellectiva“ ist „vere per se et essentialiter humani corporis forma“.[5]

d) Das Problem in der Neuzeit

Dennoch verschärft sich im Denken der *Neuzeit* das Problem, vor allem durch *Descartes*. Er wird allgemein als Vertreter einer Theorie der Wechselwirkung zwischen Leib und Seele genannt. Man muß aber diese Theorie im Zusammenhang seines radikal dualistischen Denkens sehen, in dem er die platonisch-augustinische Zweiheit in einen letzten Gegensatz treibt. Allgemein metaphysisch besteht keine Gemeinsamkeit, sondern ein reiner Gegensatz zwischen Materie und Geist, d. h. bei Descartes zwischen der „res extensa“, dem Körperding, dessen Wesen durch Ausdehnung bestimmt ist, und der „res cogitans“, dem Geistwesen, das durch Bewußtsein ausgezeichnet ist. Leib und Seele des Menschen gehören völlig verschiedenen Seinsordnungen an, können also – konsequent – auch nicht in Beziehung treten und aufeinander einwirken. Aus dem cartesianischen Dualismus folgt nicht eine Wechselwirkung, sondern strenggenommen die Unmöglichkeit einer Wechselwirkung, die Descartes jedoch als Zugeständnis an die Erfahrung annehmen muß; es ist eine Inkonsequenz gegenüber seinen eigenen Prinzipien.

Hier ist aber der Ursprung des neuzeitlichen Leib-Seele-Problems. Gerade weil man Leib und Seele als völlig verschiedene Realitäten oder Substanzen versteht, gelingt es nicht mehr, sie zur Einheit zu bringen und die Wesenseinheit des Menschen zu begreifen. Den Dualismus Descartes festhaltend, versucht der Occasionalismus von *Geulincx* und *Malebranche* die Inkonsequenz der Wechselwirkung dadurch zu überwinden, daß alles Wirken geschaffener Dinge in Wahrheit allein von Gott selbst ausgeht; die Dinge sind nur Anlaß (occasio) für unmittelbar göttliches Wirken. Daher wirkt weder die Seele auf den Leib noch der Leib auf die Seele, sondern Gott selbst ruft entsprechende Wirkungen hervor, die phänomenal als Wechselwirkungen erscheinen. Dieser Ansatz wird von *Leibniz* in der Lehre von der „prästabilierten Harmonie" weitergeführt. Zwar wirken die Dinge selbst, das Wirken ist sogar allen Dingen wesentlich; darin unterscheidet sich Leibniz sowohl von Descartes als auch von den Occasionalisten. Aber es gibt nur ein inneres Wirken aktiver Selbstentfaltung der Monade, nicht ein äußeres Wirken eines Dinges auf ein anderes: „Monaden haben keine Fenster."[6] Daher gibt es auch keine Einwirkung der Seele auf den Leib und umgekehrt. Doch sind alle einzelnen Wirkprozesse, d. h. die unendlich vielen, voneinander unabhängig ablaufenden Kausalreihen der einzelnen Monaden, von Gott a priori so geordnet, daß sie in Harmonie zueinander stehen und das Ordnungsgefüge des Weltgeschehens ausmachen. Also ist auch das leibliche und das seelische Geschehen von vornherein so aufeinander abgestimmt, daß es ohne direkte Wechselwirkung eine prästabilierte Harmonie bildet. Dies ist eine sicher geistvolle, aber ebenso gewaltsame Erklärung, die das Problem nur von außen her – durch Gottes Wirken – löst, aber kein reales Verhältnis zwischen Leib und Seele herstellt, sondern die Zweiheit in unvermitteltem Gegensatz verhärtet.

Diesen dualistischen Theorien stehen die monistischen gegenüber, welche die Zweiheit von Leib und Seele auf ein einheitliches Prinzip zurückführen wollen. Den Prototyp dieser Auffassung bildet *Spinoza*, der die cartesianische Zweiheit von „res extensa" und „res cogitans" in die Einheit der göttlichen Substanz zurücknimmt. Die Identität der Substanz manifestiert sich in der Dualität ihrer Attribute „extensio" und „cogitatio". Demgemäß ist auch der Mensch so gedacht, daß sich die eine und identische Wirklichkeit in den zwei Dimensionen der Ausdehnung (des Körpers) und des Bewußtseins (der Seele) zum Ausdruck bringt, also in der Zweiheit von Phänomenen physisch-materieller und psychisch-geistiger Art. Ähnliche Auffassungen leben später – im 19. Jahrhundert – als Identitätstheorie und als psycho-physischer Parallelismus wieder auf, so bei *Fechner* u. a. Leibliches und Geistiges sind zwei Seiten oder Erscheinungsweisen einer identischen, aber in sich selbst nicht erkennbaren Wirklichkeit. Weil beide Prozesse im Grunde identisch sind, bleiben sie in strenger Parallelität einander zugeordnet. Das Problem dieser Auffassung liegt darin, daß es schwer, wenn nicht unmöglich ist, die wesentliche Verschiedenheit physischer und psychischer Phänomene auf ein identisches Ursprungsprinzip zurückzuführen, ohne dieses selbst schon differenziert zu denken. Der identische Ursprung ist jenseits der zwei Phänomenbereiche in sich selbst nicht mehr faßbar oder bestimmbar. Gehört er der physisch-materiellen oder der psychisch-geistigen Ordnung an? Diese Frage kann im Grunde nicht mehr gestellt werden, weil die identische Grundwirklichkeit jenseits der Zweiheit liegt und sich in dieser nur manifestiert.

Trotzdem stellt sich diese Frage aus der Konsequenz der Sache fast notwendig ein und erfährt nach beiden Richtungen eine Antwort: im Sinne eines spiritualistischen oder eines materialistischen Monismus. Ein Monismus *spiritualistischer* Art besteht darin, daß er die Zweiheit in einen geistigen Prozeß aufhebt. Die Materie wird vollkommen auf den Geist zurückgeführt und vom Geist her begriffen: als Selbstentäußerung des Geistes, der sich dadurch selbst zur äußeren Erscheinung bringt und sich zu sich selbst

vermittelt; im Grunde ist alles ein geistiges Geschehen – wie es im deutschen Idealismus, besonders bei *Hegel*, aufgefaßt wird.
Dagegen will ein Monismus *materialistischer* Art die Zweiheit dadurch überwinden, daß er alles auf die Materie zurückführt und von der Materie her erklären will. Also sind auch die Phänomene des Lebens, auch des bewußten psychischen Lebens, von den Gesetzen des materiellen Geschehens als bloße Epiphänomene physischer Prozesse zu verstehen. Der Materialismus hat sich seit dem 18. und 19. Jahrhundert in verschiedenen Gestalten abgewandelt: allein vom positivistischen Materialismus, der noch recht primitiv auch die psychischen Erscheinungen durch physikalisch-chemische Vorgänge erklären wollte, bis zum dialektischen Materialismus, der zwar dialektische Sprünge in qualitativ höhere Wirk- und Erscheinungsweisen der Materie annimmt, aber doch aus der Materie alles, auch das seelische Erleben, erklären will. Im Neupositivismus und seiner Sprachanalyse wird schließlich das ganze Leib-Seele-Problem auf ein bloßes Sprachproblem zurückgeführt, das nichts über die Wirklichkeit auszusagen vermag. Nachdem sich die analytische Philosophie längst von rein positivistischer Verengung gelöst hat, werden diese Probleme von neuem gesehen und behandelt in dem, was man „Philosophy of Mind" nennt; die alte Frage taucht von neuem, jetzt aber sprachphilosophisch, wieder auf: wie man vom „Geist" oder von der „Seele" sinnvoll sprechen kann.
In all diesen Theorien bleibt die Frage, ob man wirklich den ganzen Bereich des Seelischen, wie es im Bewußtsein gegeben ist, durch Rückführung auf materielles Geschehen erklären kann; und umgekehrt, ob man die Leiblichkeit, die wir doch in relativer Eigenständigkeit gegenüber dem Seelischen erfahren, allein auf ein geistiges Geschehen zurückführen und von daher begreifen kann. Schon die Phänomene unserer Erfahrung zeigen die Verschiedenheit von „Physischem" (Eigenart und Zustände des Körpers, Funktion – Gesundheit oder Krankheit – der Organe des Leibes) und „Psychischem" (Bewußtsein, Erkennen und Wissen, Gefühlen, Wünschen und Bestrebungen, Wollen und freien Entscheidungen). Hierin zeigt sich eine grundlegende Zweiheit in der Einheit, eine Differenz in der Identität unseres menschlichen Daseins.

e) Leib und Seele

Doch muß man sich auf dem Hintergrund der geschichtlichen Diskussionen dessen bewußt sein, daß die beiden Elemente, um deren Verhältnis zueinander es geht, selbst sehr verschieden aufgefaßt werden, daher auch konsequent ihr gegenseitiges Verhältnis verschieden bestimmt wird. In der klassischen Tradition philosophischen Denkens – seit *Aristoteles* – stellt sich das Problem von Leib und Seele im Horizont der Frage nach Leben und Tod. Ein lebendiger Leib ist nicht dasselbe wie ein toter Körper, auch wenn dieser aus denselben materiellen Elementen besteht. Also ist eine Lebenskraft, ein Lebensprinzip vorauszusetzen, das die Materie beseelt und zu einem lebendigen Organismus macht. Es geht hier nicht allein um Leib und Seele, erst recht nicht nur um physische und psychische Phänomene, sondern um (unlebendige) Materie und das Lebensprinzip, von dem das gesamte, nicht nur psychisch-geistige, sondern auch physisch-biologische Leben stammt und das man als „Seele" bezeichnet. Wird das Problem

so angesetzt, so scheint ihm die Erklärung durch das *Formprinzip* gerecht werden zu können.
In der neueren Psychologie dagegen wird das Problem mehr auf dem Hintergrund psycho-somatischer Phänomene gestellt. Wir wissen einerseits, daß das seelische Geschehen sich im Leiblichen auswirkt. Das heißt nicht nur, wie wir aus täglicher Erfahrung wissen, daß ein Willensentschluß Bewegungen des Körpers hervorruft, sondern auch, daß seelische Erregungen auf den Kreislauf wirken, daß unbewußte, verdrängte Komplexe zu physischen Krankheitserscheinungen führen können usw. Anderseits wissen wir ebenso, daß sich das Physische im Psychischen auswirkt. Wieder nicht nur in dem alltäglichen Sinn, daß ein körperlicher Zustand etwa als Schmerz ins Bewußtsein tritt, sondern auch, daß gewisse Krankheiten bestimmte psychische Erscheinungen erwekken, daß durch Drogen und Medikamente die Bewußtseinslage entscheidend verändert werden kann usw. Ohne auf Einzelheiten einzugehen, steht durchaus fest, daß es eine gegenseitige Einwirkung zwischen dem Physischen und dem Psychischen gibt. Wenn man in diesem Sinn von Leib und Seele spricht, ist aber etwas ganz anderes gemeint als in der klassischen Philosophie. „Seele" bedeutet hier nicht das Lebensprinzip leiblichen Lebens, sondern den Inbegriff psychischen Geschehens und Erlebens. „Leib" hingegen bedeutet nicht nur das materielle, von sich aus unlebendige Substrat, das durch die Seele belebt wird, sondern er ist schon als lebendiger menschlicher Organismus verstanden, der jedoch als physische Wirklichkeit sich vom Bereich psychischen Lebens abhebt. Dieser psycho-somatischen Fragestellung kann nicht ohne weiteres das bloße Materie-Form-Modell gerecht werden; hier hat sicher seine *Wechselwirkung* ihren Platz.
Die Frage ist aber, ob diese beiden Fragestellungen und entsprechenden Auffassungen einander ausschließen und einen unüberbrückbaren Gegensatz bilden; ob sie nicht miteinander zu vermitteln sind – gerade weil und insofern sie die Frage auf verschiedener Ebene und unter verschiedenen Aspekten stellen. Vielleicht läßt die eine Frage die andere noch offen? Wenn wir die eigentlich philosophische Frage nach der Wesenskonstitution stellen und diese durch ein – richtig verstandenes – Formprinzip zu lösen suchen, so ist innerhalb dieses Rahmens noch durchaus Platz für eine gegenseitige Einwirkung physischen und psychischen Geschehens im Menschen; vielleicht findet sie erst darin den Grund ihrer Möglichkeit. Dies kann sich aber erst im folgenden zeigen, wenn wir auf das Sachproblem der Wesenskonstitution des Menschen eingehen.

3. DER GEIST ALS SEELE DES LEIBES

Wenn wir nach der ontologischen Konstitution des Menschen fragen, so können wir nicht ausgehen von einer Zweiheit oder Mehrheit von Elementen, aus denen der Mensch „besteht" oder „zusammengesetzt" ist. Dadurch würde die Frage von Anfang an falsch gestellt. Es wäre nicht mehr begreifbar, wie diese Elemente zur Einheit kommen. Auch entspricht dies nicht dem Phänomen. Vor aller Vielheit erfahren und verstehen wir uns selbst als konkrete *Ganzheit,* nicht aus Teilen zusammengesetzt, sondern als den einen und ganzen Menschen. Dies bezeugt die Einheit des Bewußtseins, in dem wir nicht nur geistige Akte des denkenden Erkennens und der freien Entscheidung erfahren, nicht nur der ganze übrige Bereich psychischen Geschehens, wie Gefühle und Stimmungen, Triebe und Neigungen, bewußt werden, sondern auch körperliche Zustände, Handeln und Erleiden gegeben sind. Wir erfahren dies alles in dem einen und selben Ich-Bewußtsein, in der Gelichtetheit meines Ich: „ich" bin dieses Ganze. Diese Einheit und Ganzheit hat in unserem Selbstverständnis unbedingt Vorrang gegenüber einer Vielheit und Verschiedenheit. Von ihr ist daher auszugehen, sie ist in ihren Elementen auszulegen.

a) Lebendige Ganzheit

1. Denn diese Einheit unseres Selbstseins erfahren wir als eine *differenzierte Ganzheit.* Schon der Begriff des Ganzen sagt, daß in der Einheit eine Mehrheit von Teilen gesetzt ist; wo keine Teile sind, kann man auch nicht von einem Ganzen sprechen. Der Teil ist nicht das Ganze; aber das Ganze ist nur, wenn alle Teile, die zu ihm gehören, in seiner Einheit gesetzt sind. Die Ganzheit des Menschen ist aber nicht eine homogene Ganzheit, in der gleichartige Teile sich zum Ganzen fügen wie in einem gleichförmig ausgedehnten Körper, sondern eine heterogene Ganzheit, in der sehr verschiedene Seins- und Wirkweisen zur Einheit kommen. Der Mensch ist zunächst ein materieller *Körper,* der den Gesetzen der materiellen Wirklichkeit unterworfen ist wie jedes andere Körperding, den Gesetzen des Raumes und der Zeit, der Schwerkraft und anderen physikalischen Gesetzen; er besteht aus denselben chemischen Elementen wie die übrigen Dinge der Welt. Dieser materielle Leib ist jedoch belebt; er ist nicht ein toter Körper, sondern besitzt leibliches *Leben.* Schon sprachlich unterscheiden wir zumeist zwischen Körper und Leib: „Körper" ist das materielle Ding, das den Gesetzen der Materie unterliegt. „Leib" dagegen ist der lebendige Organismus im Gegensatz zum toten Leichnam und zum anorganischen Ding. Im leiblichen Leben unterscheiden sich wieder das vitale und das sensitive Leben. Das *vitale* (oder vegetative) Leben haben wir auch mit der Pflanze gemeinsam: Assimilation von Nahrungsstoffen, die zum Aufbau, zum Wachstum, zur Erhaltung des Lebens durch eigenes Wirken in biologischen Prozessen dienen, Entfaltung des Lebens und – nach einer bestimmten, arteigenen Lebenskurve – Abbau und Verfall des Lebens bis zum Tod. Dieses Geschehen hat die Eigenart, daß es aus vitaler Eigengesetzlichkeit vor sich geht, zumeist nicht ins Bewußtsein fällt und nicht vom Bewußtsein gesteuert wird; Atmung, Herztätigkeit und Blutkreislauf, Verdauung und andere Organfunktionen geschehen spontan – obwohl auch hier ein bewußtes Einwirken möglich ist.

Darüber hinaus besitzt der Mensch ein *sensitives* Leben ähnlich dem Tier. Er hat Sinnesorgane, die Empfindungen aufnehmen; diese werden als Wahrnehmungen bewußt und lösen ein sinnliches Streben aus, das wir als Triebhaftigkeit bezeichnen. Dieser ganze Bereich des leiblichen Lebens wird aber nochmals überstiegen durch das eigentlich menschliche, nämlich *geistige* Leben, in dem der Mensch im Ich-Bewußtsein sich selbst besitzt, „bei sich" und „für sich" selbst ist, im Denken die sinnliche Wahrnehmung durchdringt und übersteigt, im freien Wollen sich von den sinnlichen Trieben löst und über sich selbst verfügt. Die menschliche Wirklichkeit ist eine vielfach differenzierte Ganzheit.

2. Doch ist sie zugleich eine organisierte oder *strukturierte Ganzheit.* Damit ist gemeint, daß die verschiedenen Stufen von Seins- und Wirkweisen nicht unabhängig voneinander, gleichsam als „Schichten" übereinander gelagert, jeweils ihrer Eigengesetzlichkeit folgen, sondern eine Gesamtstruktur, ein umgreifendes Ordnungsgefüge ausmachen. Der materielle Leib ist nie und nirgends – in keinem seiner Glieder – unbelebte Materie, sondern lebendiger Leib. Nur dadurch ist er „mein" Leib, daß er von mir besessen, belebt, gelenkt wird. Ich bin *Körperwesen nur als Lebewesen.* Und weiter: Das leibliche Leben des Menschen wäre nicht möglich, wenn er nicht geistiges Leben besäße, das sich selbst bewußt ist und in Freiheit sein Leben in seiner Umwelt gestaltet. Das biologische Lebewesen „Mensch" wäre ohne geistige Leistungen nicht lebensfähig; es könnte als Tier nicht überleben. Dies zeigt, daß das vitale und sinnliche Leben aufgenommen ist in die höhere Sphäre des geistigen Lebens und nur unter dieser Bedingung bestehen kann. Ich bin *Lebewesen nur als Geistwesen.*
Ebenso wie das materielle Sein durchdrungen und durchformt ist vom vitalen Lebensgeschehen, so ist das Sinnliche hineingenommen in das geistige Bewußtsein. Wir haben niemals rein sinnliche Erkenntnis; diese ist immer schon geistig durchdrungen und überstiegen. Wir haben auch nie rein sinnliche Triebe; diese sind immer schon der freien Selbstverfügung überantwortet. Die tieferen Stufen des Seins und Lebens sind „aufgehoben" in die jeweils höhere Dimension und stehen im Dienst des Ganzen, das eine sinnvolle Struktureinheit ausmacht. Doch gilt auch umgekehrt, daß die jeweils tiefere Stufe Bedingung der höheren ist. Das leibliche Leben ist nur möglich in einem materiellen Körper, und geistiges Leben, wie wir es erfahren, ist nur möglich unter der Bedingung leiblichen und sinnlichen Lebens. Es ist ein Bedingungsverhältnis, worin das eine das andere voraussetzt, ohne jedoch auf das andere rückführbar, aus dem anderen erklärbar zu sein. Insofern stehen alle Strukturelemente der menschlichen Ganzheit in einem Verhältnis gegenseitiger Bedingung.

3. Diese Ganzheit ist aber – weiter – eine *zentrierte Ganzheit,* d. h., sie ist auf eine Mitte bezogen und wird von dieser Mitte her vollzogen. Nur dadurch ist sie eine lebendige Ganzheit in dem spezifischen Sinn, wie der Mensch sich als Ganzes erfährt. Das gesamte Lebensgeschehen ist gekennzeichnet durch stufenweise steigende Konzentration. Die tote Materie – das Körperding – hat keine Mitte, es ist nicht zurückbezogen auf sich selbst. Auch ihm ist Wirken eigen, aber nur Wirken „nach außen" (actio transiens), das im anderen eine Wirkung setzt. In diesem Sinn ist das Materielle nicht „bei sich", sondern „beim anderen"; sein Wirken verliert sich gleichsam im anderen. Das *Lebendige* ist dagegen auf sich zurückbezogen. Sein Wirken ist nicht – oder nicht nur – ein Wirken nach außen auf anderes, sondern die spezifische Wirkweise des Lebendigen besteht darin, daß es „nach innen" wirkt (actio immanens), d. h., daß es nicht im anderen, sondern in sich selbst eine Wirkung setzt. Wie immer man „Leben" biologisch-phänomenologisch beschreiben mag – etwa als komplexe Einheit von stabil sich durchhaltender, aber dynamisch sich entfaltender Struktur organischen

Geschehens (auf die Formulierung des Phänomenbestandes kommt es hier nicht an) – immer noch bleibt die klassische Definition des Lebens als „actio immanens“ gültig. Leben ist inneres Wirken, d. h. daß es nicht nur in anderem eine Wirkung setzt, anderes bewirkt, sondern in sich selbst etwas bewirkt, d. h. wirkend sich selbst verwirklicht und entfaltet, wenn auch angewiesen auf Stoffe und Einwirkungen der Umwelt. In diesem Sinn ist jedes Lebensgeschehen auf die Ganzheit hingeordnet.

Das gilt schon vom biologischen Geschehen des Wachstums und der Selbsterhaltung des Lebens der *Pflanze*, die im eigenen Lebensprozeß wirkend sich selbst entfaltet und erhält. Dabei stehen die einzelnen Teile oder Organe der Pflanze im Dienst des Ganzen; das Wirken der Wurzeln, der Blätter, Blüten und Früchte dient der Lebensentfaltung des Individuums und, diesem grundsätzlich übergeordnet, der Erhaltung und Vermehrung der Art. Insofern liegt schon hier eine Konzentration vor, durch welche das lebendige Wirken auf sich – als Ganzes – zurückbezogen ist. Dadurch hebt sich schon hier mehr als im anorganischen Bereich das lebendige Individuum als solches von allem anderen ab, aber noch ohne sich auf eine Mitte zu konzentrieren.

Dies geschieht erst im sensitiven Leben des *Tieres*, das sinnliche Wahrnehmungen nicht nur aufnimmt, sondern auch zu speichern vermag, und entsprechend sinnlich triebhaft und triebgebunden darauf reagiert. Dies setzt bereits eine Mitte voraus, ein Zentrum der Rückmeldung und Speicherung der Eindrücke, zugleich ein Zentrum, das die triebhafte Reaktion steuert. Man mag dieses Zentrum sinnliches „Bewußtsein“ und „Gedächtnis“ nennen – unzutreffend, weil dies anthropomorphe Ausdrücke sind. Jedenfalls liegt hier aber eine weitere Konzentration nicht nur auf die Lebensentfaltung des Ganzen, sondern auf eine Mitte des Lebensgeschehens vor. Dadurch hebt sich das Individuum noch mehr als die Pflanze als lebendige Einheit und Ganzheit von allem anderen ab. Doch kommt es noch nicht im vollen Sinn „zu sich“.

Erst im *Menschen* wird die Konzentration zur Reflexion, d. h. die Bezogenheit des Wirkens auf die Mitte erreicht hier geistigen Selbstbesitz. Die Mitte reflektiert sich selbst, sie ist „bei sich“ und „für sich“, sie gewinnt Bewußtsein und Freiheit des eigenen Wirkens. *H. Plessner* spricht deshalb von der „exzentrischen Position“ des Menschen[7], weil er sein Zentrum nochmals übersteigt und über sich selbst verfügt. Doch scheint die Bezeichnung „exzentrisch“ nicht glücklich, insofern das Geschehen geistiger Reflexion in Selbstbesitz und Selbstverfügung eine noch tiefere, intensivere Konzentration bedeutet, welche erst eigentlich „sich selbst“ erreicht. *Thomas von Aquin* spricht hier von einer „reditio completa in seipsum“ [8], welche das Wesen geistigen Bei-sich-Seins ausmacht.

Im Menschen kommen diese Formen des Lebens zur Einheit. Sie sind nicht als Schichten übereinander gelagert, sondern durchdringen und bedingen einander. Doch lassen sie sich insofern unterscheiden, als der Mensch nicht nur einen materiellen Leib, sondern auch vegetatives, sensitives und – ihm allein spezifisch eigen – geistiges Leben des Selbstbewußtseins und der Selbstverfügung besitzt. Der Mensch ist in diesem Sinne ein „Mikrokosmos“ – alle Seinsweisen sind in ihm vereint.

b) Der Grund der Ganzheit

Doch müssen wir nach dem *inneren Grund* dieser Ganzheit fragen. Der Grund kann nicht im materiellen Sein und Geschehen als solchem liegen, weil das Leben in all seinen Stufen bis hinauf zum geistigen Leben des Menschen die Seins- und Wirkweise des Materiellen wesentlich übersteigt. Also muß ein inneres Prinzip des Lebens angenommen werden. Die Verschiedenheit der Stufen des Lebens, die im Menschen vereint sind, hat *Platon* dazu geführt, drei gesonderte Seelen anzunehmen[9]: die „begehrliche" Seele als das Prinzip sinnlicher Triebhaftigkeit nach Nahrung, Geschlechtslust usw., die „muthafte" Seele als Prinzip des Strebens nach Recht, Macht und Ehre, und die „vernünftige" Seele als Prinzip des geistigen Lebens, Erkennens, Strebens und Wollens. Ähnlich der platonischen Trichotomie spricht man auch in der Gegenwart oft von der Dreiheit: Leib, Seele und Geist. Das ist phänomenologisch richtig, wenn unter „Leib" nicht nur der materielle Körper, sondern der organische und lebendige Leib, unter „Seele" der Inbegriff sensitiven Lebens und unter „Geist" die Gesamtheit des bewußten geistigen Erkennens und Wollens verstanden werden. Doch stehen diese Elemente nicht in einem Gegensatz[10], der die Wesenseinheit des Menschen nicht erklären könnte, sondern in einem Verhältnis gegenseitiger Durchdringung und Bedingung. Auch ist damit die innere Konstitution des Menschen noch nicht erreicht. Diese kann durch eine Mehrheit von Prinzipien nicht erklärt werden.

Die Verschiedenheit von Seins- und Lebensstufen bildet im Menschen eine wesenhafte *Einheit.* Das bezeugt die Einheit des Bewußtseins: Wir erfahren uns als den einen und selben Menschen in allen Bereichen unseres Daseins; sie sind Ausdruck und Wirkweisen des identischen Ich. Auch bilden sie eine umfassende Ordnungsganzheit, der die verschiedenen Lebenskräfte eingeordnet sind, nicht aber selbständig für sich bestehen. Dies setzt ein einheitliches Prinzip voraus, das den Menschen in seiner Einheit und Ganzheit konstituiert. Dieses Prinzip kann nicht auf der Stufe vitalen oder sinnlichen Lebens stehen, weil dadurch das höhere, nämlich geistige Leben und Bewußtsein nicht erklärt wäre, das den Menschen erst spezifisch in seinem Wesen auszeichnet. Es muß daher das Prinzip geistigen Lebens sein, das den Menschen zum Menschen macht, der Geist, der jedoch zugleich Prinzip der Einheit des Ganzen, also auch Lebensprinzip des Leibes ist, das die Materie zu einem menschlichen Leibe formt, ihn belebt und beseelt, also auch die Funktionen eines Prinzips des vegetativen und des sensitiven Lebens ausübt. In diesem Sinn ist die klassische, aber immer noch gültige Formel zu verstehen, daß die geistige Seele *„forma corporis humani"*, also formendes, wesensbestimmendes und -gestaltendes Prinzip des ganzen Menschen, auch seines leiblichen Lebens ist. Daß der Mensch schon somatisch und biologisch auf geistig-kulturelle Leistungen hin angelegt ist – durch seinen Körperbau, den aufrechten Gang, die Unspezialisiertheit seiner Glieder, dadurch aber die spezifische Offenheit und Anpassungsfähigkeit seines Verhaltens, die Wesensart seiner Lebenskurve usw. – haben A. Portmann u. a. eindrucksvoll festgestellt. Diese empirisch-wissenschaftlichen Befunde scheinen zu bestätigen, daß der „Geist" das ursprünglich formgebende, Wesen und Eigenart des menschlichen Lebens bestimmende Prinzip ist. Aber was heißt das?

c) Die Seele als Formprinzip

Wird aber dadurch nicht von neuem ein *Dualismus* in den Menschen hineingetragen, der seine Wesenseinheit zerreißt? Das ist nicht der Fall, wenn man das „Formprinzip“ richtig versteht. Es ist nicht ein Ding, das im Körper neben anderen Lebensfunktionen „auch“ noch als etwas „anderes“ vorhanden sein soll. Es ist ein rein metaphysisches Prinzip, das nicht dinghaft in sich selbst besteht, sondern nur in seiner formenden, wesensbestimmenden Funktion als Einheits- und Ursprungsgrund des gesamten menschlichen Lebens. Es ist daher dasjenige, was den Menschen im ganzen überhaupt zum Menschen macht, seine Einheit und Ganzheit allererst konstituiert. Kann man von einer Zweiheit und einem Gegensatz sprechen zwischen der konkreten Ganzheit und dem inneren Prinzip dieser Ganzheit – die sonst gar keine Einheit und Ganzheit wäre? Die geistige Seele als „forma corporis“ ist gerade dasjenige, was die *Wesenseinheit* des ganzen Menschen bedingt und begründet.
Für *Aristoteles* ist in diesem Sinn die Seele (psyche) „die erste Wirklichkeit des physischen organischen Körpers“[11], d. h. der lebendige Körper hat seine Wirklichkeit nur durch die Seele. Man könne darum gar nicht sinnvoll danach fragen, „ob Seele und Leib eins seien, wie man auch nicht fragt, ob das Wachs und seine Gestalt oder allgemein ob der Stoff und das, dessen Stoff es ist, eins seien“.[12] Denn der Stoff hat seine Einheit erst durch die Form. Einheit kommt im vollen Sinne nur der Wirklichkeit zu. Der lebendige Leib hat aber seine Wirklichkeit, also auch seine Einheit und Ganzheit erst durch die formgebende Seele.[13] Wie das gemeint ist, zeigt Aristoteles an sehr einleuchtenden Beispielen. Wenn ein Beil ein lebendiger Naturkörper wäre, so wäre das Wesen des Beils (das „Beil-Sein“) seine Seele.[14] Oder ein noch treffenderes Beispiel: Wenn das Auge ein selbständig lebendiges Wesen wäre, so wäre die Sehkraft (opsis) die Seele des Auges, das Auge aber als körperliches Organ wäre ihr Leib.[15] Wie das Auge überhaupt nur ein lebendiges, funktionsfähiges Organ ist, wenn ihm Sehkraft zukommt, durch welche dem Auge als solchen erst seine Wirklichkeit und Sinnhaftigkeit eigen ist, so ist der Mensch in seiner lebendigen Einheit und Ganzheit allein durch die Seele verwirklicht. Hier ist ein Dualismus grundsätzlich überwunden; es geht um den inneren Grund der Einheit des Menschen.
Dafür bietet *Aristoteles* den entscheidenden Ansatz, der vor allem von *Thomas von Aquin* aufgenommen wurde, in der folgenden Tradition nachwirkt und bis zur Gegenwart vielfach ausgelegt und ausgewertet wurde. Nach streng aristotelisch-thomistischer Auffassung, die im Neuthomismus zum Teil noch verschärft wurde[16], besteht aber der Mensch in seiner metaphysischen Konstitution allein aus der Geistseele als dem formenden Wesensprinzip und der noch völlig unbestimmten, aber bestimmungsbedürftigen „ersten Materie“ (materia prima), welche durch das Formprinzip zu einem menschlichen Leib gestaltet und belebt wird. Ohne auf die scholastische Kontroversfrage um die Einheit oder Mehrheit der Formen einzugehen, kann dazu gesagt werden: Sicher besteht der menschliche Leib aus materiellen Stoffen, nämlich bestimmten chemischen Elementen, die er in sich aufnimmt und seinem Lebensprozeß einordnet. Diese Stoffe behalten auch innerhalb der Lebensganzheit ihre jeweilige Eigenart. Insofern baut sich der lebendige Organismus nicht aus „materia prima“, son-

dern aus schon bestimmten materiellen Elementen auf. Aber diese Elemente werden in die substantielle Einheit des Menschen aufgenommen, sie werden von der Seele als dem inneren Prinzip substantieller Einheit gleichsam „überformt". Sie bewahren zwar ihre qualitative Beschaffenheit, nicht aber ihre substantielle Selbständigkeit, sondern werden „aufgehoben" in die Seins- und Wirkeinheit des einen und ganzen Lebensgeschehens. Dasjenige aber, was dieses Geschehen formt, das leibliche Werden und Wachsen lenkt, seine lebendige Wesensstruktur vorgibt, die Entfaltung des vitalen, sinnlichen und geistigen Lebens entspringen läßt und in all dem das innere Prinzip der lebendigen Ganzheit des Menschen ist, dies ist seine geistige Seele, die das Wesen des Menschen ausmacht und die Funktion eines Lebensprinzips des leiblichen Lebens ausübt, dieses aber hinordnet auf die eigentlich menschliche, geistig-personale Verwirklichung des Menschseins.

4. DER LEIB ALS MEDIUM DES GEISTES

Wenn der menschliche Geist das innerlich formgebende, wesenskonstitutive Prinzip des Leibes ist, so ist damit schon gesagt, daß der Geist an den Leib gebunden ist, im Leib wirken und durch den Leib sich selbst vermitteln und verwirklichen muß. Wir erfahren unseren Leib nicht als etwas Äußerliches und Fremdes, sondern als „meinen" Leib, zu dem ich ein grundsätzlich anderes Verhältnis habe als zu jedem mir noch so bekannten und vertrauten Ding meiner Umwelt. Er ist „mein" Leib, in dem „ich" lebe und der – in gewissem Sinn – „ich" selbst bin. Diesem Phänomen wird kein Dualismus gerecht, weder *Platon,* der im Leib den Kerker und die Fessel des Geistes sieht, noch *Descartes,* der das Wesen des Menschen allein in der „res cogitans" gegenüber der „res extensa" ansetzt. Dem Phänomen wird sicher die Lehre des *Aristoteles* von der „forma corporis" viel mehr gerecht, die *Thomas von Aquin* aufgenommen und weiter entfaltet hat. Doch ist damit das Problem noch nicht voll gelöst. Sicher ergibt sich schon daraus, daß die geistige Seele sich selbst im Medium der Materialität ihren Leib erwirkt und sich im materiellen Leib selbst verwirklicht. Die lebendige Wirklichkeit des Leibes ist verleiblichte, inkarnierte Wirklichkeit der Seele selbst. Der Leib ist wesentlich Leib der Seele, und die Seele ist ebenso wesentlich Seele dieses Leibes. Beide bilden eine wesenhafte Einheit. Der Leib ist die Selbstverwirklichung des Geistes in der Materialität, das Selbst des Geistes in Äußerlichkeit und Sichtbarkeit. Aber was heißt das? Ist der Leib nur reiner Ausdruck, Symbol oder Sinnbild des Geistes, Medium der Seele, in dem sie sich selbst vollzieht und zum Ausdruck bringt? Oder ist der Leib nicht doch auch – als Medium – eine gewisse Beengung und Belastung des Geistes, ein Medium, dessen Widerstand bewältigt werden muß und doch nie ganz überwunden werden kann? Hier zeigt sich eine seltsame Ambivalenz des Leibes, der wir im Blick auf die Phänomene nachgehen müssen, um sie aus der Wesensverfassung des Menschen zu begreifen.[17]

a) Wirk- und Ausdrucksmedium

Der menschliche Leib ist Medium des Geistes als Wirkmedium und Ausdrucksmedium. Er ist *Wirkmedium,* insofern der menschliche Geist im Leib und durch den Leib wirkt, wirkend sich selbst vollzieht und verwirklicht. Das heißt nicht nur, daß die Geistseele ursprünglich konstitutiv sich den Leib als ihr materielles Medium „erwirkt", formend gestaltet und belebt, sondern auch, daß sie in ihrem eigenen Wirken an den Leib gebunden ist und sich nur in ihm geistig verwirklichen kann. Auch wenn es geistige Akte gibt, wie Denken, Urteilen, Wollen, die in ihrer Wesensart nicht mehr innerlich bestimmt sind durch materielles Geschehen, sondern dieses grundsätzlich übersteigen, so sind sie doch immer und notwendig bedingt durch das materielle Substrat; nur unter der Bedingung gesunder Gehirnzellen können wir denken und andere geistige Leistungen vollbringen. So ist der Leib das Mittel und Instrument der Selbstvermittlung des Geistes. Nur in diesem Medium kommt er zu sich selbst und kann sich selbst verwirklichen.

Dazu kommt weiter, daß der Geist nur durch den Leib in der Welt gegenwärtig und wirksam ist. Die Leiblichkeit ist die Gegenwärtigkeit des Geistes in der Welt. Die Sinnlichkeit ist das Medium hinnehmender Erkenntnis des Geistes in der Welt. Nur dadurch wird ihm die Welt präsent, sie tritt durch Vermittlung sinnlicher Hinnahme in das geistige Bewußtsein. Aber auch alles Wirken in der Welt und geistige Gestalten der Welt geschieht durch den Leib: im äußeren Tun, in Arbeit des Leibes, durch die wir unsere Gedanken und Absichten, Pläne und Ziele verwirklichen, vergegenständlichen. Wenn nun die Welt – als menschlich bewältigte und gestaltete Welt – selbst zum Ort der Selbstvermittlung des menschlichen Geistes wird, so ist nochmals der Leib die Vermittlung zwischen mir und meiner Welt. Nur durch das Medium der Leiblichkeit bin ich in der Welt präsent und wird mir die Welt präsent; und nur durch dieses Medium wirke ich in die Welt und trete in den vielfältigen Wirkzusammenhang der Dinge und Menschen in der Welt ein. Im besonderen ist die personale Beziehung von Mensch zu Mensch – Ich und Du – vermittelt durch Leiblichkeit und Sinnlichkeit. Wir sehen den anderen und erkennen ihn an seiner äußeren Gestalt. Wir blicken ihm in die Augen und haben dabei den Eindruck, ihn „selbst" zu erreichen, ihm beinahe in die Seele zu schauen. Wir sprechen mit ihm in physischen Lauten, das Wort wird zum Leib des Gedankens, und wir verstehen ihn im Medium leiblichen Tuns. Durch äußere Taten und Gesten des Leibes zeigen wir unsere Gesinnung des Wohlwollens, der Hilfsbereitschaft, der Liebe. All dies kann sich nur durch leibliches Verhalten vermitteln.

Dies führt schon weiter und zeigt an, daß der Leib nicht nur Wirkmedium, sondern auch *Ausdrucksmedium* des Geistes ist. Der Leib ist Ausdruck, äußere Sichtbarkeit der Seele. Was in ihr vorgeht, offenbart sich im Gesichtsausdruck: Freude und Trauer, Güte und Ärger, Liebe und Haß, Vertrauen und Mißtrauen. Es gibt einen „vergeistigten" Ausdruck, der ein reiches Geistesleben verrät. Dies alles drückt sich auch in Gesten, im äußeren Verhalten und nicht nur im Inhalt, sondern auch in der Art und Weise des Sprechens aus. So wird das Leibliche zum Symbol oder Sinnbild des Geistigen. Dies bedeutet nicht ein „Abbild", weil das Geistige – selbst nicht als Gegenstand gegeben – nicht eigentlich abbildbar ist. Doch bedeutet es ein „Sinnbild", insofern ein geistiger Sinngehalt im leiblichen Ausdruck dargestellt, sein Sinn dem Verstehen vermittelt wird.

b) Widerstand des Mediums

Dies alles ist jedoch nur die eine Seite des Gesamtphänomens. Wollte man diesen Aspekt isoliert sehen, so ergäbe dies eine idealistische Sicht und Bewertung des Leibes, die der Wirklichkeit nicht gerecht wird. Denn das Geistige kann sich nicht völlig geradlinig und ungebrochen im Leiblichen auswirken und ausdrücken, es kommt darin nie adäquat zur Darstellung. Vielmehr zeigt sich eine Zweideutigkeit und Zwiespältigkeit des Leiblichen, die wir nicht übersehen dürfen. Sie betrifft schon den Leib als Wirkmedium des Geistes. Es gibt auch einen *Widerstand des Wirkmediums.* Der Leib ist nicht nur gefügiges Werkzeug des Geistes, sondern zeigt eine merkwürdige Widerständigkeit und Widersetzlichkeit. Er gehorcht nicht immer und überall dem Geist. Unser bewußtes geistiges Leben hat nicht Herrschaft über alle physischen Prozesse; sie laufen, ob wir es wollen oder nicht, in Eigengesetzlichkeit ab. Es gibt das Phänomen der leiblichen Schwäche und Müdigkeit, der körperlichen Krankheit, die uns darin hindert, das zu leisten, was wir wünschen und wollen. „Der Geist ist zwar willig, aber das Fleisch ist schwach“ (Mt 26,41). Es gibt auch sinnliche Triebe, spontane Regungen und Reaktionen, die wir durch bewußtes Wollen nicht vollkommen beherrschen können. Wir erfahren darin eine Widerspenstigkeit des Leibes gegenüber dem Geist. Und darin erfahren wir weiter, daß der Leib, wenn auch „mein“ Leib, so doch das andere in mir selbst ist. Es gehört meinem Ich an und ist doch mein Nicht-Ich. Es ist nicht das Ich im Sinne des geistigen Ich-Zentrums, sondern das Ich in der Entäußerung der Leiblichkeit und Stofflichkeit, im anderen gegenüber dem Geist.

Ähnliches gilt vom Leib als Ausdrucksmedium des Geistes. Wir erfahren auch einen *Widerstand des Ausdrucksmediums.* Das Leibliche ist nicht nur Ausdruck des Geistigen, sondern auch dessen Verhüllung und Verdeckung, nicht nur offenbarendes Sinnbild, sondern auch verbergendes Gegenbild. Das Geistige kommt darin nicht adäquat zum Ausdruck. Es gibt nicht nur die Möglichkeit des Sich-Verstellens der bewußten Lüge und Entstellung, wodurch wir das, was wir denken und fühlen, hinter der Maske des äußeren Ausdrucks verbergen, sondern auch die Unfähigkeit, aus sich herauszugehen, sich so zu geben, wie man ist und wie man empfindet. Wir können oft, auch wenn wir es wollen, unsere Gedanken und Gefühle nicht entsprechend zum Ausdruck bringen. In diesem Sinn gibt es besonders „verschlossene“ Menschen oder solche, wie man sagt, mit einer „rauhen Schale“, deren wahre Gesinnung kaum zum Ausdruck kommt. All dies zeigt, daß der Leib nicht ungebrochenes Ausdrucksmedium des Geistigen ist, sondern ihm auch einen eigenartigen Widerstand entgegensetzt.

Diese Phänomene, die man noch um vieles vermehren könnte, bezeugen, daß der menschliche Leib, wenn auch von der geistigen Seele geformt, doch eine relative Eigenständigkeit und Eigengesetzlichkeit gegenüber dem Geistigen besitzt. Und wenn man diese Erscheinungen – sicher ur-menschliche Erfahrungen – isoliert betrachtet, wird es verständlich, daß der Leib als Kerker und Fessel der Seele, als Schwergewicht, das den Geist niederdrückt, erscheinen konnte. So wenig aber eine pessimistische Leibentwertung richtig ist, ebenso wenig kann eine naiv optimistische Leibbewertung dem Gesamtphänomen gerecht werden. Der Leib ist nicht nur Medium des Geistes, sondern auch Widerstand geistigen Wirkens und Ausdrucks. Er ist wesenhaft dieses „Zwischen“: Er steht zwischen mir und der Welt, zwischen dem „Selbst“ und dem „anderen“, er ist im Ich schon als Nicht-Ich gesetzt – gerade dies ist seine Wesensfunktion, Vermittlung des Geistes in der Materie, in der Andersheit, in der Entäußerung des Geistes zu sein.

Dazu kommt noch ein Phänomenbereich, der zwischen dem reinen Wirk- und Ausdrucksmedium einerseits und der Widerständigkeit des Leibes anderseits gewissermaßen neutral in der Mitte steht – „neutral“ insofern, als er positiv oder negativ sein und bewertet werden kann. Wir wollen es einfach die *Gegebenheit* nennen. Durch mein leibliches Dasein ist meinem bewußten geistigen Leben vieles einfach vorgegeben, was ich hinzunehmen, womit ich mich abzufinden und auseinanderzusetzen habe. Durch mein konkret leibliches Dasein bin ich Kind dieser Eltern und dadurch in eine bestimmte geschichtliche, nationale und soziale Situation hineingestellt. Ebenso bin ich durch mein leibliches Dasein von vornherein entweder Mann oder Frau, also in die Geschlechterdifferenz gesetzt, die nicht nur dem äußeren Leben Bestimmungen und Begrenzungen vorgibt, sondern auch tief ins Geistige und Seelische einwirkt. Durch meine Leiblichkeit sind mir aber auch sonst bestimmte Kräfte gegeben oder versagt, bestimmte Fähigkeiten vorgegeben und Begrenzungen auferlegt. Ich kann nicht alles, was ich möchte; ich kann es nur im Rahmen meiner konkreten Möglichkeiten unter Einsatz meiner Kräfte erstreben. Insofern aber das Leibliche Vorbedingung auch des geistig-personalen Lebens ist, wird auch dessen Spielraum durch die Leiblichkeit ermöglicht und zugleich begrenzt.

c) Die Seele und das Ich

Die Gesamtheit dieser Phänomene müssen wir jedoch konfrontieren mit der grundsätzlichen Einsicht, daß die Geistseele konstitutives *Formprinzip des Leibes* ist. Denn sie verlangen eine Fortbestimmung und Vertiefung dieser Einsicht. Wenn der Geist oder die Geistseele – „anima intellectiva“, wie die philosophische Tradition sagt – formgebendes Prinzip des Leibes ist, so daß sie sich selbst im Medium der Materie ihren Leib erwirkt und beseelt, so ist das gerade nicht unmittelbar dasjenige, was wir als das Geistige in uns erfahren. Sonst wäre weder die Vorgegebenheit des Leiblichen noch seine Widerständigkeit gegenüber dem geistigen, bewußten und freien Selbstsein möglich; dieses müßte sich in seinem Leib adäquat auswirken und ausdrücken können. Nun sind wir uns aber durchaus nicht dessen bewußt, selbst in Freiheit unseren Leib zu gestalten und zu beleben. „Seele“ bedeutet also etwas, das dem bewußten Selbstvollzug noch grundsätzlich vorausliegt und als solches niemals ins Bewußtsein tritt. Sie ist eine vorgängige Bedingung, ein innerer Grund unseres ganzen Menschseins, darum eine ontologische Größe, die als solche nie erfahren wird, aber als Bedingung der Selbsterfahrung vorauszusetzen ist. Sie ist, wie wir gesehen haben, konstitutives Prinzip der Ganzheit des Menschen. Als solches ist sie einerseits formgebendes, wesenskonstitutives Prinzip des Leibes, das die Materie erst zu einem lebendigen menschlichen Leibe macht. Die Identität des Bewußtseins fordert aber, daß dieses selbe Prinzip auch der innere Grund ist, dem das bewußte geistige Leben, der gelichtete Vollzug sei-

nes Selbstbesitzes und seiner Selbstverfügung entspringt. Dies ist – bildhaft gesprochen – die höchste Spitze der Seele, die hier trotz der Bedingtheit durch den Leib das materielle Geschehen als solches überragt, sich vom Leiblichen befreit und geistig zu sich selbst kommt. Sie reflektiert sich selbst, gewinnt „Bei-sich-Sein“ und „Für-sich-Sein“ des Geistes, d. h. Bewußtsein und Freiheit. Das, was hier geschieht, ist zwar die höchste Möglichkeit, die der Seele als Formprinzip menschlichen Daseins entspringt, aber es ist nicht dieses Formprinzip selbst, das dem geistigen Bewußtseinsvollzug als apriorische Bedingung noch grundsätzlich vorausliegt. Insofern es aber die höchste Fähigkeit ist, die der Seele entspringt und den Menschen in seinem Wesen spezifisch konstituiert, kann man das einheitliche Wesensprinzip der konkreten Ganzheit des Menschen als „Geist“, oder besser als „geistige Seele“ bezeichnen.
Daher ist die „Seele“ (in diesem Sinn) nicht dasselbe wie das „Ich“. Die Seele ist das *ontologische Prinzip*, das die Ganzheit des leiblichen und des geistigen Lebens innerlich begründet. Das *Ich* dagegen – nicht als „Ich-Ganzheit“, sondern als reine „Ich-Mitte“ verstanden – ist das *transzendentale Prinzip*, das die Einheit des Bewußtseins bedingt, dem geistigen Selbstvollzug zugrunde liegt und die geistigen Akte des Erkennens, Wollens und Liebens als „meine“ Akte entspringen läßt. Es ist gleichsam der Punkt, an dem die geistige Seele ursprünglich – dem bewußten Vollzug noch vorausliegend – sich selbst reflektiert, Bei-sich-Sein gewinnt oder, wie *Thomas* in der „reditio completa in seipsum“ formuliert, zu sich selbst zurückkehrt, d. h. die Identität von Sein und Wissen im Vollzug setzt. Es ist grundsätzlich nicht erfahrbar, auch in ausdrücklicher Reflexion nicht direkt – als Phänomen – erreichbar, ist aber als rein transzendentales Ich der Punkt, an dem sich Bewußtsein konstituiert und sich ein gelichteter Raum des Bewußtseins öffnet. Es ist daher der apriorische Einheitspunkt und Ursprungsgrund des gesamten Bewußtseinsvollzugs. Es ist nicht die Seele, insofern sie als „forma corporis“ des leiblichen, vitalen und sinnlichen Geschehen ist; aber es ist die geistige Seele in ihrer höchsten, eben „geistigen“ Fähigkeit, zu sich selbst zu kommen, im Bewußtsein sich selbst zu reflektieren und Akte – des Erkennens und Wissens, des Strebens und freien Wollens – zu setzen, die zwar durch das materielle Substrat bedingt und ermöglicht, aber in ihrer Wesensart nicht mehr dadurch konstituiert, sondern das „geistige“ Wesen des Menschen verwirklichen und offenbaren.

5. PERSONALE GANZHEIT

Die menschliche Wesenseinheit von Leib und Geist als individuelles Selbstsein, das sich in bewußtem Selbstbesitz und freier Selbstverfügung vollzieht, nennen wir „Person“. Der Begriff der Person hat im personalen Denken der neueren Philosophie und Theologie große Bedeutung gewonnen. Die Eigenart des personalen Seins, des personalen Vollzugs und des interpersonalen Bezugs ist neu ans Licht getreten. Dadurch wurde der Begriff der Person phänomenologisch bereichert, doch liegt ihm immer noch der klassische Personbegriff zugrunde, der in der patristischen Theologie entwickelt wurde und in die philosophische und theologische Tradition einging.

a) Begriff der Person

Einen *Begriff der Person* oder einen anderen sachlich entsprechenden Begriff hatte die *griechische* Philosophie noch nicht. Sicher gab es schon die natürliche Erfahrung der Einzelheit, Freiheit und Verantwortung des Menschen, aber sie wurde noch nicht soweit Thema philosophischer Reflexion, daß sie einen eigenen begrifflichen Ausdruck fand. Das Denken war vorwiegend dem Allgemeinen und Notwendigen zugekehrt. Das konkret einzelne in der wandelbaren Welt der Erfahrung und der Geschichte trat noch weniger ins Blickfeld; daher auch nicht der Einzelmensch in seiner personalen Eigenart.

Erst im *christlichen* Denken erhält das personale Sein ein völlig neues Gewicht. Berufung und Begnadung des einzelnen durch Gott, seine Freiheit und Verantwortung, seine Heilsentscheidung und Ewigkeitsbestimmung setzen den Menschen als Person im vollen Sinne voraus. Doch wird der Personbegriff nicht primär vom menschlichen, sondern vom göttlichen Personsein her entwickelt. Sein Ursprung liegt nicht im philosophischen, sondern im theologischen Bereich, nämlich in den christologischen und trinitarischen Diskussionen des 4. und 5. Jahrhunderts. Sie fanden einen gewissen Abschluß darin, daß das Konzil von Chalzedon (451) erklärte, in Jesus Christus besitze die eine „Person" oder „Subsistenz" sowohl die göttliche als auch die menschliche Natur (oder Substanz).[18] Ein Jahrhundert später entschied das Zweite Konzil von Konstantinopel (553), daß die eine und selbe göttliche „Natur" (physis) oder „Substanz" (ousia) den drei „Subsistenzen" (hypostaseis) oder „Personen" (prosopa) zukomme[19]; die drei göttlichen Personen, Vater, Sohn und Geist, sind demnach wesensgleiche Träger der einen Natur Gottes, also des absoluten, unendlichen Seins. Damit ist der Unterschied zwischen Natur und Person definiert. Der Begriff der Person war aber noch durchaus nicht völlig geklärt. Das lateinische Wort „persona" entspricht dem griechischen „prosopon" (Gesicht, Antlitz). Damit ist ursprünglich die Maske des Schauspielers gemeint, der damit eine „Rolle" übernimmt und eine „Person" darzustellen hat. Wenn im Mittelalter das Wort „persona" als „per se unum" ausgelegt oder vom Verbum „personare" (durch-tönen) abgeleitet wurde, so ist das zwar sprachlich nicht richtig, aber in der Ableitung von „personare" bleibt das Bild von der Maske des Schauspielers noch gegenwärtig.[20] Es scheint auch dem Wort „persona" zugrunde zu liegen. Die etruskische Bezeichnung „phersu" findet sich als Beischrift der Darstellung eines Maskenträgers; von daher dürfte das lateinische Wort stammen. Diese Bedeutung wurde übertragen auf die „Rolle", die der Schauspieler übernimmt, also auf die „Person", mit der er sich im eigenen Vollzug zu identifizieren hat – vielleicht schon ein ferner Hinweis auf die Selbstsetzung, die freie Selbstverwirklichung der Person.

Die erste Definition der Person in einem philosophisch-theologischen Sinn stammt von *Boethius* (480–525); er versteht sie als „rationalis naturae individua substantia"[21], wobei die Worte „rationalis natura" die Geistnatur oder das geistige Wesen und die Worte „individua substantia" nicht nur Einzelsubstanz, sondern deren letzten, nicht vertretbaren oder mitteilbaren Selbstand meinen. Diese Definition wurde in der folgenden Tradition allgemein geläufig. Noch *Thomas von Aquin* geht von ihr aus, wenn er auch in anderen Formulierungen die Person noch schärfer zu erfassen sucht wie in den

Worten „distinctum subsistens in natura rationali“[22]; hier bedeutet wieder das „distinctum subsistens“ den letzten Selbstand der Einzelsubstanz. Später definierte die scholastische Theologie zumeist die Person als „suppositum rationale“, d. h., sie ist eine geistige Vollsubstanz, die den letzten Selbstand (hypóstasis = suppositum) in sich selbst besitzt. Wodurch aber die geistige Einzelsubstanz zur Person wird, d. h. worin der letzte Selbstand besteht, der die geistige Vollsubstanz zur Person konstituiert – aber mit ihr nicht notwendig gegeben ist, da die volle menschliche Natur Christi nicht als Person in sich selbst „subsistiert“ – das ist eine theologisch nicht vollends geklärte, vielleicht nie restlos klärbare Frage, der wir hier nicht nachzugehen haben. Denn in unserem natürlich menschlichen Erfahrungsbereich ist sicher jeder Mensch – dem als solchem eine geistige Natur zukommt – eine Person. Wir können darunter das individuelle Selbstsein eines geistigen, also bewußten und freien Seienden verstehen.

Während es aber in diesen Versuchen, das Wesen der Person auf den Begriff zu bringen, allein um die ursprüngliche, formal-ontologische Konstitution des Personseins ging, sieht die neuere Philosophie des Personalen vielmehr den realen Selbstvollzug und das Gesamtphänomen personalen Seins. Insofern besteht im Grunde kein Gegensatz zwischen dem Personbegriff der Tradition und der modernen Philosophie; vielmehr kommt jener zu einer volleren phänomenologisch-philosophischen Entfaltung. Hier wird nun häufig die Unterscheidung zwischen *Natur und Person* eingeführt. Diese Unterscheidung geht auf die alte theologische Problematik zurück. Dort war aber die Frage, wodurch die volle, einzelhafte Geistnatur ontologisch zur Person konstituiert werde, worin also das konstitutive Element der Person gegenüber der substantiellen Geistnatur liege. Hier dagegen wird vielfach unter „Natur“ der Gesamtbereich der leiblichen, biologisch-vitalen Wirklichkeit des Menschen verstanden und unter „Person“ der höhere Bereich des geistigen Lebens, des Bewußtseins, der freien und verantwortlichen Selbstentscheidung und -gestaltung des Daseins. In diesem Sinn ist die Unterscheidung jedoch terminologisch nicht glücklich. Denn auch das Geistige gehört zur ganzen Leib-Geist-Natur des Menschen. Es gibt nicht eine rein biologische Natur, die nicht schon vom Geist geformt und durchwirkt wäre. Auch geistige Anlagen und Fähigkeiten sind uns naturhaft vorgegeben. Daher ist es richtiger – wenn man den Unterschied von Natur und Person einführen will –, unter „Natur“ alles zu verstehen, was uns leiblich und geistig vorgegeben ist, unter „Person“ aber alles, was der Mensch in bewußter und freier Selbstgestaltung seines Daseins daraus „macht“. Seine Natur ist ihm selbst überantwortet. Er hat sie selbst zu bewältigen und darin sich selbst personal zu verwirklichen. Das ist seine „persönliche“ Leistung, die dem freien Personsein entspringt. Doch ist auch dabei zu bedenken, daß der Mensch schon ursprünglich und wesenhaft, durch seine Leib-Geist-Natur, Person „ist“, somit personale Rechte (auf Leben und freie Selbstentfaltung) hat, nicht aber erst durch den eigenen geistig-freien Selbstvollzug Person „wird“. Dem Werden und der Selbstgestaltung der Person als konkreter und individueller „Persönlichkeit“ geht ontologisch das Person-Sein voraus.

Damit hängt zusammen, daß man die Person vielfach entweder als Person-Mitte oder als Person-Ganzheit versteht. Bei M. Scheler ist sie reine, dem aktuellen Vollzug vorausliegende *Person-Mitte.*[23] Der Begriff „Geist" wird allein den geistigen Akten vorbehalten. Es gibt daher nicht ein geistiges Sein als substantielle Wirklichkeit, sondern nur geistige Tätigkeit als aktuellen Selbstvollzug. Doch ist das geistige Wirken auf ein Zentrum zurückbezogen, aus dem die Einzelakte hervorgehen und das ihre Einheit als „meine" Akte bedingt. Dieses reine Ich-Zentrum nennt Scheler die Person. Sie ist wesentlich ungegenständlich, auch nicht durch Reflexion einholbar, aber sie ist der Mittelpunkt, dem das ganze geistige Leben entspringt und in dem alles zusammenläuft. Dagegen neigt die personale Philosophie und Psychologie der Gegenwart vorwiegend dahin, die Person als *Person-Ganzheit* zu verstehen.[24] Dies entspricht mehr dem Personbegriff der Tradition, aber auch dem Phänomen, daß wir aus der Ich-Mitte über die gesamte leiblich-geistige Wirklichkeit unseres Menschseins verfügen und in dieser Ganzheit uns selbst personal verwirklichen. Insofern aber die Ganzheit auf eine Mitte bezogen ist und einer Mitte entspringt, ist sie eine zentrierte Ganzheit. Zwischen dem Verständnis des Ich als Ich-Mitte und als Ich-Ganzheit besteht, wie oben gezeigt wurde, nicht ein Gegensatz, sondern ein gegenseitiges Bedingungsverhältnis. Ebenso besteht auch hier kein letzter Gegensatz. Denn die Person-Mitte ist dies nur als Mitte einer Ganzheit, die von ihr her vollzogen wird, und die Person-Ganzheit ist dies nur als zentrierte Ganzheit, die von ihrer Mitte her zur Ganzheit konstituiert und als Ganzheit verwirklicht wird. Auch hier besteht demnach ein Verhältnis gegenseitiger Bedingung zwischen Mitte und Ganzheit. Doch scheint es terminologisch zutreffender, unter „Person" die leiblich-geistige Gesamtwirklichkeit des Einzelmenschen zu verstehen, der aus der Mitte seines Selbstseins die Ganzheit vollzieht und sich selbst als diese Ganzheit erfährt.

b) Person und personaler Bezug

Daraus ergibt sich die weitere Frage: Ist das Wesen der Person durch den *personalen Bezug* konstituiert? Die Person verwirklicht sich im eigenen freien Selbstvollzug. Der Vollzug „meiner selbst" ist immer zugleich Vollzug „meines Anderen". Selbstvollzug und Weltvollzug bilden eine dialektische Einheit. Der primäre Bezugspunkt des personalen Vollzugs ist aber die andere Person. „Das Andere" des Menschen ist primär „der Andere". Personaler Vollzug meiner selbst geschieht im personalen Bezug zum Anderen. Nur in mitmenschlicher Gemeinschaft kommt der Mensch zu sich selbst und verwirklicht personal sich selbst. Die Konstitution der Person durch den personalen Bezug scheint sich theologisch zu bestätigen aus dem relationalen Wesen der göttlichen Personen; ihre personale Verschiedenheit und Eigenständigkeit konstituiert sich in der Beziehung aufeinander und in der Abhebung voneinander. Doch besteht hier der wesentliche Unterschied, daß die real identische Wirklichkeit Gottes den drei Personen zukommt, diese sich also nur relational unterscheiden und konstituieren können. Dagegen ist jeder Einzelmensch eine selbständige leiblich-geistige Ganzheit, die als solche schon ontologisch konstituiert sein muß, um den entsprechenden freien Selbstvollzug setzen zu können. Der Mensch ist schon Person, bevor er sich personal selbst verwirklicht. Wir müssen wie das Wesen des Menschen so auch das Wesen des Personseins dynamisch verstehen. Der Mensch ist schon ursprünglich in seine leiblich-geistige Wesensverfassung gesetzt, durch die er Person ist, aber als Person noch nicht voll verwirklicht ist. Dies geschieht erst im eigenen Selbstvollzug. Dieser ist nur möglich im personalen Bezug, der daher schon in der ursprünglichen Wesensverfassung des Menschen angelegt, aber noch nicht verwirklicht, gefordert, aber noch nicht erfüllt ist. So bedeutet Personsein eine wesentliche Hinordnung auf das personale Sein des Anderen. Nur im Vollzug dieses personalen Bezugs – auf das endliche Personsein des anderen Menschen und im letzten auf das absolute und unendliche Personsein Gottes – erreicht der Mensch seine volle personale Verwirklichung und Entfaltung.

c) Personsein und Unsterblichkeit

Dies stellt uns jedoch vor ein Problem, das sich als alte und nie verstummende Menschheitsfrage nach der *Unsterblichkeit* formuliert. Ist das menschliche Dasein auf dieses Leben beschränkt und ist ihm mit dem Tod das letzte Ende gesetzt? Oder gibt es ein Fortleben nach dem Tod, erwartet uns ein unsterbliches Leben? Was kann philosophisch dazu gesagt werden? Auf der einen Seite ist die transzendente Dimension konstitutiv für das geistige Wesen des Menschen, das „Unbedingte im Bedingten", das wir im Anspruch des Wahren, im verbindlichen Sollen des Guten, im unbedingten Wert des Personseins erfahren. Darin zeigt sich die Transzendenz des Menschen. Ihr entspringt das unendliche Streben nach voller Wahrheit und reiner Gutheit, nach erfüllendem Glück und endgültiger Vollendung. Es ist ein Streben, das über alle begrenzten Dinge und Werte hinausgeht und nur im Unendlichen Erfüllung finden kann. In diesem transzendenten Wesenszug gründet der absolute Wert personalen Seins, den wir nicht nur im unbedingten Selbstwert erfahren, sondern der uns auch im anderen Menschen begegnet, den wir auch in ihm zu achten und zu wahren haben. Dem absoluten Wertcharakter der Person widerstreitet die Vernichtung im Tod. Ihm entspringt die alle Religionen der Menschheit beherrschende Sehnsucht nach dem Ewigen, einem dem Tod überlegenen, also unsterblichen Leben als der Vollendung des menschlichen Daseins.

Auf der anderen Seite entstammt der Gedanke an eine „Unsterblichkeit der Seele" dem dualistischen Menschenbild des griechischen, insbesondere des platonischen Denkens, das die Seele als etwas anderes gegenüber dem Leib, im Grunde als reines Geistwesen versteht, das nur äußerlich an den Leib gebunden ist und sich aus dieser Bindung zu befreien hat, um in das seinem Wesen gemäße, nämlich rein geistige Leben zurückzukehren.

Der erste Versuch, die Unsterblichkeit der Seele philosophisch zu beweisen, stammt von Platon (bes. Phaidon), der aus dem rein geistigen Wesen der Seele, ihrer Hinordnung auf die ewigen, allgemeinen und notwendigen Ideen ihre Wesensgemeinschaft mit der, die Sinnenwelt übersteigenden, rein geistigen, „intelligiblen" Wirklichkeit aufweist.

Ähnlich wurde in der Tradition den Denkens vielfach aus der seinsmäßigen (ontologischen) Einfachheit der geistigen Seele ihre Unsterblichkeit erschlossen. Weil sie nicht ausgedehnt, nicht aus Teilen zusammengesetzt ist, kann sie auch nicht durch – natürliche oder gewaltsame – Trennung der Teile zerfallen oder zerstört werden; sie ist daher unsterblich und unvergänglich. Das ist richtig; doch scheint es uns wichtig, diesen (negativen) Beweisgang aus der Unmöglichkeit eines Zerfalls durch den (positiven) Aspekt der Transzendenz des Menschen, seiner „virtuellen Unendlichkeit", zu ergänzen und zu vertiefen. Das Wesen des Geistes ist konstituiert durch den transzendenten Bezug auf das Absolute als den unbegrenzten Horizont seines Selbstvollzugs. Daher ist er wesentlich hingeordnet auf das Unendliche, in dem allein sein unendliches Streben endgültige Erfüllung finden kann. Das fordert schon aus philosophischen Gründen die Unsterblichkeit der Seele, ihr Fortleben nach dem Tode, ihre Vollendung in einem künftigen Leben.

Trotzdem ist die Unsterblichkeit der reinen, vom Leib getrennten Geistseele problematisch, weil der Geist Seele des Leibes und der Leib Medium des Geistes ist. Wie sollte eine leiblose Seele leben und bewußt sich selbst vollziehen können? Das ist aus dem Bereich unserer Erfahrung kaum vorstellbar, auch nur schwer denkbar, so wenig es schlechthin ausgeschlossen werden kann. Sicher ist darauf keine philosophisch beweisbare Antwort zu geben. Dem philosophisch-anthropologischen Befund – sowohl der wesenhaften Transzendenz geistig-personalen Seins und Wirkens als auch der ebenso wesenhaften Einheit des Geistes mit dem Leib – entspricht viel mehr als die Unsterblichkeit einer vom Leib gelösten Seele die christliche Lehre von der „Auferstehung des Fleisches", d. h. von der Wiedererweckung und dem Fortleben des ganzen Menschen in seiner leiblich-geistigen Einheit – in einem neuen, ganz anderen Dasein, das den raum-zeitlichen Dimensionen unserer Welt inkommensurabel ist, daher weder vorgestellt noch begriffen werden kann, in dem wir aber nach der Vorläufigkeit und Gebrochenheit dieses Lebens endgültige Vollendung erhoffen dürfen. Dort soll erst offenbar werden, was eigentlich und endgültig – in seiner Vollgestalt – Menschsein bedeutet.

IV. Die Selbstentfaltung des Menschen

1. DER PERSONALE BEZUG

Was der Mensch aus seinem Wesen ist, muß er selbst verwirklichen, zur Entfaltung bringen. Aus grundlegenden Verhaltens- und Wirkweisen des Menschen haben wir seine Wesenskonstitution als leiblich-geistiges Sein ermittelt. Schon daraus ergibt sich, daß sein Wesen nicht „statisch" zu verstehen ist, etwa als Minimalstruktur dessen, was zum Menschsein gehört. Es muß „dynamisch" verstanden werden als der Ursprung des Wirkens als eigener Selbstverwirklichung. Wenn wir jetzt noch manchen der wichtigsten Dimensionen menschlicher Selbstentfaltung nachgehen, meinen wir damit nicht mehr einzelne Wirkweisen wie Erkennen, Wollen und Handeln, sondern Ausrichtungen oder Beziehungsgefüge gesamtmenschlichen Wirkens, die den Menschen im ganzen in Anspruch nehmen, also auch konkreter zur Entfaltung bringen, was Menschsein bedeutet.

An erster Stelle steht die fundamentale Beziehung zum anderen Menschen, von „mir" zu „dir". Wir können sie als personalen Bezug bezeichnen und meinen damit dasselbe, was heute vielfach „Intersubjektivität" oder (besser) „Interpersonalität" genannt wird. Worin liegt die Eigenart, aber auch die Bedeutsamkeit dieses Phänomens?

a) Interpersonalität

Der Mensch lebt in der Welt; seine Selbstverwirklichung ist angewiesen auf seine Welt. Er vollzieht „sich selbst" nur im Vollzug „seines anderen". Doch ist „das andere" des Menschen primär „der andere": der Mitmensch, der uns als gleichartiges und gleichwertiges geistig-personales Wesen begegnet, uns anspricht, sich uns erschließt und uns zu Glauben, Vertrauen, Wohlwollen und Liebe aufruft. Nur im personalen Bezug kommt der Mensch zur vollen Selbstentfaltung.

Dieses Phänomen wurde schon in der griechischen Philosophie gesehen. Besonders in der Ethik des Aristoteles finden sich bereits eingehende Analysen zwischenmenschlicher Beziehungen.[1] Dies wirkt tief hinein in das christliche Denken und erhält dort neues Gewicht, weil der Einzelmensch hier einem personalen Wert erhält, der dem Griechentum fremd war. Das ergibt sich schon aus der biblisch-christlichen Sicht des Menschen als „Ebenbild Gottes", ebenso aus der Heilsberufung des Einzelnen, dem Ewigkeitsgewicht seiner freien Entscheidung, aber auch aus dem Gebot der Nächstenliebe, das in der Liebe Gottes zum Menschen gründet. Erst dadurch kommt der Absolutwert menschlichen Personseins voll zur Geltung. Jedoch wird die Eigenart personaler Erkenntnis und ihre fundamentale Bedeutung für die menschliche Erkenntniswelt hier wie dort noch kaum ausdrücklich gesehen. Erst recht geht es der neuzeitlichen Erkenntnistheorie von Descartes bis Kant vor allem um eine Theorie gegenständlich-naturwissenschaftlicher Erkenntnis. Noch bei Kant ist für personale Erkenntnis und interpersonale Kommunikation im Grunde kein Platz. Dagegen kommt schon bei

Fichte die Eigenart personaler Erkenntnis in den Blick. Er erkennt die grundlegende Bedeutung der zwischenmenschlichen Beziehung für Recht und Sittlichkeit: „Der Mensch ... wird nur unter Menschen ein Mensch – sollen überhaupt Menschen sein, so müssen mehrere sein.“[2] Doch treten diese Einsichten erst im philosophischen Personalismus der letzten Jahrzehnte in den Vordergrund des Denkens.[3] Die Eigenart personalen Seins gegenüber anderen, unpersonalen Seinsschichten wird herausgearbeitet; die zentrale Bedeutung des zwischenpersonalen Bezugs wird erkannt.

Zur geistig personalen Vollentfaltung kommt der Mensch nur in menschlicher Gemeinschaft. Er muß angesprochen und zur freien Entscheidung aufgerufen werden, er muß belehrt und erzogen werden. Hierin hat die Sprache eine wesentliche Funktion. Sie ist nicht nur die vorzüglichste Weise personaler Kommunikation, sondern durch sie wächst der einzelne auch in einen bestimmten, geschichtlich geprägten Kultur- und Geistesraum hinein. Selbst das menschliche Denken vollzieht sich in der Sprache. Der Gedanke erfordert die Sprache, der Begriff verlangt nach dem Wort. Wenn aber die Sprache Mittel und Ausdruck personaler Kommunikation ist, so ist auch das Denken wesenhaft auf geistige Gemeinschaft mit anderen angewiesen. Nur in diesem Zusammensein bildet sich die geistige Welt des einzelnen.

b) Erkenntnis und Wertbejahung

Dies hat seinen Grund darin, daß die personale Erkenntnis, in der wir den anderen verstehen, die tiefste, reichste und vollste, in gewissem Sinn auch die erste Erkenntnisweise des Menschen ist.[4] Sie ist die tiefste Erkenntnisweise, weil sich uns nur in ihr eine Wirklichkeit von innen her erschließt. Der andere Mensch gewährt uns in freier Selbstmitteilung Einblick in sein eigenpersonales Leben, in sein Denken und Fühlen, seine Gesinnungen und Bestrebungen. Davon können wir nicht durch gegenständliche Erfahrung, sondern nur durch freie Selbsteröffnung des anderen Erkenntnis gewinnen. Das ist auf der Ebene unterpersonalen Seins nicht möglich, weil sowohl die Tiefendimension des Personalen als auch die Möglichkeit freier Selbsterschließung fehlt. Darum ist die personale Erkenntnis auch die reichste Erkenntnisweise, weil sie allein uns zum personalen Sein des anderen vordringen läßt, das den Reichtum eines geistigen Innenlebens in seiner Tiefe, seiner Vielgestaltigkeit besitzt, wie es anderen Seinsbereichen nicht eigen ist. So ist dies weiter die vollste Erkenntnisweise, insofern in ihr alle übrigen, nämlich gegenständlichen Erkenntnisweisen sinnlicher und geistiger Art zur Einheit aufgehoben sind. Diese Erkenntnis verlangt aber, daß wir uns dem anderen in Glauben und Vertrauen öffnen, verstehend auf ihn eingehen, sein eigenes Denken, Wollen und Empfinden mitvollziehen, so aber um seine personale Eigenwelt bereichert werden.

Obwohl also die personale Erkenntnis in diesem Sinn die höchste Erkenntnisweise ist, so ist sie doch zugleich die erste Erkenntnisweise des Menschen. Die andere Person ist das Ersterkannte. Das gilt nicht nur in dem zeitlichen Sinn, daß das Kind vor allen anderen Dingen Personen wahrnimmt, zumeist vor allem die eigene Mutter, mit der es in den ersten mitmenschlichen Kontakt tritt und durch sie zum Verständnis der Umwelt geführt wird. Es gilt auch in dem qualitativen Sinn, daß die andere Person das primäre Beziehungsziel unseres ganzen Erkennens, Wollens und Handelns ist. Wie erfassen die andere Person ursprünglicher als anderes und können die unterpersonalen Seinsstufen in ihrem eigentlichen Sein und Sinn nur aus der Analogie zum personalen Sein verstehen.

Doch erschöpft sich der personale Bezug nicht in der Erkenntnis, sondern vollendet sich erst im personalen Lieben und Handeln. Erst in der Gemeinschaft, im Zusammenleben und -wirken mit anderen, wird der Mensch ganz er selbst. Erst in der Liebe zum anderen erreicht er die höchste Möglichkeit seiner selbst. Überdies geht das Willenselement freier Bejahung des anderen schon konstitutiv in personale Erkenntnis ein. Diese ist nie rein theoretische Erkenntnis wie eine gegenständliche Feststellung. Sie verlangt vielmehr als Bedingung ihrer Möglichkeit den Glauben und das Vertrauen gegenüber der freien, wesenhaft nicht nachprüfbaren, sondern nur glaubend hinzunehmenden Selbstmitteilung des anderen. Sie setzt also schon die freie Bejahung des anderen voraus. Dies ist der Grundakt des personalen Bezugs.

Schon aus der Struktur des geistigen Selbstvollzugs hat sich uns ergeben, daß das Wissen über sich hinausweist auf das Wollen und sich darin erst der Vollzug meiner selbst in meinem anderen vollendet. Daraus folgt, daß das Wesen des Wollens nicht in Wertergreifung „für mich", sondern in Wertbejahung oder Beantwortung des Wertes „an sich" besteht. Nur in tieferen, selbst schon relativen Wertbereichen wird die Wertantwort zur Wertergreifung „für mich". In höheren Wertbereichen, nämlich gegenüber dem, was „in sich" werthaft ist, verlangt der Wert eine reine Wertantwort um seiner selbst willen. Das gilt im eigentlichen Sinne nur gegenüber dem personalen Wert des anderen Menschen. Er hat eine gewisse Absolutheit, welche die unbedingte Wertantwort personaler Bejahung und Anerkennung, Ehrfurcht und Liebe verlangt. Es geht darin nicht um mich, sondern um den anderen, d. h. um die Bejahung seines personalen Wertes um seiner selbst willen. Das bedeutet aber, daß Wollen im reinsten Sinn selbst schon Liebe ist.

Absolute Werthaftigkeit in diesem Sinn ist nur dem geistig-personalen Wesen eigen, das sich im unbedingten Horizont und darum im ständigen Ausgriff nach dem absoluten Sein verwirklicht. Die Wesensbeziehung des endlichen Geistes auf das Absolute, die in Freiheit zu vollziehen ist, verleiht ihm selbst eine Absolutheit, die durch andere, nämlich unterpersonale Werte nicht aufgehoben oder aufgewogen werden kann. Daraus folgt, daß die reine Wertantwort der Bejahung des Wertes um seiner selbst willen nur gegenüber dem anderen geistig-personalen Wesen möglich ist: in personaler Liebe, im freien Ja zum personalen Du. Liebe im Vollsinn ist nur als personale Liebe möglich.

Was wir hier – noch sehr allgemein – Liebe nennen, kann und muß im konkreten Geschehen sehr verschiedener Art sein. Die Beziehung zwischen zwei individuellen Menschen ist notwendig eine jeweils individuelle Beziehung. Jeder einzelne hat eine bestimmte Eigenart. Darum ist auch meine Beziehung zu ihm von jeweils bestimmter Eigenart. Es kann die Liebe zwischen Eltern und Kindern sein, Liebe echter Freundschaft, der Verehrung und Hochschätzung, des Mitleids, der Barmherzigkeit und der

Hilfsbereitschaft oder bräutliche und eheliche Liebe, die sich entsprechend der Leib-Geist-Einheit des Menschen und sowohl der Verschiedenheit als auch der gegenseitigen Zuordnung der Geschlechter im Leiblichen ausdrückt und leiblich fruchtbar wird. Der Leib ist Medium des Geistes. Die geschlechtliche Beziehung ist im Menschen hineingehoben in eine geistig-personale Lebens- und Liebesgemeinschaft, die nur auf gegenseitiger Bejahung des personalen Selbstwerts, auf Ehrfurcht, Treue und Vertrauen beruhen kann und sich in fürsorgendem Zusammenstehen bewähren muß. Die Grundhaltung echter, wahrhaft personaler Liebe ist aber immer – in all ihren verschiedenen Formen – dasjenige, was man mit dem Wort „Wohlwollen“ ausdrücken kann. Schon Aristoteles verwendet das Wort „eunoia“ (wörtlich: Wohl-Wollen)[5], es geht im Lateinischen als „benevolentia“ in die Tradition ein. Im selbstlos sich hingebenden und verschenkenden Wohlwollen liegt das Wesen personaler Liebe, das sich in allen Gestalten menschlich echter Liebe von Person zu Person durchhält.

Wenn der andere in diesem Sinn bejaht wird, so betrifft dies die konkrete Ganzheit seines Personseins; dazu gehört auch seine Aussage als Ausdruck seiner Person. Das Ja personaler Wertantwort gegenüber dem anderen schließt daher auch die grundsätzliche Bereitschaft ein, ihm Glauben und Vertrauen zu schenken, sich ihm zu öffnen, auf ihn einzugehen und ihn zu verstehen. Insofern ist die Grundhaltung personaler Liebe auch die Bedingung personaler Erkenntnis und auf der anderen Seite die Bedingung dafür, daß der andere sich aus der Tiefe seines Personseins in Freiheit und Vertrauen erschließen kann und sich in Wohlwollen angenommen und verstanden weiß. Gerade hier zeigt sich die enge Verschränkung von Wissen und Wollen, von Erkenntnis mit Freiheit und Liebe.

c) Person und Transzendenz

Der Mensch ist auf den anderen hingeordnet und findet nur über den anderen sich selbst. Nur im Hinausgehen über sich zum anderen verwirklicht er sein eigenes Wesen. Hier zeigt sich eine *Grundstruktur*, die wir nach ihrem metaphysischen Grund befragen müssen. Er liegt im Wesen des endlichen Geistes, der sich im unbedingten und unbegrenzten Horizont des Seins, des Wahren und Guten, darum in wesenhafter Hinordnung auf das Absolute vollzieht. Für den Menschen als endlichen Geist in der Welt ist aber das absolute Sein Gottes nie unmittelbares Beziehungsziel des eigenen Wirkens; das Absolute ist nie unmittelbar als Gegenstand des Erkennens, Wollens und Liebens gegeben, sondern immer nur vermittelt durch die Welt. Diese ist der unmittelbare Gegenstandsbereich unseres geistigen Selbstvollzugs. In unserer Welt soll jedoch der Vollzug unseres Selbstseins, also auch und wesentlich der transzendente Bezug auf das absolute Sein Gottes geschehen. Darum muß schon in der Welt der Vollzug derjenigen inneren Haltungen möglich sein, die dem transzendenten Wesen des Menschen gemäß über die Welt hinausgehen und erst im Absoluten ihren vollen Sinn und ihr letztes Ziel erreichen. Nun begegnet uns aber innerhalb unserer sinnlich-materiellen Erfahrungswelt anderes Personsein – andere Menschen in der absoluten Werthaftigkeit, der gegenüber die unbedingte Wertantwort personaler Bejahung, Wohlwollen selbstloser Hingabe möglich und erfordert ist. Dies aber sind Haltungen, die im letzten über den endlichen Personwert hinausgehen und den unendlichen Personwert Gottes anzielen.

Hier zeigt sich eine seltsame Zweideutigkeit des zwischenmenschlichen Bezugs, auch aller menschlich personalen Liebe. Auch sie unterliegt dem Grundgesetz des „Unbedingten im Bedingten“. Denn sie findet im anderen einen absoluten Personwert, der unbedingte Bejahung in Liebe und Hingabe verlangt. Zugleich aber weist der menschlich personale Bezug über sich selbst hinaus und kann nicht die letzte Erfüllung geben. Warum? Einerseits, insofern der Mensch einen absoluten Personwert besitzt, der um seiner selbst willen bejaht sein will, ist menschliche Liebe und Hingabe in sich ein sittlich personaler Wert. Anderseits aber, insofern es eine relative Absolutheit ist, d. h. eine solche, die im letzten nicht in sich selbst, sondern durch ihren transzendenten Bezug auf das absolute Sein begründet ist, weist das menschliche, endliche Personsein über sich hinaus. Keine menschliche Liebe kann letzte Erfüllung gewähren. Es bleibt ein Rest von Distanz, ein Rest von Unerfülltheit, von Bedrohtheit der Liebe durch Trennung und Tod, eine letzte Sehnsucht nach endgültiger Erfüllung und Beglückung. Dies ist ein ursprünglich menschliches Phänomen, wodurch die menschliche Ich-Du-Beziehung über sich hinausweist auf das göttliche Du. Das ist notwendig mit der Endlichkeit des Menschen gegeben. Auch die höchsten Werte und Möglichkeiten des Menschen in der Welt zeigen durch ihre Kontingenz und Relativität eine letzte Fragwürdigkeit und Gebrochenheit und weisen damit auf ihren letzten Sinngrund zurück.

So ist einerseits das andere geistig personale Sein in der Welt, der andere Mensch, das erste und vorzüglichste Beziehungsziel unseres Erkennens, Wollens und Handelns, das uns zur personalen Wertantwort aufruft. Anderseits ist dies eine Haltung, die schon wesentlich über die endliche Person hinausweist und in letzter Intention den absoluten Personwert Gottes anzielt. Sofern sie eine absolute Bejahung und Hingabe bedeutet, kann sie sich in der endlichen Person nicht endgültig erschöpfen, sondern nur gegenüber dem absolut personalen Sein Gottes vollenden, gegenüber dem anderen Menschen nur, wenn dieser von Gott her und auf Gott hin gesehen und bejaht wird. Was menschliche Liebe im vollsten Sinne ist, kann nur gegenüber dem unendlich personalen, unendlich liebenden und liebenswerten Gott vollzogen werden, gegenüber dem anderen Menschen nur, wenn dieser gleichsam im Licht der Liebe Gottes erkannt und geliebt wird. Das bedeutet nicht, daß wir den anderen Menschen nicht eigentlich „selbst“, in seinem eigenen Personwert lieben können und dürfen, sondern nur um eines anderen willen, der gleichsam dahintersteht, so daß der andere Mensch zu einem „Mittel zum Ziel“ gemacht würde. Dadurch wäre die menschliche Liebe ihres absoluten Wertes beraubt; gerade so könnte sie aber die Liebe zu Gott nicht mehr vermitteln. Vielmehr wird der andere Mensch durchaus um seiner selbst willen, in seinem je eigenen und einmaligen Personwert bejaht und geliebt. Dieser aber erschließt sich erst in ganzer Tiefe, wenn wir ihn bezogen auf Gott, eben in dem transzendenten Bezug, der die absolute Werthaftigkeit endlichen Personseins konstituiert, liebend bejahen.

Daraus ergibt sich einerseits, daß wir zu jenen personalen Haltungen, in denen wir unser eigenes Wesen erst voll verwirklichen, unmittelbar durch andere Menschen erweckt und aufgerufen werden; anderseits aber schließen diese Haltungen schon eine

Bewegung über den endlichen Personwert hinaus auf den unendlichen Personwert Gottes in sich, in dem allein sie sich endgültig vollenden können. Darin zeigt sich nochmals die wesenhaft transzendente Struktur des menschlichen Selbstvollzugs. Der Mensch ist Transzendenz. Daher findet und verwirklicht er umso mehr sich selbst, je mehr er über sich hinausgeht, sich selbst vergißt und verschenkt. Je mehr er sich selbst transzendiert, umso mehr aktuiert er sein eigenes Wesen. Daraus folgt weiter, daß geistiges „Bei-sich-Sein" nicht immanent verschlossen ist, sondern sich im „Sein-beim-anderen" zu vollziehen und zu verwirklichen hat. Je tiefer das „Bei-sich-Sein" ist, umso größer ist die Möglichkeit, beim andern zu sein. Je mehr ich auf geistig-personale Weise beim anderen bin – beim anderen Menschen und im letzten bei Gott –, umso mehr bin ich „bei mir selbst" und verwirkliche mein eigenes, wesenhaft transzendentes Selbst-Sein.

2. EINZELNER UND GEMEINSCHAFT

Wir leben nicht nur in der Beziehung zu anderen Einzelmenschen, sondern auch im Ganzen einer Gemeinschaft, nicht nur in der Beziehung von Ich und Du, sondern auch von Ich und Wir, also nicht nur im personalen, sondern auch im sozialen Bezug. Die Wir-Beziehung setzt die Du-Beziehung voraus; das Du vermittelt das Wir. Anderseits werden auch umgekehrt durch die Gemeinschaft des Wir personale Ich-Du-Beziehungen gestiftet; insofern vermittelt das Wir ein Du. Hier besteht eine gegenseitige Bedingung und Vermittlung. Sie zeigt, daß beide Aspekte eine notwendige Einheit bilden.[6]

a) Grundstrukturen

Das Zusammenleben und -wirken in der Gemeinsamkeit des Wir nennen wir Gemeinschaft oder Gesellschaft. Doch liegt hier ein begrifflicher Unterschied, der sich aus der Struktur des personalen Selbstvollzugs ergibt. Dieser steht seinem Wesen nach in der Zweiheit von *Ich und Du,* mir und meinem anderen. Einerseits verlangt sittlich-personale Selbstverwirklichung die freie Bejahung des anderen um seiner selbst willen. Anderseits ist ein Sich-Verschenken an den anderen personal-sittlich nur möglich, wenn darin nicht eine Preisgabe des eigenen Personwertes, sondern dessen wesensgemäße Entfaltung geschieht; sonst wäre dies nicht mehr Vermittlung, sondern Aufhebung des sittlichen Wertes, der darin verwirklicht werden soll. Daraus ergibt sich aber im zwischenmenschlichen Bereich eine Gegensatzspannung von *Liebe und Recht.* Auf der einen Seite besteht die sittliche Handlung primär in der personalen Bejahung des anderen, also mit einem Wort in Liebe. Soll diese aber sittlich möglich sein, so setzt es auf der anderen Seite voraus, daß der sittlich Handelnde – ich und der andere – einen ihm jeweils eigenen Vollzugsbereich seiner Freiheit hat. Es ist ein Bereich, in dem ihm die einzige Verfügung zusteht, die kein anderer ihm bestreiten oder beschränken darf und auf die er selbst nicht verzichten kann, soweit dadurch die Möglichkeit sittlicher Selbstentfaltung aufgehoben wäre. Dieser persönliche und ausschließliche Verfügungsbereich sittlicher Freiheit ist der Bereich des Rechtes, das keinen anderen Sinn hat als die menschlich-sittliche Freiheit zu sichern. Daraus folgt die Pflicht, sowohl die Rechte des anderen zu wahren als auch die eigenen Rechte gegenüber dem anderen zu wahren, soweit sie als Bedingung sittlicher Freiheit erfordert sind. Es besteht also eine notwendige, mit dem Wesen des Menschen gegebene Zweiheit von Liebe und Recht.

Sie bestimmt aber auch das menschliche Zusammensein in einem Gemeinwesen. Es ist in seiner Eigenart entweder primär durch Liebe oder durch Recht konstituiert; demnach nennen wir es *Gemeinschaft oder Gesellschaft.* Eine Gemeinschaft beruht auf persönlichen Beziehungen der gegenseitigen Bejahung und Achtung, Freundschaft und Liebe, geistig-personaler Verbundenheit einer Lebens- und Gesinnungsgemeinschaft, ohne daß diese Verbundenheit schon notwendig rechtlich festgelegt ist. Zwar gibt es auch hier eine unabdingbare Rechtssphäre, insofern jeder einzelne seine personalen Rechte besitzt und den Rechtsbereich des anderen anzuerkennen hat. Aber es besteht noch kein spezifisches Rechtselement, das darüber hinaus der Gemeinschaft als solcher, ihre Einheit bedingend, eigen wäre. Ist das Gemeinwesen jedoch rechtlich gebunden und organisiert, so nennen wir es eine Gesellschaft. Diese besteht im Zusammenwirken einer Mehrheit von einzelnen zu einem gemeinsamen Ziel. Dazu ist rechtliche Bindung und Leitung verlangt, welcher das Handeln der einzelnen auf das gemeinsame Ziel hin untergeordnet ist. Wie in der Gemeinschaft das Rechtselement nicht ausgeschlossen ist, aber nicht ihr Wesen konstituiert, so ist in der Gesellschaft eine personale Lebens- und Liebesgemeinschaft nicht ausgeschlossen; aber sie gehört nicht zu ihrem Wesen, kann daher – in einem unpersönlichen Zweckverband – auch fehlen. So bildet die Gemeinschaft gewissermaßen den „Innenaspekt", die Gesellschaft dagegen den „Außenaspekt" eines Gemeinwesens.

Daraus ergibt sich weiter die Spannung zwischen *Einzelnem und Allgemeinem.* Es ist die Frage, was den Vorrang hat, der Einzelne oder die Allgemeinheit. Wird einseitig dem Allgemeinen der Vorrang zugesprochen, dem der einzelne untergeordnet ist, so folgt daraus ein *Kollektivismus.* Diese Auffassung geht auf Platon zurück, für den die wahre Wirklichkeit die allgemeine und notwendige Idee ist, das einzelne dagegen nur deren Abbild in der veränderlichen Scheinwelt darstellt. Konsequent vertritt Platons Staatslehre einen kommunistischen Kollektivismus. Dieser wirkt mit seinem philosophischen Hintergrund in verschiedenen Formen geschichtlich fort und erfährt eine Wiederaufnahme und Verschärfung bei Hegel. Das Allgemeine hat einen absoluten Primat vor dem einzelnen. Das Absolute ist der allgemeine, unendliche Geistprozeß, das einzelne nur dessen verschwindendes Entfaltungsmoment, das dem Werden des Ganzen zu dienen hat. So wird auch der Einzelmensch mit seinen Zielen und seinem Schicksal zu einem „Mittel" der absoluten Vernunft, über ihn hinweg ihren Zweck zu erreichen. Daher geht jedes totalitäre System ideologisch auf Hegel zurück, vor allem der marxistische Kommunismus, der den einzelnen zu einer bloßen Funktion am Kollektiv degradiert und einen absoluten Primat des Allgemeinen, des gesellschaftlichen Prozesses, über den einzelnen statuiert.

Auf der anderen Seite steht ein *Individualismus*, der dem einzelnen den Primat gegenüber dem Allgemeinen zuspricht. Diese Auffassung hat ihre philosophischen Wurzeln im Nominalismus des Spätmittelalters und wirkt sich im zunehmend individualistischen Denken der Renaissancezeit, deutlich aber auch im Rationalismus Descartes' aus, für den das einzelne Geistwesen zur autonomen Vernunft wird. Dies wirkt weiter in der Aufklärung, welche die autonome Freiheit der individuellen Persönlichkeit proklamiert. Das Recht autonomer Freiheit wird zunächst in der Regierungsform des Absolutismus vom Herrscher in Anspruch genommen, der durch keine verfassungsmäßige Willensbildung der Allgemeinheit gebunden ist. Sobald aber dieses Gedankengut in die Breite dringt und die Staatsbürger dieselbe Freiheit autonomer Individualität beanspruchen, hebt sich diese Gesellschaftsform – seit der Französischen Revolution – von innen her auf und führt zur modernen Demokratie. Darin bleibt aber das individualistische Prinzip insofern bestehen, als sie auf einer rein quantitativen Zusammenzählung einzelner autonomer Individuen beruht, ohne der qualitativen Verschiedenheit ihrer Sachkenntnis, Erfahrung und Stellung im Ganzen der Gesellschaft gerecht werden zu können.

b) Solidarität und Subsidiarität

Daraus ergibt sich schon eine gegenseitige *Zuordnung* zwischen Einzelnem und Allgemeinem. Eine Allgemeinheit ist nie eine in sich bestehende Größe, die das einzelne in seiner Eigenständigkeit aufhebt, sondern sie verwirklicht sich selbst in einer Vielheit von einzelnen. So ist auch das Gemeinwesen nicht eine in sich stehende und absolute Größe, der die Einzelperson geopfert werden könnte. Vielmehr besteht jede Gemeinschaft und Gesellschaft aus Einzelpersonen, und das Gemeinwesen ist als solches auf die einzelnen zurückbezogen. Es hat eine dienende und helfende Funktion, nicht nur bezüglich materieller Lebensbedingungen, in denen der einzelne auf das Zusammenwirken einer Gemeinschaft angewiesen ist, sondern auch im Hinblick auf vollmenschliche, geistig-sittliche Entfaltung. Anderseits ist der einzelne auf die Gemeinschaft und Gesellschaft bezogen. Nur in ihr kommt er zu vollmenschlicher Verwirklichung. Er ist zum Einsatz für die anderen in der Gemeinschaft aufgerufen. Jeder hat auf seine Weise zum Gemeinwohl beizutragen.

Dabei kann aber der gesellschaftliche Bezug nicht immer unmittelbar und ausschließlich politisch verstanden werden. Die gesellschaftliche Ordnung des Staates ist nur möglich als übergeordnete Rechtsordnung einer Gesellschaft, die sich aus vielen kleineren Gemeinwesen aufbaut. Deren erste und sozial grundlegende Form ist die Familie. Darüber hinaus gibt es vielfache Berufs- und Interessenverbände, Gesinnungsgemeinschaften und Zweckvereinigungen neben politischen Körperschaften wie Gemeinden und Ländern. Alle vielfach verzweigten Gruppierungen haben ihre Funktion im Ganzen der Gesellschaft. Wenn der einzelne auf Gemeinschaft hingeordnet und angewiesen ist, so bedeutet das, daß er auf seine Weise, im Rahmen seiner Möglichkeiten und Fähigkeiten, dem Mitmenschen zu dienen und zu helfen hat, nämlich in den sozialen Gebilden, in denen er steht, in der Familie, in der Berufsarbeit, die in der arbeitsteiligen Gesellschaft einen Dienst am Ganzen leistet, und – je nach Anlage und

Fähigkeit – im Einsatz für andere höhere Gesellschaftsformen. Es heißt aber nicht, daß jeder in gleicher Weise zu politischem Einsatz im Ganzen des Staates aufgerufen ist, wenn er auch auf seine Weise Mitverantwortung für das Ganze trägt. Eine völlige „Verpolitisierung“ wäre ein Schaden für die Gesellschaft, weil diese nicht nur aus dem übergeordnet Allgemeinen des Staates und seines politischen Geschehens, sondern notwendig aus vielfachen kleineren, organisch gewachsenen Gemeinschaftsformen besteht.

In jedem Gemeinwesen gilt aber das Wechselverhältnis zwischen Einzelnem und Allgemeinem. Einerseits ist der Einzelmensch auf die Gemeinschaft angewiesen, der Gesellschaft verpflichtet, welcher er auf seine Weise und nach seinen Möglichkeiten zu dienen hat. Anderseits hat die Allgemeinheit als menschliche Gemeinschaft den einzelnen nicht zu unterdrücken, sondern sie wird umso mehr echt menschliches Gemeinwesen, je mehr sie von freien, verantwortlich urteilenden und handelnden Personen geformt und getragen ist, nicht nur die Anhäufung einer geistlosen und verantwortungslosen Masse bildet, und wenn sie zurückbezogen bleibt auf die Verwirklichung wahrhaft menschlicher, sittlich-personaler Werte, die von den einzelnen in den jeweils untergeordneten Gemeinschaftsformen entfaltet werden sollen. Insofern besteht eine gegenseitige Vermittlung zwischen Einzelnem und Allgemeinem, zwischen Einzelperson und Gesellschaft; das eine ist bedingt durch das andere. Das drückt sich einerseits im *Prinzip der Solidarität* aus, wonach der Einzelmensch als soziales Wesen auf das Ganze der Gemeinschaft und der Gesellschaft hingeordnet und ihr verpflichtet ist, auf der anderen Seite im *Prinzip der Subsidiarität,* wonach jede Gemeinschaftsform gebunden bleibt an das Wohl der Einzelnen. Das soziale Gebilde hat wesentlich eine subsidiäre Funktion, d. h. eine helfende und dienende Aufgabe, nämlich dasjenige zu leisten, was der Einzelne oder das jeweils untergeordnete Gemeinwesen nicht selbst zu leisten vermögen, in denen sie also auf den Eingriff eines höheren sozialen Gebildes angewiesen sind. Dessen Grenzen liegen aber darin, daß sie die Freiheit und die Rechte des Einzelnen nicht aufzuheben oder einzuschränken hat, nicht Funktionen zu übernehmen hat, die der Einzelne aus eigener Freiheit und Verantwortung erfüllen kann und soll, auch nicht Funktionen auszuüben hat, die von untergeordneten Gemeinschaften und sozialen Gebilden – von der Familie, der Gemeinde, von einzelnen Zweckverbänden usw. – erfüllt werden können, sondern sie hat die Aufgabe, dort helfend, ordnend, fördernd einzugreifen, wo es das Gemeinwohl des Ganzen verlangt.

c) Freiheit und Gesellschaft

Mit diesen grundlegenden, aber abstrakten Prinzipien sind die konkreten Probleme des gesellschaftlichen Lebens noch keineswegs gelöst. Hier ist nicht der Ort, eine gesamte Gesellschaftslehre oder Sozialethik zu entwickeln, sosehr diese auch eine philosophisch-anthropologische Begründung verlangen. Doch wollen wir ein zentrales Problem herausgreifen, das mit den Stichworten „Freiheit und Gesellschaft“ bezeichnet werden kann.

Freiheit ist ein Grundzug des menschlichen Wesens. Noch mehr: Wenn wir, wie oben dargelegt, die Freiheit schon als Grundfreiheit verstehen, die dem geistigen Bewußtsein und Erkennen als Bedingung vorausliegt, sich aber erst zum ausdrücklichen Akt freier Entscheidung vermitteln muß, so können wir sagen: Freiheit ist das Wesen des Geistes, d. h. Freiheit in diesem ursprünglichen und umfassenden Sinn ist dasjenige, worin geistiges Sein und Wirken sich in seinem transzendenten Wesen konstituiert. Die wesenhafte Freiheit des Menschen verlangt aber einen äußeren Freiheitsraum ihrer Selbstverwirklichung. Daraus entspringt das Grundrecht auf Freiheit, daher auch die immer wieder erhobene Forderung nach Freiheit, auch und vor allem im sozialen Bereich. So stellen sich aber die Fragen: Wie verhält sich die Freiheit des einzelnen zum Ganzen der Gesellschaft? Wird meine Freiheit nicht durch die Freiheit des anderen, erst recht aller anderen in der Gesellschaft eingeschränkt, wenn nicht gar aufgehoben? Steht das nicht in Widerspruch zu meinem Recht auf persönliche Freiheit? Oder gehört die Freiheit des anderen – und der anderen – auch wesentlich zu meinem Freiheitsraum? Kann ich meine eigene Freiheit überhaupt verwirklichen ohne Voraussetzung und Anerkennung fremder Freiheit? Ist also die Gemeinschaft der Menschen im sozialen Gefüge nicht nur Begrenzung, sondern – auch und zuvor – Bedingung ihrer Freiheit? Was ergibt sich daraus für die Eigenart und die erforderlichen Strukturen der Gesellschaft?

Zur Beantwortung dieser Fragen müssen wir ein abstraktes und ein konkretes Freiheitsverständnis unterscheiden. Der abstrakte Freiheitsbegriff ist erst dem neuzeitlichen Individualismus und Liberalismus eigen. Die Freiheit des Einzelmenschen wird „herausgelöst" (abstrakt) aus allen konkreten Beziehungen betrachtet, seien es soziale Bindungen oder rechtliche und sittliche Verpflichtungen. So scheint der Mensch ungebunden und unbegrenzt frei, als „autonomes Subjekt", und jede Bindung oder Verbindlichkeit wird als nachträgliche Begrenzung der Freiheit empfunden, im Widerspruch zum unbedingten Anrecht und Anspruch auf Freiheit. Ein derart abstraktes Freiheitsverständnis entspricht aber weder der konkreten Freiheitserfahrung des Menschen noch dem Freiheitsbegriff der gesamten Tradition klassischer Philosophie von Platon und Aristoteles bis Kant und Hegel. Sie versteht die menschliche Freiheit durchwegs als konkrete Freiheit, d. h. einerseits im konkreten Beziehungsgefüge des menschlichen Lebens, anderseits als Voraussetzung und Ermöglichung – bei Kant als „transzendentale Bedingung" – sittlichen Handelns. Freiheit ist Fähigkeit zum Guten, nämlich zu richtigem, vernünftigem und verantwortlichem Handeln im jeweiligen Kontext des menschlichen Lebens. Freiheit bedeutet nicht Ungebundenheit des Wollens; dies wäre nach Hegel bloße Willkür, nicht wahre Freiheit. Bindung und Verpflichtung sind also nicht eine nachträgliche Begrenzung der Freiheit, sondern ein inneres Moment wahrer Freiheit, sogar eine vorgängige Bedingung des Freiheitsvollzugs, insofern sie den Einsatz der Freiheit aufrufen, herausfordern.

Doch wirkt der abstrakte Freiheitsbegriff tief hinein in das Verständnis oder Mißverständnis des sozialen Lebens und Geschehens. Hierin gründet schon der „Kampf aller gegen alle" bei Th. Hobbes. Hierin gründet ebenso die Ideologie des „Klassenkampfes" bei K. Marx. Dasselbe Mißverständnis liegt der Freiheitslehre des späten J. P. Sartre zugrunde, der allein aus negativer Dialektik der Freiheit, d. h. aus dem Konflikt der Freiheiten, der Freiheitsräume und Machtansprüche, das soziale Leben zu erklären, seine Grundstrukturen abzuleiten versucht. Dabei wird die positive Funktion mitmenschlicher Gemeinschaft, in welcher der einzelne erst zu seiner vollen Freiheit erweckt und zum Einsatz wahrer Freiheit aufgerufen wird, völlig übersehen oder unterschlagen. Alle menschlichen Beziehungen werden auf die negative und destruktive, dafür aber gut marxistische Kategorie des Machtkampfes reduziert.

Dagegen muß betont werden, daß menschliche Gemeinschaft oder Gesellschaft nicht primär Begrenzung, sondern Bedingung der Freiheit bedeutet. Wenn wir überdies bedenken, daß unser freies Wollen seinen reinsten Ausdruck, seine wesenseigene Vollendung im Ja zum andern, im Sein für andere, d. h. in selbstlos liebender und dienender Hingabe, findet, so folgt daraus, daß der Einzelmensch nur in der interpersonalen und sozialen Dimension sich selbst voll verwirklichen – sich selbst verlassend sich finden – kann.

Zugleich erfordert aber der Einsatz für den anderen, daß wir für seinen Freiheitsraum in der Gesellschaft eintreten, ihn zu sichern und zu fördern suchen. Das heißt wieder nicht, den anderen Menschen einen Raum beliebiger Willkür im Sinne „abstrakter Freiheit" zu öffnen, sondern ihnen die Möglichkeit zu bieten, ihre eigene, jedoch „konkrete Freiheit" zu erkennen und zu entfalten, also – selbst wieder in der Gemeinschaft, im Sein für andere, im Einsatz für andere – sich selbst in wahrer Freiheit zu verwirklichen.

Dafür sind erst vielfältige Voraussetzungen im Leben der Gesellschaft zu erfüllen, sowohl materielle oder strukturelle Voraussetzungen, die ein menschenwürdiges Leben sichern, dadurch den Menschen erst in seine wahre Freiheit frei-geben können, als auch geistige und sittliche Voraussetzungen in entsprechender Erziehung, in Möglichkeiten der Bildung, die ein sinn- und werterfülltes Leben bieten können. Zu den Voraussetzungen gehört auch die Überwindung aller Unmenschlichkeiten in unserer Welt, die Überwindung von Unrecht und Gewalt aller Art, von Unterdrückung und Ausbeutung, von sozialer, nationaler oder religiöser und weltanschaulicher Diskriminierung. Der Weg zu einer gerechten Gesellschaftsordnung mag noch weit sein. Ziel und Norm muß aber der Mensch in seiner wahren Freiheit sein.

3. MENSCH UND GESCHICHTE

Jeder Einzelmensch lebt in der Gemeinschaft und steht mit ihr in einem innerweltlichen, raum-zeitlichen, aber spezifisch menschlichen Geschehen, das wir Geschichte nennen. Wie der Mensch Gemeinschaftswesen (ens sociale) ist, so ist er auch das geschichtliche Wesen (ens historicum). Wie die Gemeinschaft das Miteinander einer Vielheit von Menschen meint, so bedeutet die Geschichte das Nacheinander eines zeitlichen Geschehens. Doch gehört zur Breitendimension der Gemeinschaft wesentlich die Zeitdimension der Geschichte, weil jede Gemeinschaft eine geschichtlich gewachsene und sich entfaltende Gemeinschaft ist. Umgekehrt gehört zur Geschichte im eigentlich menschlichen Sinn das umgreifende, die Gemeinschaft betreffende, in ihr sich vollziehende Geschehen, in das der Einzelne hineingestellt ist. Beide Aspekte gehören zusammen, aber die Geschichte zeigt als solche für das menschliche Dasein wesentliche Strukturen, die wir aufzuhellen haben.[7]

a) Geschichtlichkeit

1. Der Fragenkreis, den wir damit betreten, ist dem Menschen der Gegenwart zum besonderen Anliegen geworden. Denn das Bewußtsein der *Geschichtlichkeit* des menschlichen Daseins ist heute sicher lebendiger als jemals zuvor. Nicht als ob sich die Menschen anderer Zeiten ihrer Geschichtlichkeit überhaupt nicht bewußt gewesen wären – wenn wir darunter, vorläufig noch allgemein, die raum-zeitliche Einmaligkeit und Beschränktheit des einzelmenschlichen Daseins verstehen und zugleich seine Verflochtenheit in ein umgreifendes Geschehen, das Bedingt- und Bestimmtsein des einzelnen durch Größen und Mächte, die aus der Vergangenheit in die Gegenwart hineinwirken und Gegebenheiten schaffen, in die wir hineingestellt sind und durch die unser eigenes Dasein weitgehend geprägt ist. Die Begrenztheit, die dem einzelnen dadurch auferlegt ist, daß er nur irgendwo, gleichsam an einem Punkt in dem langen und breiten Strom der Geschichte steht, ist dem Menschen wesentlich.

Ebenso wesentlich ist ihm das Wissen um die eigene Geschichtlichkeit. Denn Geschichte im eigentlichen Sinn gibt es erst dort, wo dieses Bewußtsein vorhanden ist. Geschichte ist allein Sache des Menschen. Wir sind nicht blind der Notwendigkeit eines Naturgeschehens unterworfen. Trotz der räumlichen und zeitlichen Begrenztheit unseres Daseins übersteigen wir das Naturgeschehen in Erkenntnis und Freiheit – wenn auch in vielfacher bedingter und gebundener Freiheit – und greifen selbsttätig in das geschichtliche Werden ein. Schon dies setzt ein Bewußtsein der geschichtlichen Bedingtheit voraus. Zugleich aber ist sie im Wissen überstiegen und der Mensch freigegeben zu eigenem Handeln im Raum der Geschichte: als geistige und freie Person.

Wenn auch das Wissen um die Geschichtlichkeit dem Menschen wesentlich ist, so ist es doch nicht immer in derselben Ausdrücklichkeit gegeben. Es gibt auch ein unthematisches Wissen, das aus täglichen Erfahrungen und Entscheidungen erwächst und mitbestimmend in diese eingeht, ohne thematisch reflektiert zu werden. In diesem Sinn gehört das Wissen um geschichtliche Bedingtheit zum Selbstverständnis des konkreten geschichtlichen Menschen. Seit dem vergangenen Jahrhundert bis zur Gegenwart ist aber die Geschichtlichkeit ausdrücklicher denn je dem Menschen zum Bewußtsein gekommen. Die Gründe dafür sind mannigfacher Art. Sicher wirkt hier die Erfahrung der Fragwürdigkeit und Bedrohtheit der Weltsituation mit, das Gefühl des Ausgeliefertseins an schicksalhafte Gewalten, die Erfahrung der Unbeständigkeit alles geschichtlich Gewordenen und zugleich das Zusammenwachsen der Menschheit zu einer Lebens- und Schicksalsgemeinschaft, in der jeder einzelne viel mehr als früher teilnimmt am geschichtlichen Weltgeschehen und dadurch in seinem eigenen Dasein betroffen wird. Dies alles ruft das Verlangen nach historischer Orientierung wach, dem wiederum die umfassendere Kenntnis der geschichtlichen Vergangenheit entgegenkommt, die wir heute als Ergebnis der modernen Geschichtsforschung besitzen. Damit hängt schließlich das Aufleben der geschichtsphilosophischen Frage zusammen: nach dem Ursprung und Wesen, dem Sinn und Ziel der Geschichte. Eine Philosophie der Geschichte gibt es von früheren, vereinzelt gebliebenen Ansätzen abgesehen, eigentlich erst seit dem letzten Jahrhundert – besonders seit Hegel –, und sie ist immer mehr in den Vordergrund philosophischen Denkens getreten.

2. Doch handelt es sich hier um ein ursprünglich christliches Problem. Erst durch das Christentum hat sich dem Denken der Zugang zum Wesen und Wert der Geschichte, zur Einmaligkeit und Bedeutsamkeit geschichtlichen Geschehens eröffnet. In der vorchristlichen Philosophie des *Griechentums* war noch kein volles Verständnis für das Geschichtliche möglich. Das bedeutet nicht, daß überhaupt noch kein Bewußtsein der geschichtlichen Dimension vorhanden gewesen wäre; auch nicht, daß die Geschichte allgemein aus einer zyklischen Zeitvorstellung verstanden und damit in ihrem Wesen aufgehoben worden wäre. Entscheidender ist – wir haben schon darauf hingewiesen –, daß sich der Mensch unter einer absoluten und unpersönlichen Schicksalsmacht verstanden hat, die den Wert und die Bedeutung geschichtlichen Handelns verdeckte. Philosophisch führt das zur einseitigen Ausrichtung griechischen Denkens auf das Allgemeine und Notwendige, das als das einzig wahrhaft Seiende erscheint. Darum kann auch nur die Erkenntnis der ewigen Wahrheit als sicheres Wissen und als wahre Wissenschaft gelten, während die innerweltliche Erfahrung bloße Meinung oder Scheinwissen vermittelt. Die Geschichte also, die ihrem Wesen nach nicht durch Allgemeinheit und Notwendigkeit ausgezeichnet ist, sondern die Züge steten Wandels, der Einmaligkeit und Freiheit des Geschehens trägt, fällt darum aus dem Gegenstandsbereich des antiken Wissenschaftsbegriffs heraus. Sie bildet kein würdiges Objekt wahrhaft geistiger Erkenntnis.

Erst durch die *christliche* Sicht der Geschichte als Heilsgeschichte wird der Blick frei für das Wesen und die Bedeutung der Geschichte überhaupt. Denn sie ist nicht mehr vom Fatum einer blinden Notwendigkeit beherrscht, sondern in ihrem Wesen durch freie personale Entscheidung des Menschen vor Gott bestimmt. Wie die Heilsgeschichte im freien Heilswillen Gottes gründet, im freien Eingriff Gottes in die Geschichte und im freien Anruf seiner Gnade an den Menschen sich vollzieht, so setzt sie die personale Freiheit des Menschen voraus, der dem Anruf Gottes seine freie Antwort gibt. So tritt im christlichen Raum die Freiheit als Grundcharakter der Geschichte erst voll ans Licht, somit die wesentliche Andersheit und Eigenständigkeit des historischen Geschehens gegenüber jedem anderen Geschehen in Raum und Zeit.

Die philosophisch-theologische Reflexion auf die Geschichte verblieb aber in der Gestalt eines *objektiven* Geschichtsdenkens, das den konkreten Ablauf der Geschichte betrachtet, darin Perioden zu unterscheiden, Strukturen aufzudecken, Ursprung und Ziel des geschichtlichen Geschehens zu ergründen sucht. Das Subjekt solchen Geschichtsdenkens bleibt noch gewissermaßen außerhalb der Geschichte. Es nimmt einen übergeschichtlichen Standort ein, von dem her es den Geschichtsablauf zu begreifen und zu bewerten sucht. Es reflektiert noch nicht auf die geschichtliche Bedingtheit des eigenen Denkens. Die Geschichtlichkeit seiner selbst ist ihm noch nicht ausdrücklich zum Problem geworden.

Das geschieht erst im Einsatz eines *subjektiven* Geschichtsdenkens, nämlich dort, wo die transzendentale Reflexion auf die vorgängigen Bedingungen des Erkennens – über Kant hinaus, der diese Frage noch durchaus ungeschichtlich stellt – auch die geschichtliche Bedingtheit des Denkens erreicht und einzuholen sucht. Das ereignet sich besonders bei Hegel, der die gesamte Geschichte als Vermittlungsgeschehen des Absoluten begreifen will, die Bedingtheit und Begrenztheit, daher auch die geschichtliche Überholbarkeit jeder Stufe des Bewußtseins durchschaut, aber doch wieder in die Unbedingtheit des „absoluten Wissens" aufhebt. Das Problem verschärft sich durch den Historismus – von Ranke über Droysen zu Dilthey –, der alle menschlichen Erscheinungen und Erkenntnisse allein aus ihren geschichtlichen Ursachen und Zusammenhängen erklären will und damit in geschichtliche Relativität aufhebt. Während darin immer noch das neuzeitliche Denkschema eines Gegensatzes von Subjekt und Objekt nachwirkt, geht es in der Gegenwart – besonders seit Heidegger – darum, das Wesen der Geschichte und der Geschichtlichkeit des Menschen, auch seines Denkens, aus der unaufhebbaren Verschränkung zwischen Subjekt und Objekt in der umgreifenden Ganzheit des geschichtlichen Geschehens zu verstehen, in dem sich uns die Wahrheit des Seins erschließt. Für Heidegger ist nicht nur das menschliche Dasein in der Welt wesenhaft geschichtlich, sondern die Geschichte gründet im Sein selbst, das sich uns geschichtlich offenbart und entzieht, uns den geschichtlichen Horizont unseres Welt- und Seinsverständnisses als „Geschick des Seins" zuweist. Eine derart transzendental-hermeneutische Geschichtsauffassung wirkt u. a. fort bei Gadamer[8], bei dem jedoch an die Stelle der Seinsgeschichte die „Wirkungsgeschichte" tritt.

b) Einzelheit und Allgemeinheit

Dies zeigt aber schon, daß ein philosophisches Verständnis der Geschichte immer wieder unter der Spannung zwischen *Einzelnem und Allgemeinen* steht, also vor demselben Problem, das sich auch einer Philosophie der Gesellschaft stellt. Auf der einen Seite tritt ein thematisches Geschichtsverständnis überhaupt erst auf, sobald – vom Christlichen her – der Wert und die Würde der Einzelperson, die Freiheit und Verantwortung seines Handelns, die Heilsbedeutung und Ewigkeitsentscheidung seines persönlichen Tuns in den Blick kommen. Geschichte gibt es nur, wo der Mensch als freies und personales Wesen einmalige, unaufhebbare und unwiederholbare Entscheidungen trifft und Handlungen setzt. Auf der anderen Seite stehen diese Handlungen im Zusammenhang eines umgreifenden Geschehens, das dem Wirken des Einzelnen Möglichkeiten vorgibt und Begrenzungen auferlegt, also das Handeln des Einzelnen im Ganzen der Geschichte entscheidend mitbestimmt. Wird allein der erste Aspekt gesehen, so ergibt sich ein individualistisches Geschichtsbild, das der geschichtlichen Bedingtheit des Einzelnen und dem Phänomen des umgreifenden Geschehens nicht gerecht werden kann. Wird dagegen der andere Aspekt isoliert in den Blick gebracht, so wird das Tun des Einzelnen aufgehoben in ein Allgemeines, das über ihn hinweggeht, die Entscheidungen vorwegnimmt und das geschichtliche Geschick vorausbestimmt. Eine solche Aufhebung des Einzelnen in das Allgemeine geschieht bei Hegel, für den die Geschichte notwendige Selbstentfaltung des absoluten Geistes ist, so daß der Einzelmensch zu einem „Mittel" der Selbstvermittlung des Absoluten herabgesetzt wird. Eine ähnliche Aufhebung vollzieht sich jedoch auch bei Heidegger, dessen „Sein" über die Erkenntnis und die Entscheidungen des Menschen hinweg den Gang der Geschichte bestimmt und ihm sein Geschick als „Schickung des Seins" zuweist. Beide Sichtweisen verfälschen aber das Gesamtphänomen geschichtlichen Daseins, das wir nur in seiner dialektischen Spannung richtig in den Blick bekommen.

Das Dasein des Menschen ist vielfach bedingt durch seine Welt, d. h. nicht nur durch naturhafte Gegebenheiten, sondern auch durch geschichtliche Bedingungen. Er lebt in konkreten Verhältnissen, die geschichtlich geworden und geprägt sind. Darin wirken sich geschichtliche Größen aus; vergangene Ereignisse, freie Entscheidungen und Handlungen haben darin geschichtliche Bedeutung erlangt. Dies zeigt, daß etwas nicht allein dadurch ein geschichtliches Ereignis im vollen Sinne ist, daß es irgendwo und irgendwann in der Welt geschehen ist; auch nicht nur dadurch, daß es von Menschen in freier Tat gesetzt wurde. Es gehört dazu überdies, daß dieses Ereignis geschichtliche Bedeutung erhält, d. h., daß es trotz seiner Einmaligkeit und raumzeitlichen Gebundenheit zu allgemeiner Auswirkung kommt, also in einer menschlichen Gemeinschaft – einer Gemeinde, einem Volk und Staat, einem Kulturkreis oder der gesamten Menschheit – Wirkungen auslöst, die deren künftige Lebensbedingungen mitbestimmen. Geschichtlich im vollen Sinn ist ein Ereignis nicht allein durch seine Tatsächlichkeit, sondern durch die Bedeutsamkeit seiner „Wirkungsgeschichte" (Gadamer).

c) Geschichtliches Wirken

1. Wenn wir aber die Eigenart geschichtlicher *Auswirkung* näher verfolgen, so zeigt sich, daß sie sich wesentlich abhebt von der Notwendigkeit des Naturgeschehens. Im geschichtlichen Raum kommen nicht nur einmalige und freie Taten einzelner Menschen zu breiter Auswirkung für die Zukunft von vielen, sondern in dieser Auswirkung fehlt auch jede proportionierte Zuordnung von Ursache und Wirkung. In sich unbedeutend scheinende Ereignisse kommen bisweilen zu überdimensionierter Wirkung und prägen den geschichtlichen Lebensraum von Generationen. Umgekehrt können Ereignissen, die in sich bedeutsam und richtungsweisend scheinen, entsprechende Auswirkungen versagt bleiben; sie sind vergessen worden und untergegangen. Daraus folgt, daß die geschichtliche Bedeutsamkeit eines Ereignisses nicht darin liegt, daß es eine eindeutig determinierte und proportionierte Kausalität ausübt wie ein Naturprozeß, sondern ganz anderer Art ist. Ein geschichtliches Ereignis, wie ein Krieg oder ein Friedensschluß, die Entdeckung Amerikas oder die Erfindung der Atomkraft, die Festlegung einer Rechtsordnung usw., übt nicht eine physische Kausalität aus, sondern kommt nur dadurch zu geschichtlicher Wirkung, daß die menschliche Gemeinschaft – eines Staates oder Kulturraums – dieses Ereignis erkennend aufnimmt und dazu Stellung nimmt, sich so oder anders dazu verhält. Dieses Verhalten hat gewiß auch seine Gesetze, aber nicht Gesetze mechanischer Notwendigkeit, sondern Gesetze psychologischer oder soziologischer Art, die es zwar erlauben, in gewissen Grenzen die geschichtliche Auswirkung eines Ereignisses vorauszuerwarten, aber niemals mit eindeutiger Notwendigkeit vorauszuberechnen. Darin liegt die wesentliche Grenze einer „Futurologie"; sie ist als strenge Wissenschaft der Zukunftsforschung nicht möglich und wird durch unvorsehbare, aber tatsächlich eintretende Entwicklungen zumeist widerlegt oder berichtigt.

So können von demselben Ereignis verschiedene, auch gegensätzliche Wirkungen ausgehen. Das geschichtliche Ereignis kommt nicht notwendig so zur Auswirkung, wie es tatsächlich in der Vergangenheit geschehen ist, sondern wie es, vielleicht einseitig verstanden und mißdeutet, von den Menschen der Mitwelt und Nachwelt beurteilt und bewertet wurde, wie es in das allgemeine Geschichtsbewußtsein eingeht, vielleicht allgemein bejaht, aufgenommen und zur Auswirkung gebracht, vielleicht auch mißverstanden und abgelehnt wird. Der Historiker kann auf Grund seiner Forschung das bisherige Geschichtsbild als unrichtig und seine Auswirkung als unfolgerichtig widerlegen, aber er kann die Auswirkungen selbst nicht mehr rückgängig machen. Doch kann er, wenn seine berichtigende Auffassung in das allgemeine Geschichtsbewußtsein eingeht, damit eine neue, für die weitere Geschichte bedeutsame Wirkung auslösen, indem dasselbe Ereignis in veränderter Sicht auch allgemein anders beantwortet wird und zur Auswirkung kommt. Darin zeigt sich, daß dasselbe Ereignis verschiedener, sogar gegensätzlicher Auswirkungen fähig ist.

Dasselbe Ereignis kann sich auch zugleich in gegensätzlicher Richtung auswirken. Man denke etwa an einen politischen Konflikt oder Kriegsausbruch, in dem jede der beiden Parteien aus ihrer Sicht des Geschehens dem Gegner die Schuld zuschreibt und mit derselben Überzeugung für das verletzte Recht der eigenen Sache eintritt. Erst recht ist es möglich, daß ein Ereignis lange Zeit, vielleicht durch Jahrhunderte, ohne geschichtliche Auswirkung geblieben ist, bis es erst später der Verborgenheit entrissen wird, in das geschichtliche Bewußtsein eingeht und dadurch zu geschichtlicher Auswirkung kommt. Eine Erscheinung kann aber auch ihre Bedeutung verlieren; sie kann nach einer Zeit breiter geschichtlicher Wirkung untergehen und vergessen werden. Sie wird für die Zukunft bedeutungslos.

Solche Phänomene offenbaren die Eigenart geschichtlicher Bedeutung und Auswirkung, die völlig eigene Strukturen zeigt und einen eigenen Bereich raum-zeitlichen Geschehens darstellt, das aber nicht allein von einer allgemein umgreifenden Notwendigkeit, sondern ebenso von jeweils freiem, in das Geschehen eingreifendem Handeln der Menschen bestimmt ist. Nur der Mensch hat eine Geschichte. In seinem Wesen gründet die Eigenart geschichtlichen Geschehens. Wir müssen darum weiterfragen, was die Geschichtlichkeit im Wesen des Menschen voraussetzt.

2. Jedes geschichtliche Ereignis ist ein einmaliges Geschehen in unserer raumzeitlichen Erfahrungswelt. Der Mensch als Träger der Geschichte ist in seinem konkreten Sein und Handeln an diese raum-zeitliche Wirklichkeit gebunden, in welcher er seine freien Taten setzt. Bedingung der Geschichte ist daher die *Immanenz* des Menschen, seine innerweltliche Gebundenheit in Raum und Zeit. Doch könnte dies allein noch nicht das Phänomen menschlicher Geschichte begründen. Innerweltlich, raumzeitlich gebunden ist jedes Ding und das gesamte Naturgeschehen, auch das Leben der Pflanze und des Tieres; aber sie sind noch nicht geschichtlich. Dazu gehört weiter – und das ist entscheidend –, daß der Mensch die Dimension des Raumes und der Zeit, obwohl er an sie gebunden ist, zugleich wesentlich übersteigt, also die *Transzendenz* des Menschen, die er beständig im bewußten Selbstbesitz und in freier Selbstverfügung vollzieht.

Im Wissen erreicht er das Sein in unbedingter, darum überräumlicher und überzeitlicher Geltung; was „ist", gilt nicht nur „hier und jetzt". Er kann darum wissend ausgreifen auf Inhalte, die räumlich nicht gegenwärtig sind oder überhaupt nicht räumlich bestimmt sind. Ebenso kann er denkend Inhalte erreichen, die zeitlich nicht gegenwärtig sind. Er kann Vergangenes vergegenwärtigen und ihm für seine Gegenwart Bedeutung verleihen. Er kann auch vorgreifen in die Zukunft, sich Ziele setzen und Pläne machen, die sein gegenwärtiges Handeln bestimmen. Im Vollzug der Freiheit erreicht er Werte von unbedingter, daher überräumlicher und überzeitlicher Geltung. Nur dadurch überragt er die Notwendigkeit des Naturgeschehens und muß über sich selbst in Freiheit verfügen. Weil aber Geist und Leib des Menschen nicht zwei geschiedene Sphären sind, sondern der Geist sich im Leib vollzieht und der Leib das Medium des Geistes in der Welt ist, besteht auch zwischen Immanenz und Transzendenz eine unauflösbare Dialektik. Die Immanenz wird im menschlichen Selbstvollzug immer schon überstiegen. Die Transzendenz aber ist notwendig zurückgebunden an den Vollzug der Welt. Wir erreichen das Unbedingte immer nur von der Welt her – in der analogen Bewegung des sich selbst übersteigenden Vollzugs der Welt. Damit erweist sich das menschliche Leib-Geist-Wesen als konstitutiv für die Möglichkeit der Geschichte; aber diese Bestimmung ist noch nicht ausreichend.

Weiter tritt als konstitutives Element der Geschichte noch hinzu, daß der Einzelmensch in der Gemeinschaft lebt. Die menschliche Gemeinschaft ist aber selbst geschichtlich geprägt, sowohl durch raum-zeitliche Umweltbedingungen als auch durch das Zusammenwirken des Denkens und Handelns, der Gesinnungen und Entscheidungen der einzelnen in der Gemeinschaft. In die geschichtliche Welt, die dadurch geformt ist, wächst der einzelne hinein, er übernimmt ihre Weise zu leben, zu denken und zu handeln. Geschichtlich geprägte Denkweisen und Lebensformen der Gemeinschaft wirken auf ihn ein. Es gibt nicht nur ein *reines Apriori* metaphysischer Art, das mit dem Wesen des menschlichen Geistes gegeben ist und ihm den Horizont des Seins erschließt, sondern auch ein *konkretes Apriori* empirisch-historischer Art, das aus der Welterfahrung stammt und den konkreten Welthorizont des einzelnen mitbestimmt. In den geschichtlich konkreten Vollzug der Welt geht das empirisch-historische Apriori bedingend und bestimmend ein. Er ist nur möglich aus der bestimmten geschichtlichen Situation mit ihrem Horizont des Verstehens. Dadurch wird auch die übersteigende Bewegung des Geistes mitbedingt und mitbestimmt. Auch dem geistigen und freien Selbstvollzug sind geschichtliche Möglichkeiten vorgegeben und Begrenzungen auferlegt; auch er steht unter geschichtlicher Bedingtheit. Insofern aber dieses Geschehen des geschichtlichen Weltvollzugs im letzten bedingt ist durch das metaphysische Apriori des Geistes, vollzieht sich darin ein ständiger Ausgriff über die geschichtliche Bedingtheit auf das Unbedingte, das übergeschichtlich Gültige. Die Transzendenz des Geistes in der Immanenz raum-zeitlichen Geschehens ist Bedingung des Vollzugs der Geschichte.

Daraus ergibt sich, daß die Geschichte nicht allein als zeitlicher Wandel aller Gültigkeit menschlichen Denkens und Wertens zu verstehen ist. Wird die Geschichte so verstanden, so wird nicht nur die wesenhafte Transzendenz des Geistes aufgehoben, sondern auch das Wesen der Geschichte selbst, wie sie von uns gestaltet und erfahren wird, verfehlt. Sie ist wesentlich durch beide Elemente konstituiert: geschichtliche Bedingtheit und personale Freiheit. Sie ist nicht nur bedingt durch den zeitlichen Wandel menschlicher und gesellschaftlicher Umweltbedingungen, sondern ebenso wesentlich durch die transzendente Bewegung des Geistes, der die raum-zeitliche Bedingtheit übersteigt, auf das unbedingt Gültige ausgreift und von daher in Freiheit eingreift in den innerweltlich geschichtlichen und gesellschaftlichen Raum, die konkreten Bedingungen menschlichen Daseins in Freiheit mitbestimmt und den weiteren Geschichtsverlauf mitgestaltet.

Daher gehört es nicht nur zum Phänomen der Geschichte, daß sich menschliche Verhältnisse, Anschauungen und Bewertungen in verschiedenen historischen Kulturen wandeln, der Mensch also geschichtlich auf verschiedene Weise sein Wesen zur Entfaltung bringt. Es gehört nicht minder zum Phänomen der Geschichte, daß wir uns über alle räumlichen, zeitlichen und geistigen Distanzen hinweg menschlich „verstehen", uns im eigentlich Menschlichen treffen. Immer und überall finden sich dieselben Grunderfahrungen und Grundeinsichten, Aufgaben und Probleme des Menschen – diese Gemeinsamkeit des Menschlichen ist erstaunlicher und eindrucksvoller als aller Wandel geschichtlicher Verhältnisse.

d) Geschichtlicher Fortschritt

Von hier aus stellt sich jedoch der geschichtliche *Fortschritt* in Frage. Der Glaube an einen unbeschränkten Fortschritt der Menschheit gründet in der wissenschaftlichen und technischen Entwicklung der Neuzeit. Er findet seinen ersten Ausdruck in der Aufklärung, liegt aber auch dem Denken von Hegel, Marx und Nietzsche zugrunde und scheint in unserer Zeit – einer zweiten Aufklärung – von neuem aufzuleben, zugleich aber in eine schwere Krise zu geraten. Denn wir erleben nicht nur eine stürmische Entwicklung auf allen wissenschaftlichen und technischen Gebieten, dadurch bedingt auch im sozialen, politischen und wirtschaftlichen Geschehen, sondern ebenso immer neue, umso schwerere Bedrohungen des Menschen, die daraus entspringen. Einem naiven Optimismus steht ein kritischer Pessimismus gegenüber, der in der Geschichte nicht Aufstieg, sondern Niedergang, nicht Fortschritt, sondern Verfall menschlich kultureller Werte sieht. Die eine wie die andere Sicht bleibt einseitig; man muß das Problem differenzierter betrachten.

Sicher gibt es in gewissen Grenzen einen geschichtlichen Fortschritt, und zwar in jenen Bereichen, in denen einmal Erreichtes zu dauerndem Besitz wird, der sich handhaben und weitergeben läßt, den darum nachfolgende Geschlechter aufnehmen und darauf weiterbauen können. Das ist der Bereich, in dem sich menschliches Wirken vergegenständlicht in sachlichen Werken. Das ist der Bereich der sogenannten Sachkultur, der Technik und Zivilisation, auch der positiv wissenschaftlichen Erkenntnis, die weitergegeben und weiterentwickelt werden kann. Schon hier wird eine Grenze sichtbar. Die objektivierte Kulturleistung, das künstlerische oder technische Werk – auch eine Bibliothek, in der alles bisherige Wissen gespeichert ist – kann weitergegeben werden, aber nicht das Verständnis dafür und die Fähigkeit, daraus zu lernen und zu höherem Können zu gelangen. Der sachliche Niederschlag geistig-kultureller Leistungen kann und soll bildend wirken. Das verlangt aber das Verständnis und die freie Bereitschaft, das bisher Erworbene sich anzueignen und zu weiteren Leistungen fortzuschreiten.

Der Fortschritt wird umso fragwürdiger, je mehr wir uns den eigentlich menschlichen Werten nähern. Schon im Bereich wissenschaftlicher Erkenntnis, ästhetischen Könnens und Verstehens, erst recht im Gebiet philosophischer Einsicht gibt es trotz des Fortbestehens der versachlichten Niederschläge des einst Erreichten nicht nur Fortschritt, sondern auch Rückgang, nicht nur Aufbau, sondern auch Abbau. Vor allem aber im Bereich der eigentlich menschlichen Personwerte im sittlichen und religiösen Bereich gibt es unmittelbar keinen Fortschritt mehr, weil die personale Wertergreifung und Wertverwirklichung Sache des einzelnen und seiner freien personalen Selbstentscheidung ist. Ich habe weder die Kenntnisse und Erfahrungen noch die personalen Haltungen und sittlichen Tugenden meines Vaters „geerbt", wie man ein sachliches Vermögen erben und damit weiterarbeiten kann. Hier muß jeder gewissermaßen von vorn anfangen, ohne das früher Erreichte einfach übernehmen und darauf weiterbauen zu können. Hier gibt es einen Fortschritt nur in dem sehr indirekten Sinn, daß die von früheren Menschen und Geschlechtern vorgeprägte Umwelt durch das Milieu der sachlichen Kulturgüter, durch Brauchtum und Sitte, die in der Gemeinschaft herrschen, durch erzieherischen Einfluß von Mensch zu Mensch usw., die freie Verwirklichung menschlicher Werte zwar erleichtert, unter Umständen erst ermöglicht, aber niemals ersetzt. Insofern ist hier ein Fortschritt möglich – möglich, aber nicht notwendig, weil er der freien Entscheidung des einzelnen überantwortet ist.

Diese Phänomene können nicht auf die allzu einfache Formel des Fortschritts gebracht werden. Vielmehr ist es eine Bewegung in Wellen mit Bergen und Tälern, aber so, daß zu jeder Zeit in verschiedenen Wert- und Kulturbereichen Aufbau und Abbau zugleich stattfinden, daß ein Wellenberg da ein Wellental dort bedingt, wie etwa der neuzeitliche Fortschritt der Technik weithin auf Kosten geistiger, sittlicher, sogar allgemein kultureller Werte ging. Dasselbe gilt von anderen Kulturbereichen und Zeitepochen. So wenig wie ein griechischer Tempel in seiner künstlerischen Vollendung durch einen geschichtlichen Fortschritt jemals „überwunden" wird, so wenig stehen klassische Werke der Kunst, der Dichtung und der Musik, auch der Philosophie in einer geschichtlichen Entwicklung, welche sie überholt; sie bilden vielmehr einmalige, in ihrer Art nicht überbietbare Höhepunkte kultureller Leistung und stehen damit nicht in einer fortschreitend geschichtlichen Entwicklung, die über sie hinausgehen könnte. Trotz aller Fortschritte in Einzelbereichen geht im Ganzen der Geschichte kein geradliniger Fortschritt vor sich. Aber in der steten Bewegung von Aufbau und Verfall halten sich grundlegend menschliche Wertsubstanzen durch und gewährleisten die Kontinuität der Geschichte.

Wenn man die Geschichte so sieht und überdies bedenkt, wieviel Willkür und Gewalt, auch wieviel Zufälligkeiten zu weiter geschichtlicher Auswirkung kommen, dann drängt sich die Frage nach dem Sinn dieses ganzen Geschehens auf. Wie die Geschichte nicht allein in einem innerweltlichen, raum-zeitlichen Geschehen besteht, in dem der Mensch untergeht, sondern ebenso wesentlich bedingt ist durch seine Transzendenz auf das Unbedingte, wodurch er erst befähigt ist, frei handelnd in das geschichtliche Werden einzugreifen, so kann auch der Sinn der Geschichte nicht allein im empirischem Geschichtsverlauf, in der raum-zeitlichen Immanenz geschichtlichen Geschehens liegen. Die Geschichte weist über sich hinaus auf eine transzendente Sinnerfüllung. Wie es keinen eindeutig faßbaren Fortschritt gibt, so geht die Geschichte auch nicht einem innergeschichtlichen, also natürlich menschlich erreichbaren Endzustand entgegen, wie immer man einen solchen utopisch vorstellen mag. Die Geschichte selbst fordert – wenn sie im ganzen einen Sinn haben soll – eine übergeschichtliche Vollendung. Nur von daher gewinnt die Geschichte einen Sinn – als langer und mühseliger, über Berge und Täler führender, von Schweiß und Blut gezeichneter Weg der Menschheit einem Ziel entgegen, an dem erst offenbar werden soll, was der Mensch in seinem Wesen eigentlich und endgültig ist. Dort erst – jenseits der innerweltlichen Geschichte – soll dieses eigentliche und endgültige Menschsein beginnen, aber nicht vom Menschen her, sondern allein von dem her, der gesprochen hat: „Siehe, ich mache alles neu."

4. SINNFRAGE UND SINNGRUND

Der Mensch lebt in der Welt und fragt nach dem Sinn seines Daseins. Das ist eine alte, nie verstummende Menschheitsfrage. Wir leben und arbeiten, tragen Lasten und Sorgen, erleben Freuden und Leiden, Erfolg und Mißerfolg, Bemühen und Versagen; wir altern und wissen: am Ende steht der Tod. Wir wissen weder wie noch wann; aber wir wissen, daß wir dem Abbruch des Lebens entgegengehen, daß unser menschliches Dasein in der Welt vom Tod gezeichnet ist. Wozu das alles? Ist dieses Leben lebenswert? Was ist der Sinn unseres Daseins?

a) Sinnfrage

Diese Frage bricht in unserer Zeit mit neuer Gewalt auf. Denn der heutige Mensch lebt nicht mehr in der selbstverständlichen Geborgenheit eines gemeinsamen religiösen Glaubens mit seiner Wertordnung und seiner Sinngebung des menschlichen Lebens. Doch erfährt er, daß die moderne technische Welt mit ihrem Fortschritt und Wohlstand keine tragfähige Sinngebung leisten kann. Er empfindet, daß sie bei allen praktisch-technischen Leistungen im Grunde nicht menschlich bewältigt ist, daß sie die eigentlich menschlichen Grundprobleme nicht löst, sondern neu verschärft, daß sie die eigentlich menschlichen Werte nicht fördert, sondern bedroht und daß sie keine Antwort auf die Sinnfrage des Menschen zu geben vermag. Wer keine gültigen Werte und Ziele hat, die seinem Leben Sinn und Richtung geben, der weiß in all dem nicht mehr wozu und wohin. Er fühlt eine innere Leere, ein tiefes Unbehagen und lehnt sich dagegen auf. In der gärenden Unruhe unserer Zeit mit all den lauten Protesten und Revolten, in denen zumeist verborgen bleibt, wogegen sie sich auflehnen, und erst recht, wofür sie sich einsetzen, tut sich ein Abgrund innerer Leere, ein Chaos der Ratlosigkeit und Sinnlosigkeit auf. Es ist im Grunde eine Explosion des Nihilismus im Protest gegen sich selbst: gegen alles, was diese innere Leere nicht erfüllt und aus der Sinnlosigkeit, in der man steht, nicht erlöst. Es ist ein Ausdruck, wenn auch oft ein sehr ratloser und hilfloser Ausdruck, der brennenden Frage nach dem Sinn des Lebens:

nach einem letzten, wirklich gültigen, tragfähigen und richtungsweisenden Sinn des ganzen menschlichen Daseins in der Welt.

Diese Frage ist auch in den Ländern des kommunistischen Ostens als menschliches Grundproblem lebendig geworden. Für Marx, der den Menschen allein als „Ensemble gesellschaftlicher Beziehungen" versteht, war die Sinnfrage des Lebens ein bürgerliches Vorurteil, das im Sozialismus zu überwinden ist; die Frage hat keine Berechtigung mehr. Je mehr sich aber das marxistische Denken entgegen dem starren Kollektivismus, der das Individuum erdrückt, auch menschlichen Werten und Problemen zu öffnen sucht, den Sozialismus als „Humanismus" verstehen und den Menschen in seinen Rechten und seiner Freiheit zur Geltung bringen will, umso dringlicher stellt sich die Frage nach dem Sinn des menschlichen Lebens. Wenn man aber – im Raum des marxistischen Atheismus verbleibend – den Sinn des menschlichen Daseins im sozialen Wohlergehen (L. Kolakowski) sieht, die Sinnfrage durch Rationalisierung aller offenen Probleme (auch des Todes) lösen will (A. Schaff), den Sinn des menschlichen Lebens im Dialog ansetzt (M. Machovec) oder auf eine künftige Vollendung der Menschheit verweist (E. Bloch), so bleibt doch die Frage, ob eine solche Antwort wirklich genügt.[9] Solche Bestrebungen eines „humanen" Sozialismus wurden jedoch unter der Herrschaft des strengen Marxismus-Leninismus wieder weithin unterdrückt. Seine einstigen Vertreter gelten als „Dissidenten" und haben sich z. T. von der Sinnfrage her dem christlichen Gottesglauben genähert oder geöffnet (Kolakowski).

Die Frage bleibt; und jede Antwort, die den Einzelmenschen zur Funktion am historisch-soziologischen Prozeß macht, ihm nur eine Dienstfunktion am Fortschritt der Menschheit zuweist, erhebt sich im Grunde doch – notwendig dem Wesen des Menschen entspringend – ein Aufstand des individuell-personalen Daseins. Der Einzelmensch ist nicht nur Glied an einem Ganzen, er kann seinen Sinn nicht nur darin sehen, unterzugehen in einem geschichtlichen Prozeß. Und wenn diese Antwort genügen mag, solange einer in der Arbeit steht, die ihn ausfüllt und die ihm einen Sinn bedeutet, weil sie zum Gemeinwohl beitragen kann, was ist, wenn er unheilbar krank ist und nichts mehr leisten kann? Was ist, wenn er schwer leidet und darin keinen Sinn zu sehen vermag? Was ist, wenn er die Gesellschaft nicht fördert, sondern belastet? Und was ist, wenn er dem sicheren Tod entgegengeht? Kann dieser Sinn, Funktion der Gesellschaft zu sein, dem ganzen Dasein des Menschen eine tragfähige Sinngebung verleihen?

Aber es geht nicht nur um das individuelle Dasein. Es geht auch um den Sinn der ganzen Geschichte der Menschheit. Der Fortschritt in der Geschichte ist fragwürdig. Sicher gibt es Fortschritt, aber auch Rückschläge, nicht nur Aufwärtsentwicklung, sondern auch Niedergang. Jeder Aufstieg in einem Kulturbereich ist erkauft um den Preis des Verfalls in anderen Bereichen. Die Geschichte ist nicht nur ein sieghafter Fortschritt, sondern ein Weg über Höhen und Tiefen. Nichts gibt uns die Verheißung, daß in der Geschichte selbst ein vollendeter Zustand erreichbar sei, in dem alles Leid und Elend überwunden und der Menschheit eine beglückende Sinnerfüllung geschenkt werde. Selbst wenn es so wäre, wo ist der Sinn aller erfolglosen Mühen und Kämpfe, alles umsonst vergossenen Blutes, aller qualvollen Schmerzen und heimlichen Tränen, allen Unrechts, das still ertragen und nicht gesühnt wurde? All das findet keinen

„Sinn“ im Fortschritt der Menschheit in eine künftige, vielleicht bessere Welt. All diese Antworten genügen nicht, weil der Mensch – jeder einzelne und die ganze Geschichte der Menschheit – auf einen absoluten Sinngrund hingeordnet und angewiesen ist.

b) Sinnganzheit

Was ist damit gemeint? Was bedeutet überhaupt die Frage nach einem Sinn unseres Daseins? Noch allgemeiner: Was verstehen wir mit dem Wort *„Sinn“?* Seine Bedeutung leuchtet jedem ein, ist aber begrifflich schwer faßbar und zeigt eine eigenartige Vielschichtigkeit. Wenn ich eine Aussage höre und verstehe, so erfasse ich ihren Sinn. Dasjenige, wodurch etwas verstehbar ist, nennen wir seinen Sinn. Wenn ich die Aussage als sinnvoll einsehe, so kann ich sie in ihrem Sinn bejahen. Der Sinn wird hier dasjenige, wodurch etwas über das bloße Verstehen hinaus bejahbar ist. Wenn ich mit einem Werkzeug umgehe, so verstehe ich, was es ist und wozu es ist. Ich verstehe seinen Sinn, nämlich in einem sinnvollen Zusammenhang des Handelns auf ein Ziel. Sein Sinn ist also dasjenige, wodurch es brauchbar, auf ein Ziel hin zweckvoll ist. Und wenn ich das Ziel als sinnvoll einsehe, so wird mir die Handlung sinnvoll. Der Sinn ist jetzt dasjenige, wodurch etwas vollziehbar ist, was die Handlung als „der Mühe wert“ erscheinen läßt und den Einsatz „lohnt“. Sinn ist also, so können wir allgemein sagen, dasjenige, wodurch etwas – dem theoretischen Erkennen – verstehbar und bejahbar ist. Darin liegt weiter der Grund dafür, daß etwas – dem praktischen Wollen und Handeln – erstrebbar und vollziehbar wird.

So verstehen wir einzelne Inhalte in ihrem Sinn: Aussagen, Dinge und Ereignisse, Handlungen und Einrichtungen. Aber wir verstehen Einzelinhalte nicht isoliert. Ihr Sinn erschließt sich in einem *Sinnzusammenhang,* aus dem das einzelne erst verständlich wird. Dies kann ein theoretischer Bedeutungszusammenhang sein. Wir verstehen das einzelne Wort erst aus dem Zusammenhang der Aussage in seinem vollen Sinn. Der Sinn der Aussage erschließt sich erst voller im weiteren Zusammenhang der Rede, des Gesprächs oder eines geschriebenen Textes, der einzelne Sinngehalt wird erst aus einer Sinnganzheit verständlich. Diese Sinnganzheit kann auch ein praktischer Handlungszusammenhang sein, aus dem wir einzelne Handlungen oder Handgriffe, Werkzeuge oder Einrichtungenm als sinnvoll verstehen. Wenn sich dieser Sinn auch erst im praktischen Umgang mit den Dingen erschließt, so ist es doch ein Verstehen. Der Inhalt wird in seinem Sinn verständlich, daher auch bejahbar und erstrebbar.

Der unmittelbare – theoretische oder praktische – Sinnzusammenhang verweist aber wieder auf eine größere Ganzheit: auf den weiteren Zusammenhang unseres Lebens. Wir haben eine Gesamtschau und Bewertung der Welt, unseres Lebens und Handelns in der Welt. Wir haben Erfahrungen gemacht, Überzeugungen gewonnen, Meinungen gebildet. Wir entwerfen Ziele und Pläne, durch die wir dem einzelnen, was wir sagen oder tun, im Ganzen unseres Sinnentwurfs einen Sinn verleihen. Diese Ganzheit kann man als Weltanschauung oder Lebensauffassung bezeichnen oder einfach als unsere „Welt“ im Sinne des phänomenologisch-anthropologischen Weltbegriffs, den wir eingangs im Anschluß an die „Lebenswelt“ (bei Husserl) und das „In-der-Welt-Sein“ (bei

Heidegger) entwickelt haben. Diese „Welt" erschließt sich jetzt als eine zwar vielfältige und vielschichtige, aber doch einheitliche Sinnganzheit, in der wir leben und uns selbst verstehen.

Jeder hat seine eigene Welt, die sich mit der Welt des anderen nicht vollkommen deckt. Diese Welt ist aber nur dadurch eine sinnvolle Einheit und Ganzheit, daß in ihr alle Einzelinhalte auf einen gemeinsamen Sinngrund, eine sinngebende Mitte hin, verstanden und vollzogen werden. Von diesem Sinngrund her haben sie überhaupt erst ihren vollen Sinn. Erst aus dem Sinnentwurf auf einen letzten, die Ganzheit bestimmenden Sinngrund konstituiert sich die Einheit einer Welt des Verstehens, in der wir leben, reden und handeln. Sicher wird dieser zentrale Sinn nicht alles in unserem Leben und Handeln in gleicher Weise bestimmen. Es gibt sehr verschiedene Sinnschichten oder Sinndimensionen. So erfahren wir schon eine unmittelbare Sinnerfüllung im Einsatz für Ziele, etwa in der Berufsarbeit, noch mehr in der Liebe, der Fürsorge und Hilfeleistung für andere Menschen, in allem, worin wir uns echten Werten öffnen und Gutes zu tun bemühen. Aber es gibt auch vergebliche Mühe, Not und Mißerfolg, sinnlos scheinendes Leid, und es gibt den Tod, der auf uns zukommt und jeden Sinn des Lebens mit Vernichtung bedroht. Da stellt sich die Frage nach dem Sinn unseres ganzen Lebens. Diese Frage bricht gerade in der Gegenwart mit neuer Kraft auf. Sie zeigt, daß der Mensch ohne letzte, tragende Sinngebung seines Daseins in der Welt nicht auskommt. Es muß eine umfassende Sinngebung des Lebens in allen Erfahrungsbereichen sein. Das kann sie aber nur, wenn es eine unbedingte, nicht mehre aufhebbare oder überholbare Sinngebung durch einen absoluten Sinngrund ist.

c) Sinngrund

Wir erfahren im Ganzen unseres menschlich personalen Selbstvollzugs einen absoluten Anspruch, den wir als sinnvoll verstehen und bejahen – sonst hebt sich das menschliche Dasein überhaupt als grundsätzlich sinnlos auf. Wir erfahren eine Unbedingtheit im Anspruch der Wahrheit, der sich an unser Erkennen richtet; ebenso in der unbedingten Forderung des Guten, die unser freies Handeln und Wollen in Anspruch nimmt und die wir als verbindliches Sollen erfahren. Eine Unbedingtheit tritt uns auch im personalen Sein und Wert des anderen Menschen entgegen, der unbedingte Anerkennung und Ehrfurcht verlangt und zum Einsatz mitmenschlicher Hilfe und Liebe aufruft. Der Mensch kann sich selbst nur sinnvoll verwirklichen im Hinausgehen über sich selbst, in der Antwort und Hingabe auf den absoluten Anspruch, dem er zu entsprechen hat.

Der Mensch ist Transzendenz. Er verwirklicht sein eigenes Wesen, indem er sich selbst übersteigt. Er aktuiert sich selbst, indem er sich transzendiert. Das geschieht in jedem echten „Sich-Öffnen" in der Hingabe an das unbedingt Wahre, Gute und Schöne, an den personalen Wert und die Gemeinschaft. Insofern sich darin ein Sinn des menschlichen Daseins verwirklicht, ist es ein Sinngeschehen. Insofern sich aber darin eine absolute, nicht mehr relativierbare Sinngebung des menschlichen Daseins vollzieht, setzt es einen absoluten Sinngrund voraus, auf den hin wir uns selbst übersteigen und in dem wir den Sinn unseres Selbstseins finden. Bei aller Bedingtheit konkreter Verhältnisse des Lebens erfährt sich der Mensch im Horizont des Absoluten. Er setzt immer – ob wir es wollen oder nicht – als Bedingung seiner selbst ein Absolutes voraus, das den letzten und unbedingten Sinngrund menschlichen Daseins ausmacht.

Wenn dieser Sinngrund aber alles andere sinngebend begründen soll, kann er nicht mehr in einem bedingten und begrenzten Inhalt unserer Erfahrung liegen. Er kann nicht in einem immanenten Seins- oder Wertbereich liegen, den man beliebig als Sinnmitte unseres Daseins ansetzen mag, der aber eine umfassende Sinngebung nicht zu leisten vermag. Dasjenige, was den gesamten Sinnhorizont konstituiert, kann nicht mehr ein einzelner Sinngehalt innerhalb dieses Horizonts sein, sondern muß ihn grundsätzlich übersteigen. Er muß eine absolut transzendente Größe sein. Wenn er aber auch den Sinn menschlich-personalen Daseins, den Sinn und Wert der personalen Beziehung sinngebend begründen und gewährleisten soll, muß er dann nicht ein personaler Sinngrund sein, ein absolutes Du, das uns in allem begegnet und anspricht, in allem gegenwärtig und wirksam ist? Dieser letzte Sinngrund ist in der Sinnganzheit unserer menschlichen Welt immer schon vorausgesetzt, ohne jemals voll begreifbar zu werden. Er bleibt der sinngebende, aber geheimnisvolle Hintergrund, den wir in der Ohnmacht menschlicher Sprache „Gott" nennen.

Man versteht überhaupt erst, was mit dem Worte „Gott" gemeint ist, wenn man einsieht, daß es die uns zugesprochene Antwort auf die gesamte Sinnfrage des menschlichen Daseins ist. Auch der heutige Mensch hat immer noch wesentlich menschliche Fragen und Anliegen. Er erfährt in seinem menschlich-personalen Leben einen absoluten Sinnbezug. Er steht vor der unausweichlichen Frage nach einem absoluten Sinngrund. Und deshalb gibt es immer noch eine echte Sinnerfahrung aus dem Glauben an Gott. Dieser Glaube mag heute nicht so fraglos und selbstverständlich sein wie in vergangenen Zeiten allgemeiner Gläubigkeit. Er muß errungen und immer wieder bewährt und vertieft werden. Wenn dies geschieht, erfahren wir aber darin eine letzte, alles durchdringende und erhellende Sinnhaftigkeit unseres Daseins. Ein neuer Verständnishorizont tut sich auf, in dem alles in neuem Licht und tieferem Sinn offenbar wird. Alles – jedes Ereignis, jede Begegnung und jede Aufgabe – wird auf neue Weise „sinnvoll", wenn es auf Gott bezogen und von Gott her verstanden wird. So bildet sich aus echtem und gelebtem Gottesglauben eine neue Verständniswelt, in der alle Inhalte von ihrem letzten Sinngrund her „verstanden" und aus solchem Verstehen auch als sinnvoll „erfahren" werden. Dies zeigt, daß der eigentliche Ursprung, der existentielle Ort der Gottesfrage und des Gottesglaubens die Sinnfrage des menschlichen Daseins und – als ihre Antwort – die Sinnerfahrung ist, die nur in Gott ihren letzten Grund erreicht.

5. TRANSZENDENZ UND RELIGION

Sinnfrage und Sinnerfahrung des menschlichen Daseins verweisen auf das Phänomen, das wir Religion nennen. Es ist ein sehr allgemeines Phänomen der Menschheit, das vielfache Formen in den geschichtlichen Religionen und in den gegenwärtigen Weltreligionen zeigt. In diesem Phänomen offenbart sich der transzendente Bezug des menschlichen Wesens. Der Mensch kann sich nicht allein aus seiner Welt verstehen, sondern greift nach einem letzten Seins- und Sinngrund seines Daseins aus. Daher ist das Religiöse in der Menschheit ein anthropologisch sehr bedeutsames Phänomen, auf das wir zum Abschluß einzugehen haben.

a) Die Transzendenz des Menschen

Transzendenz ist ein Wesenselement menschlichen Daseins. Sie kennzeichnet unsere gesamte, eigentlich menschliche Erfahrungswelt. Denn diese Welt übersteigt beständig sich selbst; sie weist über sich selbst hinaus. Unsere Welt ist zwar immer begrenzt, aber doch nie verschlossen, nie endgültig festgelegt, sondern wesentlich eine Welt mit offenen Grenzen. Sie ist begrenzt, insofern wir extensiv nie alles erfahren, sondern immer nur Teilausschnitte der Wirklichkeit erfassen, und intensiv nichts vollkommen begreifen, sondern immer nur unter begrenzten Aspekten verstehen. Insofern wir aber um die Begrenzung wissen, greifen wir beständig darüber hinaus. Wir fragen weiter, machen neue Erfahrungen, weiten unseren Horizont, verstehen neue Sinngehalte und Sinnbezüge. Wir fragen nach dem Sinn und Grund des Ganzen unserer Welt und unseres eigenen Daseins in der Welt.

Im Vollzug unserer Erfahrung gehen wir beständig über ihre Grenzen hinaus. Erfahrung ist ein sich selbst übersteigendes Geschehen, eine transzendierende Bewegung. Zugleich aber – gerade deshalb – können wir die Transzendenz unseres Wesens nicht isoliert, nie abgehoben vom Vollzug der Immanenz, vorfinden und aufweisen. Die Transzendenz geschieht in der Immanenz der Erfahrung, wie umgekehrt die Immanenz unserer Erfahrungswelt wesentlich sich selbst transzendiert. Transzendenz ist im Vollzug unserer Erfahrung immer und wesentlich unthematisch mitgegeben, ohne unmittelbar thematisch gegenständlich erfahrbar zu werden. Insofern aber dieses transzendente Geschehen konstitutiv eingeht in den Vollzug unserer Erfahrung, wird sie als transzendentale Größe, d. h. als apriorische Bedingung der gesamten Erfahrung, unthematisch miterfahren.

Daher stellt sich die Frage, ob und wie das apriorische, jedoch unthematische Geschehen der Transzendenz thematisch gemacht und zur Sprache gebracht werden kann, daher auch bewußt und frei vollzogen werden kann; ob und wie die transzendente Bewegung durch transzendentale Reflexion aufgedeckt und ausdrücklich gemacht werden kann. Aber schon diese Frage, die wir doch ausdrücklich stellen, wäre als Frage gar nicht möglich, wenn die Transzendenz nicht schon thematisch geworden wäre. Die Frage setzt also voraus, daß die unthematische Bewegung der Transzendenz schon zuvor bewußt geworden, thematisch vollzogen und ausgelegt ist. Die thematische Auslegung der Transzendenz, das ausdrückliche Sich-Einlassen auf die transzendente Bewegung geschieht aber – oder ist zuvor schon geschehen – in der Religion, worin wir uns ausdrücklich, über uns selbst und unsere Welt hinaus, auf Gott oder das Göttliche beziehen. Insofern setzt die philosophische Frage nach der Möglichkeit einer Thematisierung der Transzendenz schon die Wirklichkeit einer solchen Thematisierung voraus. Die philosophische Frage ist nur möglich als Reflexion auf ein Geschehen, das schon zur Erfahrung geworden war: in der Erfahrung des Religiösen.

b) Das Wesen der Religion

Dies führt zur weiteren Frage nach dem *Wesen der Religion* und des religiösen Verhaltens. Daß es sich dabei um einen ausdrücklichen Bezug auf Gott oder allgemeiner: auf göttliche Mächte und Kräfte handelt, ist keine Frage; dies ist in irgendeiner Form jeder Religion eigen. Aber welcher Art ist dieser Bezug? Wie wird das Göttliche erreicht? Was ist der Grund und die Eigenart des religiösen Geschehens.[10]

In der Geschichte der neueren Philosophie wurden verschiedene Erklärungen dafür gegeben. Wenn wir absehen von den Gestalten negativer Religionsphilosophie, die von positivistischen und atheistischen Voraussetzungen her das Religiöse als eine Fehlentwicklung der Menschheit betrachten, die es zu überwinden gilt – wie bei Hume, Comte, Feuerbach, Marx, Nietzsche u. a. –, so stehen vor allem drei widersprechende Erklärungen des Religiösen einander gegenüber. Nach der ersten Deutung besteht das Wesen der Religion in rationaler Gotteserkenntnis. Dies bedeutet einen *Rationalismus* der Religionsauffassung, wie ihn besonders Spinoza vertreten hat, der selbst die Gottesliebe, den „amor Dei intellectualis“, als einen durch die Gotteserkenntnis ausgelösten Affekt der Freude versteht. Das Wesentliche ist demnach die Erkenntnis, nicht aber frei personale Anerkennung und Verehrung oder persönlicher Liebe zu Gott. Damit wird aber das eigentliche Wesen der Religion nicht erreicht. Denn für religiöses Verhalten mag ein Erkenntniselement Bedingung sein, er selbst geht aber als frei personale Haltung und Stellungnahme, die sich in Worten und Handlungen ausdrückt, darüber hinaus.

Darum liegt nach einer zweiten Deutung das Wesen der Religion im Willen. Religion ist Sache sittlichen Wollens und Handelns. Damit geschieht aber eine neue Verengung, wenn man die Religion auf das gesamte innerweltlich und zwischenmenschlich sittliche Handeln reduziert. Wir können das einen *Moralismus* der Religionsauffassung nennen, der in der Aufklärung vertreten wurde und besonders in Kants Religionsphilosophie zum Ausdruck kommt. Demnach besteht die wahre Religion in der Erfüllung unserer sittlichen Pflichten, nicht aber in spezifisch religiösen Akten des Gebetes und Opfers, kultischer Gottesverehrung usw. Damit wird aber wieder das Wesen der Religion nicht erreicht, weil die spezifisch religiösen Akte nicht erklärt, sondern als sinnlos abgelehnt werden.

Wenn aber das spezifisch Religiöse weder in der Erkenntnis noch im sittlichen Wollen und Handeln besteht, liegt es dann in wesenseigenen Akten religiösen Gefühls? Dies ist die Auffassung eines *Irrationalismus* der Religionserklärung. Demnach ist Religion Sache des Gefühls, nämlich eines eigenen religiösen Gefühls, das Gott ursprünglicher erfährt als theoretische Erkenntnis. Jede Aussage, die wir über Gott und religiöse Inhalte machen, ist demnach eine nachträgliche begriffliche Formulierung der ursprünglich irrationalen religiösen Erfahrung. Diese Auffassung geht auf Schleiermacher zurück und hat mannigfache Fortbildungen erfahren: in der protestantischen Theologie bei Ritschl und Sabbatier u. a., im katholischen Raum durch den Modernismus von Loisy, Tyrrell u. a.; sie wurde später neubelebt durch R. Otto. Doch wird auch diese Auffassung dem Phänomen des Religiösen nicht voll gerecht, weil sicher ein, wenn auch oft unausdrückliches Erkenntniselement in das religiöse Verhalten eingeht und es sich in frei personaler Anerkennung und Anbetung Gottes vollzieht, wenn es auch seinem Wesen gemäß den ganzen Menschen erfaßt und ein Mitschwingen der personalen Ganzheit bedingt, die wir als Gefühl erleben. Dies ist eine Folge religiösen Verhaltens, jedoch nicht sein ursprüngliches Wesen. Es kann auch ohne entsprechendes Gefühl, vielleicht sogar gegen den Widerstand des Gefühls als treu sich unterwerfende Hingabe an Gott geschehen.

Daraus folgt, daß zwar ein Erkenntniselement vorausgesetzt ist, das unthematisch und unreflektiert bleiben kann, in dem aber doch die Abhängigkeit des Menschen von göttlichen Mächten erfahren wird. Der eigentlich religiöse Akt liegt aber in der freien Hinwendung des Menschen zu Gott, also in einem Willenselement der Verehrung und eigenen Unterwerfung, der Anbetung, des Vertrauens und der Liebe. Dies führt entsprechend der personalen Ganzheit des Menschen zu einem Mitschwingen des Gefühls als naturgemäßer Folge, die aber nicht immer und notwendig gegeben ist. Jedenfalls ist aber das religiöse Verhalten der ganzheitlich menschliche Bezug auf den absoluten Seinsgrund. Es ist einerseits etwas, das aus der Ganzheit unseres Menschseins vollzogen wird und eine gesamte Sinngebung des menschlichen Daseins in all seinen Bereichen bedeutet, anderseits der Bezug auf den absoluten Sinngrund, aus dem allein die Ganzheit menschlichen Daseins erst seinen vollen, unbedingten Sinn zu erreichen vermag. Wenn auch in manchen Formen der Religion dieser Sinngrund als unpersönliche Macht verstanden wird, so sind dies defiziente Modi des Religiösen, das sein Wesen erst voll erreicht, daher erst im eigentlichen Sinn als Religion bezeichnet werden kann, wenn der Bezug auf einen absolut personalen Sinngrund, den persönlichen Gott, vollzogen wird.

In der Gegenwart ist es vielfach üblich geworden, unter dem Begriff der Religion allein die äußeren Formen zu verstehen, in denen sich das Verhalten des Menschen zu Gott oder, allgemeiner: zu höheren göttlichen Mächten und Kräften ausdrückt, also die religiöse Sprache, die Formen kultischer Gottesverehrung in Gebet und Opfer, die Gesamtheit religiöser Institution und Konvention einer Religionsgemeinschaft. Wenn etwa – von D. Bonhoeffer – ein Gegensatz zwischen Religion und Christentum genannt und ein „religionsloses Christentum“ gefordert wird, so ist unter „Religion“ allein das konventionelle und institutionelle Element religiöser Formen, also ein menschliches System des Redens und Handelns gemeint, in dem der Mensch sich durch eigenes Tun des Göttlichen bemächtigen und seines Heils versichern will. Gerade dadurch verschließt er sich aber gegen Gott, er will sich absichern gegenüber dem Gott, der als der „ganze Andere“, als Blitz von oben in die Welt einbricht und in Christus unser Heil wirkt, damit aber alle „Religionen“ – als menschliche Systeme – aufhebt und widerlegt, als widergöttlich demaskiert und jenseits aller Religion den Glauben an das Heilswirken Gottes verlangt.

Dem liegt jedoch ein ganz bestimmter, schon abgeleiteter und eingeengter Begriff der Religion zugrunde, der einen ursprünglicheren und volleren Begriff der Religion voraussetzt. Es ist ein abgeleiteter Religionsbegriff gegenüber dem allgemeinen Sprachgebrauch, in dem wir das Wort „Religion“ in einem weiteren und zugleich tieferen Sinn verstehen. Wir sprechen auch von religiösem Glauben, religiösen Motiven und Gesinnungen, wir verstehen auch inneres Gebet als eigentlich religiöses Geschehen. Überdies könnten wir die äußeren Formen, Konventionen und Institutionen gar nicht als religiöse verstehen, es sei denn von der eigenen religiösen Gesinnung her, woraus wir die Eigenart und den Sinn des Religiösen erfahren, das sich in den äußeren Formen mehr oder minder adäquat ausspricht. Daher ist dieser Religionsbegriff nicht nur abgeleitet, sondern auch inhaltlich eingeengt, weil Religion ursprünglicher und umfassender das gesamte menschliche Verhalten meint, das sich ausdrücklich Gott oder dem Göttlichen zuwendet, also die Gesamtheit menschlicher Akte der Verehrung und Anbetung, der Bitte und Reue, des Dankes, des Vertrauens und der Liebe, in denen wir uns frei und personal auf Gott beziehen. Dazu gehören innere Akte des Gebetes, der inneren Gesinnung gegen Gott, die aber in der Sprache zu Wort kommen, in äußeren Handlungen sich ausdrücken und sich in bestimmten rituellen Formen konkretisieren. Sicher können diese Elemente nicht vollkommen getrennt werden. Denn auch der Vollzug religiöser Gesinnungen und Haltungen ist mitbestimmt durch die religiöse Sprache und durch die Formen der Glaubensgemeinschaft, zu der man sich bekennt. Anderseits aber geht die innere Gesinnung des Glaubens, die eigene religiöse Erfahrung mitbestimmend und sinngebend ein in den Vollzug äußerer Formen religiösen Sprechens und Handelns, religiöser Kultformen der Gemeinschaft usw. Man muß dieses Ganze als Einheit sehen, in der die einzelnen Elemente sich gegenseitig bedingen und durchdringen.

c) Vollzug der Transzendenz

Die Frage ist aber, ob und wieweit sich in dieser Ganzheit religiösen Tuns die ursprüngliche Transzendenz des Menschen thematisiert und konkretisiert oder ob diese dadurch schon verfälscht, ihrem Wesen entfremdet wird. Die menschliche Transzendenz ist ursprünglich eine transzendentale Größe, eine Bedingung der Möglichkeit des gesamten spezifisch menschlichen Selbstvollzugs, und wird als solche unthematisch miterfahren in der menschlichen Selbst- und Welterfahrung. Soll sie thematisch werden, ausdrücklich zum Bewußtsein kommen und frei vollzogen werden, so muß sie sich im Medium unseres menschlichen Sprechens und Handelns vermitteln, sie muß sich ausdrücken und auswirken, sich konkretisieren und objektivieren. Das geschieht im religiösen Sprechen und Handeln.

Nun wird aber nicht nur eine zuvor gemachte Erfahrung der Transzendenz nachträglich – mehr oder minder adäquat – im religiösen Verhalten zum Ausdruck gebracht und thematisch gemacht, sondern das Geschehen religiösen Sprechens und Handelns wirkt auch umgekehrt auf die Erfahrung der Transzendenz zurück. Religiöses Tun ist selbst ein vorzüglicher Ort solcher Erfahrung, worin wir uns der Angewiesenheit auf das Absolute, auf Gott, ausdrücklich bewußt werden. Das ist aber nur möglich, weil und insofern der Mensch immer schon wesenhaft bezogen ist auf Gott. Zugleich wird aber diese ursprüngliche Bezogenheit, die wir darin erfahren, im religiösen Sprechen und Handeln schon ausgelegt, d. h. sie kann gar nicht rein und unmittelbar sich selbst ausdrücklich machen, es sei denn im Medium eines bestimmten religiösen Verständnisses, einer religiösen Sprache, eines bestimmten Glaubens und seines Verständnishori-

zonts, der gerade im religiösen Tun thematisch aktuiert und artikuliert wird, und in dem die transzendente Grunderfahrung sich selbst versteht und auslegt.
Dies gilt von jeder Religion, es ist aber von besonderer Bedeutung im Christentum, weil es uns durch die göttliche Offenbarung in Christus erst verbindlich sagt, was wir als Menschen vor Gott nicht nur sind, sondern als was wir uns auch immer schon, wenn auch unthematisch, erfahren. Es gibt keine reine und unmittelbare Selbstauslegung des Menschen, keine reine Explikation seiner Selbsterfahrung, sondern immer nur eine solche, die sich selbst vermittelt im Medium des Wortes, das uns anspricht und aufruft, uns zu uns selbst bringt und unsere Antwort fordert. Im christlichen Glauben wird das menschliche Selbstverständnis vermittelt durch das Wort Gottes, das uns zugesprochen wird und die Antwort unseres Glaubens verlangt. Insofern ist die konkrete Religion Medium der Transzendenzerfahrung, die darin sich selbst interpretiert. Weil aber die ausdrückliche Explikation wesentlich in den Formen menschlichen Sprechens und Handelns geschieht, kann darin die Transzendenz, die wir ursprünglich erfahren, niemals adäquat zum Ausdruck kommen, nie definitiv ihren vollen Ausdruck finden. Sie ist zwar angewiesen auf die religiöse Thematisierung, aber sie geht nicht darin auf, sondern weist immer notwendig darüber hinaus, weil Gott alles menschliche Sprechen und Tun, Erfahren und Verstehen immer noch unendlich übersteigt.

Das gilt schon von der religiösen Sprache, in der wir das Transzendente, das Heilige und Göttliche nennen, aber in Worten menschlicher Sprache und damit in Kategorien, die unserer Erfahrung entstammen und sie in einem Sinnverständnis auslegen, das unserer Erfahrungs- und Verständniswelt entspringt. Werden diese Worte in ihrem unmittelbaren Sinn festgehalten, so bedeutet das eine Relativierung des Absoluten, eine Verendlichung des Unendlichen, eine Vergegenständlichung des Unverfügbaren. Das darin Gemeinte wird zu einem Ding unter Dingen unserer Welt, und das bedeutet ein mythisches Weltbild, in dem das Wesen der Transzendenz Gottes, des ganz Anderen, des absolut Überlegenen verfälscht wird. Aber gerade die transzendente Erfahrung – oder, sofern sie im religiösen Tun geschieht, können wir konkreter sagen: die religiöse Erfahrung – ist die Instanz, die eine begriffliche Festlegung sowohl verlangt als auch korrigiert, indem sie darüber hinausgeht, sich in ihr nicht endgültig einfangen und festlegen läßt, sondern um das „Unaussprechbare" weiß, das menschliche Wort als inadäquat erfährt gegenüber dem göttlichen Geheimnis. Hier liegt der Grund einer notwendigen Analogie religiöser Sprache, die das Gemeinte und Angezielte zwar in menschlichen Worten aussprechen muß, zugleich aber sich selbst übersteigt in das unbegreifliche und aussprechbare Geheimnis.
Dasselbe gilt vom religiösen Handeln, in dem wir uns auf das Heilige und Göttliche, auf den transzendenten Gott beziehen. Wir müssen diesen Bezug handelnd zum Ausdruck bringen in religiösen Formen des Kults, in Gebet und Opfer, im Gottesdienst der Gemeinschaft. Aber solange man dabei meint, damit das Göttliche zu ergreifen, sich durch eigenes Tun verfügbar zu machen, sich des eigenen Heils zu bemächtigen und zu versichern, ist es eine magische Religionsform, die als solche das Verhältnis des Menschen zu Gott, das Wesen der Religion und das Wesen Gottes selbst verfälscht.

Wieder ist es die transzendente oder konkreter die religiöse Erfahrung unserer Verwiesenheit auf die Unverfügbarkeit Gottes, die über ein solches Verständnis – oder Mißverständnis – religiösen Handelns hinausgeht und es als inadäquat, das Heilige und Göttliche nur symbolhaft darstellend und erreichend ausweist.
Daraus ergibt sich – zusammenfassend – ein Wesensverhältnis zwischen Transzendenz und Religion. Die Erfahrung der Transzendenz, sofern sie eine unthematische und transzendentale Größe ist, muß, um ausdrücklich bewußt zu werden und im freien Vollzug bejaht und verwirklicht zu werden, sich selbst vermitteln im religiösen Tun, im religiösen Sprechen und Handeln. Umgekehrt lebt alles religiöse Tun von der transzendenten Grunderfahrung. Es ist nur möglich und sinnvoll auf ihrem Boden und es vermittelt immer neu die Transzendenz: als religiöse Erfahrung unserer Bezogenheit und Angewiesenheit auf Gott. Weil aber die Transzendenz des Menschen nicht adäquat eingeht in die konkreten Formen religiösen Tuns, werden diese dadurch immer von neuem transzendiert, korrigiert und relativiert, dadurch als analog und symbolhaft ausgewiesen gegenüber dem göttlichen Geheimnis, das sich darin zugleich offenbart und verhüllt. Dies anzuerkennen und sich vertrauend ihm auszuliefern, ist Glaube, der alles philosophische Wissen übersteigt, aber erst den letzten Sinngrund des menschlichen Daseins erreicht.

Anmerkungen

Einführung

1 Vgl. Demokrit: Diels-Kranz (DK) B 34
2 Anaximander: DK B 1
3 Heraklit: DK B 115
4 Ebd. B 1
5 Ebd. B 112f
6 Ebd. B 51; vgl. 53 u. a.
7 Parmenides: DK B 3; vgl. 6, 8 u. a.
8 Protagoras: DK B 1
9 Platon, Phaidon 72 c–84 b und 102 a–107 b; Politeia 608–610
10 Aristoteles, De Anima II, 1 und 2, 412 a–414 b
11 Heraklit DK B 90
12 Nietzsche, VI, 231f, 314ff, 334, 469; VIII, 212; XII, 369, 404, 405, 409 u. a.; zitiert nach Nietzsches Werken, Leipzig 1894–1912.
13 Thales: DK A 1, 71, 12f
14 vgl. Anaximander: DK B 1
15 M. Buber; 1962
16 Kant: WW VII, 119
17 Kant: WW IX, 25
18 Engels an Marx (11. od. 12 Dez. 1859): MEW, Bd. 29, 524
19 Marx an Engels (19. Dez. 1860): MEW, Bd. 30, 130–131
20 Marx, Zur Kritik der Hegelschen Rechtsphilosophie: MEW, Bd. 1, 378
21 Marx, Thesen über Feuerbach: MEW, Bd. 3, 6
22 Dazu bes. Le Milieu divin, Paris 1957
23 Nietzsche, VI, 46
24 Nietzsche, VI, 13
25 Nietzsche, V, 163

I. Kapitel

1 Vgl. das „Gesetz der natürlichen Künstlichkeit“ bei H. Plessner, (²1965), 305–321
2 Kant: Kritik der reinen Vernunft A 391
3 Husserl, Erfahrung und Urteil; die Krisis der europäischen Wissenschaften (Husserliana VI);
4 Heidegger, Sein und Zeit, 52ff; Vom Wesen des Grundes, 36f
5 Schelling: bes. Darstellung des philosophischen Empirismus, WW X, 227–286 (Schröter V, 271–332)
6 Hegel: bes. Phänomenologie des Geistes, welche die „Wissenschaft der Erfahrung des Bewußtseins« ist; vgl. Ausgabe Hoffmeister; Hamburg 1952, 61
7 Scheler, (⁷1966), 56
8 Vgl. dazu Barnet (1968), Claessens (²1970), Comfort (1970), Eibl-Eibesfeld (²1969), (1970), Haseloff (1970), Lorenz (⁴1971), (1965), Malewski (1967), Rauh (1968) u. a.
9 Scheler (⁷1966), 48
10 Vgl. Scheler, 45f
11 Gehlen 33
12 Ebd.
13 Ebd.

14 Nietzsche, VII, 431: Der Mensch ist „unsicherer, wechselnder, unfestgestellter als irgendein Tier sonst"
15 Plessner, ([2]1965), 309 ff
16 A. a. O., 321 ff
17 A. a. O., 341 ff
18 A. a. O., 342
19 Hegel, WW (Glockner) II 34
20 Ebd.
21 Scheler, 65 f

II. Kapitel

1 Vgl. Fichte: Grundlage der gesamten Wissenschaftslehre: WW I 94 ff
2 Nach Aristoteles sagen wir, ein Mensch ist frei, wenn er „um seiner selbst willen und nicht um eines anderen willen ist": Met. I 2, 982 b, 25 f; vgl. die Aussage Kants, daß die Person „Zweck an sich selbst ist" und „nicht als bloßes Mittel gebraucht werden darf": WW IV 429 ff
3 Vgl. Heidegger: „Dasein ist ein Selbst, d. h. ein Seiendes, das zu sein ihm anheimgegeben ist. Im Sein dieses Seienden geht es um dessen Seinkönnen. Das Dasein ist so, daß es umwillen seiner existiert ... Das Dasein existiert umwillen seiner": Vom Wesen des Grundes, 37 f
4 Augustinus: De vera religione 39, 72; De trinitate X 10, 14
5 Descartes: Meditationes de prima phil. II, 3 u. a.
6 Vgl. Kants transzendentale Apperzeption des reinen „Ich denke": Kritik der reinen Verunft A 131 f
7 Fichte; WW I, 91 ff
8 Scheler; 58 f
9 Thomas von Aquin: Summa theol. II II 8, 1 c; vgl. De veritate 1, 12 c
10 Vgl. die „Als-Struktur" des Verstehens bei Heidegger, Sein und Zeit, 149; dazu Coreth, Grundfragen der Hermeneutik, bes. 82 ff, 96 ff
11 Vgl. Fichtes Wissenschaftslehre 1801: WW II 9; dazu Maréchal, Lotz (1957), Coreth (1980)
12 Vgl. Met. IV, 1. 1003 a 21 ff
13 Zum griechischen Freiheitsbegriff (eleutheria): Pohlenz (1955), Nestle (1967); zur Problemgeschichte der Freiheit: Coreth (1985)
14 Thomas von Aquin: bes. S. Th. I 82, 1 c; De ver. 22, 5 c; 2 Sent. 25, 1,4 ad 1; 2 c und 5 c; De malo 6, 1 ad 25; vgl. Riesenhuber (1971)
15 Spinoza: Ethica I, Def. 7
16 Marx, MEW, Bd. 3,6
17 Dazu Rintelen (1932), Gutwenger (1952)
18 Vgl. Aristoteles, Nik. Eth. I, 6, 1097 b f
19 Hegel, Enzyklopädie 1830, hrsg. von F. Nicolin und O. Pöggeler, Hamburg [6]1959, § 469, 380; vgl. WW X, 365
20 Vgl. Hildebrand (1959), bes. 118 ff, u. a.
21 S. th. II – II, q 182, a 1
22 In libr. de causis 15; vgl. De verit. 1, 9 c und 10, 9 c. Dieselbe Grundeinsicht durchzieht in verschiedenen Formen auch die neuere Philosophie, z. B. bei Descartes, Kant, Fichte, Hegel, Husserl, Heidegger u. a.
23 Vgl. Coreth (1980); bes. § 60 (344 – 347) und § 65 (363 – 367)

III. Kapitel

1 Vgl. Aristoteles, De anima III, 11, 434 a 7 u. ö. In der Scholastik wird „animal rationale" zur geläufigen Definition des Menschen, so bei Thomas von Aquin, z. B. S.c.g. III, 39; vgl. De pot. 8,4 obj.5; 9,2 ad 10; S.th. I, 29,4 ad 2 u. a.
2 Vgl. Rahner ([2]1957)
3 Aristoteles: De anima II, 1, 412 b 6ff
4 S. th. I, 13, 9 c; 61, 1 obj. 2; 75, 2 ad 1 und 2; 76, 1 ad 1; S. c. g. I, 65 u. a.
5 Konzil von Vienne, DS 902 (481); V. Laterankonzil, DS 1440 (738)
6 Leibniz: Monadologie § 7
7 Plessner, 288 ff
8 In libr. de causis 1, 15
9 Politeia IV, 439ff, VIII, 550f u. a.
10 Einen Gegensatz zwischen „Leben" und „Geist" statuiert bes. M. Scheler: ([7]1966); noch schärfer L. Klages
11 De anima II, 2, 412 b 5f
12 Ebd. 6–8
13 Ebd. 8f
14 Ebd. 12f
15 Ebd. 18ff
16 Z. B. Rahner, ([2]1957)
17 Dazu: Bollnow (1976), Boros ([4]1964), Knapp (1970), Plügge (1967), Siewerth ([2]1963)
18 DS 301 (148)
19 DS 421 (213)
20 Thomas von Aquin: 1 Sent. 23, 1 c; vgl. S. th. I, 29, 3 obj. 2 und ad 2; u. a.
21 Boethius: De persona et duabus naturis, C 3
22 Thomas von Aquin: S. th. I, 29, 3 c: „persona significat ... subsistens in rationali natura; 4 c: persona ... significat id quod est distinctum in natura illa; u. a. Thomas bezeichnet die Person auch als „individuum rationalis naturae": S. th. I, 29, 3 ad 2
23 Scheler, 47ff
24 Satura (1970), bes. 16ff (dort weitere Literatur); zum Begriff „Person": Kröger (1967)

IV. Kapitel

1 Aristoteles: Nik. Eth. bes. VIII und IX
2 Fichte: Grundlage des Naturrechts, WW III, 39
3 Bes. M. Scheler, F. Ebner, M. Buber, G. Marcel, R. Guardini, D. v. Hildebrand, A. Brunner u. a.; zum Personalismus in der neueren Psychologie vgl. V. Satura
4 Vgl. dazu Brunner (1951), auch (1948) und (1950)
5 Aristoteles: Nik. Eth. IX, 5, 1166 b 30ff
6 vgl. dazu Tönnies, F. ([2]1970), Litt, Th. ([3]1926), Hildebrand, D. v. ([2]1955), Nell-Breuning, O. v. (1950), Klüber, F. (1963), Wiese, L. v. (1962)
7 Brunner, A. (1961), Hünermann, P. (1967), Kasper, W. (1965)
8 Gadamer ([2]1965)
9 Rolfes (1971)
10 vgl. dazu Lubac, H. de (1950), Rahner, K. (1971), Tillich, P. (1962), Berger, L. (1970), Schulz, W. (1957), Weischedel, W. (1971), Welte B. (1979)

Literatur

Alland, Alexander: Evolution und menschliches Verhalten. Stuttgart 1970.

Barnett, S. A.: Instinkt und Intelligenz. Rätsel des tierischen und menschlichen Verhaltens. Gladbach 1968.

Baruzzi, Arno: Mensch und Maschine. Das Denken sub specie machinae. München 1973.

Baumgartner, Hans Michael/Rüsen, Jörn (Hg.): Geschichte und Theorie. Umrisse einer Historik. Frankfurt 1976.

Beck, Heinrich: Kulturphilosophie der Technik. Perspektiven zu Technik, Menschheit, Zukunft. Trier 1979.

Berger, Peter L.: Auf den Spuren der Engel. Die moderne Gesellschaft und die Wiederentdeckung der Transzendenz. Frankfurt 1970.

Bergson, Henri: L'Évolution créatrice. Paris 1907.

Bieri, Peter (Hg.): Analytische Philosophie des Geistes (Philosophie. Analyse und Grundlegung 6). Königstein/Ts. 1981.

Blondel, Maurice: Die Aktion. Freiburg 1966. (L'action. Essai d'une critique de la vie et d'une science de la pratique. Paris 1893.)

Bollnow, Otto Friedrich: Mensch und Raum. Stuttgart ^{3}1976.

Boros, Ladislaus: Mysterium mortis. Der Mensch in der letzten Entscheidung. Olten ^{4}1964.

Breuer, Reinhard: Das anthropische Prinzip. Der Mensch im Fadenkreuz der Naturgesetze. München 1981.

Bruaire, Claude: Philosophie du corps. Paris 1968.

Brugger, Walter (Hg.): Philosophisches Wörterbuch. Freiburg ^{15}1978.

Brunner, August: Erkenntnistheorie. Köln 1948.
Der Stufenbau der Welt. München 1950.
Glaube und Erkenntnis. München 1951.
Geschichtlichkeit. Bern 1961.

Brunner, Emil: Der Mensch im Widerspruch. Die christliche Lehre vom wahren und wirklichen Menschen. Zürich ^{4}1965.

Buber, Martin: Das Problem des Menschen. Heidelberg ^{2}1962.
Das dialogische Prinzip. Heidelberg 1965.

Bürklin, Helmut: Ein Gott für Menschen. Entwurf einer christlichen Anthropologie nach Blaise Pascal. Freiburg/Br. 1976.

Buytendijk, F. J. J.: Mensch und Tier. Ein Beitrag zur vergleichenden Psychologie. Hamburg-Reinbek 1958.

Carr, Edward H.: Was ist Geschichte? Stuttgart 1963.

Casper, Bernhard: Das dialogische Denken. Eine Untersuchung der religionsphilosophischen Bedeutung Franz Rosenzweigs, Ferdinand Ebners und Martin Bubers. Freiburg–Basel–Wien 1967.

Claessens, Dieter: Instinkt, Psyche, Geltung. Köln ^{2}1970.

Comfort, Alex: Natur und menschliche Natur. Hamburg 1970.

Coreth, Emerich: Grundfragen der Hermeneutik. Freiburg 1969.
Metaphysik. Eine methodisch-systematische Grundlegung. Innsbruck ^{3}1980.
Vom Sinn der Freiheit. Innsbruck 1985.

Dempf, Alois: Theoretische Anthropologie. Bern 1950.

Derrida, Jacques (Hg.): Randgänge der Philosophie. Berlin 1976.

Diels-Kranz: Die Fragmente der Vorsokratiker. Berlin ^{7}1954.

Diemer, Alwin: Philosophische Anthropologie. Düsseldorf 1978.

Dilthey, Wilhelm: Ideen über eine beschreibende und zergliedernde Psychologie. Berlin 1984.

Ebner, Ferdinand: Das Wort und die geistigen Realitäten. Regensburg 1935.

Eccles, John C.: The Human Psyche. The Gifford Lectures. University of Edinburgh 1978–1979. Berlin–Heidelberg 1980.

Eccles, John C./Zeier, Hans: Gehirn und Geist. Biologische Erkenntnisse über Vorgeschichte, Wesen und Zukunft des Menschen. München 1980.

Eibl-Eibesfeld, Irenäus: Grundriß der vergleichenden Verhaltensforschung. München ^{2}1969.

Eigen, Manfred/Winkler, Ruthild: Das Spiel. Naturgesetze steuern den Zufall. München 1975.

Eliade, Mircea: Kosmos und Geschichte. Hamburg–Reinbek 1966.
(Le mythe de l'éternel retour. Paris 1949.)

Fast, Julius: Körpersprache. Hamburg–Reinbek 1971.

Frankl, Viktor: Der Mensch vor der Frage nach dem Sinn. München 1979.

Freud, Sigmund: Gesammelte Werke. Frankfurt 1969.

Frey, Gerhard/Zelger, Josef (Hg.): Der Mensch und die Wissenschaft vom Menschen. (Beiträge des XII. Dt. Kongresses für Philosophie in Innsbruck). 2 Bde. Innsbruck 1983.

Gadamer, Hans-Georg: Wahrheit und Methode. Tübingen ^{2}1965.

Gadamer, Hans-Georg/Vogler, Paul: Neue Anthropologie. 7 Bde. Stuttgart–München 1972–1975.

Gehlen, Arnold: Der Mensch. Seine Natur und seine Stellung in der Welt (1940). Bonn ^{4}1950.
Anthropologische Forschung. Zur Selbstbegegnung und Selbstentdeckung des Menschen. Hamburg–Reinbek 1961.
Urmensch und Spätkultur. Philosophische Ergebnisse und Aussagen. Frankfurt ^{2}1964.

Görres, Albert: An den Grenzen der Psychoanalyse. München 1968.

Gordan, Paulus (Hg.): Menschwerden – Menschsein. Graz 1983.

Guardini, Romano: Die Annahme seiner selbst. Würzburg 1960.

Gutwenger, Engelbert: Wertphilosophie mit besonderer Berücksichtigung des ethischen Wertes. Innsbruck 1952.

Haeffner, Gerd: Philosophische Anthropologie. Stuttgart 1982.

Hagemann-White, Carol: Legitimation als Anthropologie. Eine Kritik der Philosophie Arnold Gehlens. Stuttgart 1973.

Hammer, Felix: Die exzentrische Position des Menschen. Bonn 1967.
Leib und Geschlecht. Philosophische Perspektiven von Nietzsche bis Merleau-Ponty und phänomenologisch-systematischer Aufriß. Bonn 1974.

Hartmann, Nicolai: Das Problem des geistigen Seins. Berlin 1933. Ethik. Berlin ^{2}1935.

Haseloff, Otto Walter: Struktur und Dynamik des menschlichen Verhaltens. Stuttgart 1970.

Heberer, Gerhard: Die Evolution der Organismen. 3 Bde. Stuttgart ^{3}1967 ff.
Moderne Anthropologie. Eine naturwissenschaftliche Menschheitsgeschichte. Hamburg–Reinbek 1973.

Heidegger, Martin: Sein und Zeit. Halle/Saale 1927.
Platons Lehre von der Wahrheit (1931 f.). In: Wegmarken. Frankfurt 1976, 203–238.
Vom Wesen der Wahrheit (1943). In: Wegmarken. Frankfurt 1976, 177–202.
Vom Wesen des Grundes. Frankfurt ^{4}1955.
Nietzsche. 2 Bde. Pfullingen 1961.

Hengstenberg, Hans Eduard: Philosophische Anthropologie. Stuttgart ^{3}1966.

Hildebrand, Dietrich von: Metaphysik der Gemeinschaft. Regensburg ^{2}1955.
Christliche Ethik. Düsseldorf 1959.

Hofer, Helmut/Altner, Günther: Die Sonderstellung des Menschen. Naturwissenschaftliche und geisteswissenschaftliche Aspekte. Stuttgart 1972.

Hünermann, Peter: Der Durchbruch des geschichtlichen Denkens im 19. Jahrhundert. Freiburg 1967.

Hüttenbügel, Johannes: Gott–Mensch–Universum. Köln 1974.

Husserl, Edmund: Ideen zu einer reinen Phänomenologie und phänomenologischen Philosophie (1913), (Husserliana III). Den Haag 1950.
Die Krisis der europäischen Wissenschaften (Husserliana VI). Den Haag 1954.
Erfahrung und Urteil. Hamburg ^{2}1954.

Jaspers, Karl: Philosophie. 3 Bde. Berlin 1932.
Nietzsche und das Christentum. München 1963.

Kamlah, Wilhelm: Philosophische Anthropologie. Sprachkritische Grundlegung und Ethik. Mannheim 1972.
Kasper, Walter: Das Absolute in der Geschichte. Mainz 1965.
Keiter, Friedrich (Hg.): Verhaltensforschung im Rahmen der Wissenschaft vom Menschen. Göttingen 1969.
Kierkegaard, Sören: Philosophische Brocken (1844). Düsseldorf 1960.
Der Begriff Angst (1844). Regensburg 1965.
Die Krankheit zum Tode (1849). Regensburg 1957.
Klages, Ludwig: Der Geist als Widersacher der Seele. 3 Bde. München [3]1954.
Klüber, Franz: Individuum und Gemeinschaft in katholischer Sicht. Brückeburg 1963.
Knapp, Guntram: Mensch und Krankheit. Stuttgart 1970.
Koenigswald, G. H. R. von: Die Geschichte des Menschen. Berlin [2]1968.
Kopper, Joachim: Die Dialektik der Gemeinschaft. Frankfurt 1960.
Krings, Hermann u. a. (Hg.): Handbuch philosophischer Grundbegriffe. 3 bzw. 6 Bde. München 1973.
Kröger, Athanasius: Mensch und Person. Moderne Personbegriffe in der katholischen Theologie. Recklinghausen 1967.
Landmann, Michael: Der Mensch als Schöpfer und Geschöpf der Kultur. Geschichts- und Sozialanthropologie. München 1961.
De homine. Der Mensch im Spiegel seines Gedankens. Freiburg 1962.
Philosophische Anthropologie. Menschliche Selbstdeutung in Geschichte und Gegenwart. Berlin [2]1964.
Das Ende des Individuums. Anthropologische Skizzen. Stuttgart 1971.
Lersch, Philipp: Aufbau der Person. München [8]1962.
Lévi-Strauss, Claude: Das wilde Denken. Frankfurt 1968.
Strukturale Anthropologie. Frankfurt [2]1971.
Liebrucks, Bruno: Sprache und Bewußtsein. 5 Bde. Frankfurt 1964–1970.
Litt, Theodor: Individuum und Gemeinschaft. Leipzig [3]1926.
Mensch und Welt. Grundlinien einer Philosophie des Geistes. München 1948.
Locker, Alfred (Hg.): Evolution – kritisch gesehen. Salzburg–München 1983.
Lorenz, Konrad: Über tierisches und menschliches Verhalten. 2 Bde. München 1965.
Das sogenannte Böse. Zur Naturgeschichte der Aggression. Wien [20]1966.
Vom Weltbild des Verhaltensforschers. München [4]1971.
Die Rückseite des Spiegels. Versuch einer Naturgeschichte menschlichen Erkennens. München 1973.
Lotz, Johannes Baptist: Das Urteil und das Sein. Pullach 1957.
Der Mensch im Sein. Freiburg 1967.
Person und Freiheit. Eine philosophische Untersuchung mit theologischen Ausblicken. Freiburg/Br. 1979.
Mensch-Sein-Mensch. Rom 1982.
Lubac, Henri de: Die Tragödie des Humanismus ohne Gott. Salzburg 1950.
Lübbe, Hermann: Geschichtsbegriff und Geschichtsinteresse. Analytik und Pragmatik der Historie. Basel–Stuttgart 1977.
Malewski, Andrzej: Verhalten und Interaktion. Tübingen 1967.
Marcel, Gabriel: Christlicher Existentialismus. Warendorf 1951. (Existentialisme chrétien. Paris 1947.)
Sein und Haben. Paderborn 1954. (Être et avoir. Paris 1935.)
Schöpferische Treue. München–Paderborn–Wien 1963. (Du refus à l'invocation. Paris 1940.)
Maréchal, Joseph: Le point de départ de la metaphysique. Bd. 5. Brüssel [2]1949.
Merleau-Ponty, Maurice: Phänomenologie der Wahrnehmung. Berlin 1966. (Phénoménologie de la perception. Paris 1945.)
Metz, Johannes Baptist: Christliche Anthropozentrik. München 1962.

Möller, Joseph: Menschsein: ein Prozeß. Entwurf einer Anthropologie. Düsseldorf 1979.
Moltmann, Jürgen: Mensch. Christliche Anthropologie in den Konflikten der Gegenwart. Stuttgart 1971.
Mühlmann, Wilhelm Emil (Hg.): Homo creator. Abhandlungen zur Soziologie, Anthropologie und Ethnologie. Wiesbaden 1962.
Müller, Max: Erfahrung und Geschichte. Grundzüge einer Philosophie der Freiheit als transzendentale Erfahrung. München 1971.
Sinn-Deutungen der Geschichte. Zürich 1976.
Sein und Geist. Freiburg – München ^{2}1981.
Neidl, Walter: Das Menschenbild in der abendländischen Tradition. In: ZkTh 101 (1979) 316–328.
Der dialogische Personalismus Martin Bubers im Lichte christlicher Philosophie. In: Gottesherrschaft-Weltherrschaft (Festschrift für R. Graber). Regensburg 1980, 143–157.
Die Sorge um das Ganze. Erwägungen zum Natur-Verständnis in C. Fr. Weizsäckers Buch „Der Garten des Menschlichen". In: ZkTh 105 (1983) 315–331.
Nell-Breuning, Oswald von: Einzelmensch und Gesellschaft. Heidelberg 1950.
Nestle, Dieter: Eleutheria. Tübingen 1967.
Overhage, Paul: Das Problem der Humanisation (Quaestiones disputatae 12/13). Freiburg 1961.
Die Evolution des Lebendigen (Quaestiones disputatae 20/21). Freiburg 1964.
Pannenberg, Wolfhart: Was ist der Mensch? Die Anthropologie der Gegenwart im Lichte der Theologie. Göttingen ^{6}1981.
Anthropologie in theologischer Perspektive. Göttingen 1983.
Pascal, Blaise: Über die Religion und über einige andere Gegenstände (Pensées). Hrsg. von E. Wasmuth. Heidelberg ^{7}1972.
Paus, Ansgar (Hg.): Freiheit des Menschen. Graz 1974.
Plessner, Helmut: Die Stufen des Organischen und der Mensch. Berlin ^{2}1965.
Philosophische Anthropologie. Frankfurt 1970.
Plügge, Herbert: Der Mensch und sein Leib. Tübingen 1967.
Pohlenz, Max: Griechische Freiheit. Heidelberg 1955.
Portmann, Adolf: Die Biologie und das neue Menschenbild. Bern 1942.
Zoologie und das neue Bild des Menschen. Hamburg – Reinbek 1956.
Biologie und Geist. Freiburg 1963.
Um das Menschenbild. Biologische Beiträge zu einer Anthropologie. Stuttgart 1964.
Biologische Fragmente zu einer Lehre vom Menschen. Basel ^{3}1969.
An den Grenzen des Wissens. Düsseldorf 1974.
Poser, Hans (Hg.): Wandel des Vernunftbegriffs. Freiburg – München 1981.
Przywara, Erich: Mensch. Typologische Anthropologie. Nürnberg 1959.
Rahner, Karl: Geist in Welt. Zur Metaphysik der endlichen Erkenntnis bei Thomas von Aquin. München ^{2}1957.
Hörer des Wortes. Zur Grundlegung einer Religionsphilosophie. Freiburg 1971.
Grundkurs des Glaubens. Einführung in den Begriff des Christentums. Freiburg 1976.
Rauh, Fritz: Das sittliche Leben des Menschen im Licht der vergleichenden Verhaltensforschung. Kevelaer/Rheinland 1968.
Reinisch, Leonhard (Hg.): Vom Sinn der Tradition. München 1970.
Ricken, Friedo: Zur Freiheitsdiskussion in der sprachanalytischen Philosophie. In: Theologie und Philosophie 52 (1977) 525–542.
Riedl, Rupert: Die Ordnung des Lebendigen. Systembedingungen der Evolution. Hamburg – Berlin 1975.
Die Strategie der Genesis. München 1976.
Biologie der Erkenntnis. Die stammesgeschichtlichen Grundlagen der Vernunft. Berlin – Hamburg 1979.
Riesenhuber, Klaus: Die Transzendenz der Freiheit zum Guten. Der Wille in der Anthropologie und Metaphysik des Thomas von Aquin. München 1971.

Rintelen, Fritz Joachim: Der Wertgedanke in der europäischen Geistesentwicklung I. Halle 1932.
Rolfes, Helmuth: Der Sinn des Lebens im marxistischen Denken. Düsseldorf 1971.
Rombach, Heinrich (Hg.): Die Frage nach dem Menschen. Aufriß einer philosophischen Anthropologie. Festschrift für M. Müller. München 1966.
Rothacker, Erich: Einleitung in die Geisteswissenschaften. Tübingen ²1930.
Probleme der Kulturanthropologie. Bonn 1948.
Die Schichten der Persönlichkeit. Bonn 1952.
Philosophische Anthropologie. Bonn ³1970.
Rudolph, Wolfgang/Tschohl, Peter: Systematische Anthropologie (UTB 639). München 1977.
Sachsse, Hans: Anthropologie der Technik. Ein Beitrag zur Stellung des Menschen in der Welt. Braunschweig 1978.
Sartre, Jean Paul: Das Sein und das Nichts. Hamburg–Reinbek 1962. (L'Être et le Néant. Paris 1943.)
Kritik der dialektischen Vernunft. Frankfurt 1967. (Critique de la raison dialectique. Paris 1960.)
Satura, Vladimir: Struktur und Genese der Person. Das psychologische Menschenbild. Innsbruck 1970.
Schaff, Adam: Marx oder Sartre? Versuch einer Philosophie des Menschen. Wien 1964.
Marxismus und das menschliche Individuum. Reinbek 1970.
Scheler, Max: Zur Phänomenologie und Metaphysik der Freiheit (1912 bis 1914). In: Gesammelte Werke. Bd. 10. Bern 1957, 155–178.
Der Formalismus in der Ethik und die materiale Wertethik (1913 bis 1916). In: Gesammelte Werke. Bd. 2. Bern ⁴1954. Die Stellung des Menschen im Kosmos. Bern ⁷1966.
Scherer, Georg: Das Problem des Todes in der Philosophie. Darmstadt 1979.
Strukturen des Menschen. Grundfragen philosophischer Anthropologie (Christliche Strukturen in der modernen Welt 19). Essen o. J.
Schulz, Walter: Der Gott der neuzeitlichen Metaphysik. Pfullingen 1967.
Philosophie in der veränderten Welt. Pfullingen 1972.
Schwidetzky, Ilse: Das Menschenbild der Biologie. Stuttgart ²1971.
Seifert, Josef: Leib und Seele. Ein Beitrag zur philosophischen Anthropologie. Salzburg 1973.
Das Leib-Seele-Problem in der gegenwärtigen philosophischen Diskussion (Erträge der Forschung 117). Darmstadt 1979.
Siewerth, Gustav: Die Freiheit und das Gute. Freiburg 1959.
Der Thomismus als Identitätssystem. Frankfurt ²1961.
Der Mensch und sein Leib. Einsiedeln ²1963.
Simon, Josef (Hg.): Freiheit. Theoretische und praktische Aspekte des Problems. Freiburg –München 1977.
Spaemann, Robert/Koslowski, Peter/Löw, Reinhard (Hg.): Evolutionstheorie und menschliches Selbstverständnis (Civitas Resultate 6). Weinheim 1984.
Splett, Jörg: Konturen der Freiheit. Zum christlichen Sprechen vom Menschen. Frankfurt/M. 1974.
Der Mensch ist Person. Zur christlichen Rechtfertigung des Menschseins. Frankfurt/M. 1978.
Splett, Jörg (Hg.): Wie frei ist der Mensch? Zum Dauerkonflikt zwischen Freiheitsidee und Lebenswirklichkeit. Düsseldorf 1980.
Steinbuch, Karl/Moser, Simon: Philosophie und Kybernetik. München 1970.
Stern, William: Person und Sache. System des kritischen Personalismus. 3 Bde. Leipzig 1906–1923.
Stüttgen, Albert: Ende des Humanismus – Anfang der Religion. Mainz 1979.
Teilhard de Chardin, Pierre: Le Milieu divin. Paris 1957. (Dt.: Der göttliche Bereich. Olten ⁴1964.)
Theunissen, Michael: Der Andere. Zur Sozialontologie der Gegenwart. Berlin 1965.
Tillich, Paul: Religionsphilosophie. Stuttgart 1962.

Tinland, Frank: La différence anthropologique. Essai sur les rapports de la nature et de l'artifice. Paris 1977.
Tönnies, Ferdinand: Gemeinschaft und Gesellschaft. Darmstadt ^{2}1970.
Tugendhat, Ernst: Selbstbewußtsein und Selbstbestimmung. Sprachanalytische Interpretationen. Frankfurt 1979.
Uexküll, Jakob von: Streifzüge durch die Umwelten von Tieren und Menschen (1934). Hamburg – Reinbek 1956.
Ulrich, Ferdinand: Leben in der Einheit von Leben und Tod. Frankfurt 1973.
Ulrich, Ferdinand (Hg.): Gegenwart der Freiheit. Einsiedeln 1974.
Vetter, August: Personale Anthropologie. Aufriß der humanen Struktur. München 1966.
Vollmer, Gerhard: Evolutionäre Erkenntnistheorie. Angeborene Erkenntnisstrukturen im Kontext von Biologie, Psychologie, Linguistik, Philosophie und Wissenschaftstheorie. Stuttgart 1975.
Weischedel, Wilhelm: Der Gott der Philosophen. Darmstadt 1971.
Weizsäcker, Carl Friedrich von: Der Garten des Menschlichen. Beiträge zur geschichtlichen Anthropologie. München ^{6}1978.
Welte, Bernhard: Im Spielfeld von Endlichkeit und Unendlichkeit. Frankfurt 1967.
Religionsphilosophie. Freiburg 1979.
Wiener, Norbert: Mensch und Menschmaschine. Kybernetik und Gesellschaft. Frankfurt ^{3}1966.
Wiese, Ludwig von: Das Ich-Wir-Verhältnis. Berlin 1962.
Wilson, Edward O.: Sociobiology: The New Synthesis. Cambridge/Mass. 1975.
Biologie als Schicksal. Die soziobiologischen Grundlagen menschlichen Verhaltens. Frankfurt – Berlin – Wien 1980. (On Human Nature. Harvard 1978.)

Namenverzeichnis

Sachregister

Von Emerich Coreth sind im Tyrolia-Verlag erschienen:

Vom Sinn der Freiheit

128 Seiten, Snolin

Der Titel des Buches ist bewußt zweideutig. Er meint die Frage, was Freiheit überhaupt bedeutet: Was verstehen wir darunter, wenn wir von Freiheit sprechen? Wie wurde sie in der Geschichte des Denkens verstanden? Zugleich und darüber hinaus ist der Sinn des realen Vollzugs der Freiheit gemeint: Wovon und wozu sind wir frei, woraufhin freigegeben? Wie findet und verwirklicht der Mensch den Sinn seiner Freiheit? Schließlich nimmt „Die Sinnfrage als Zugang zu Gott?" die Frage auf, was Sinn, Sinnbejahung und Sinnverwirklichung bedeuten.

„Das Buch empfiehlt sich durch die dem Verfasser eigene Verständlichkeit, die problemgeschichtliche Informationsfülle und die solide philosophische Orientierungshilfe in bedrängenden Lebensfragen, an denen niemand vorbeigehen kann."

(Die Zeit im Buch, Wien)

Metaphysik

Eine methodisch-systematische Grundlegung

584 Seiten, 3. Auflage

Das Buch zeigt, was Metaphysik auch in unserer Zeit sein kann und sein soll. Die bleibend gültigen Gehalte der klassischen Tradition metaphysischen Denkens werden hier aus der Problematik und in der Methodik neuerer Philosophie von Kant und Hegel bis Heidegger neu vermittelt. Der Akt des Fragens, der nicht mehr in Frage gestellt werden kann, weist zurück auf Bedingungen seiner Möglichkeit: den offenen Horizont des Seins, die grundlegenden Seinsgesetze und -strukturen, Wesen und Wirken des endlichen und des geistigen Seienden und die Einheit, Wahrheit und Gutheit des Seins. Daraus ergeben sich Einsichten in den Aufbau der materiellen und der personalen, geschichtlich-gesellschaftlichen Welt, schließlich eine Grundlegung der Religionsphilosophie aus dem Wesensbezug des Menschen auf das unbedingte und unendliche Sein Gottes.

Christlicher Glaube und Moral

Herausgegeben von Karl Golser

128 Seiten, Snolin

Es ist in der christlichen Ethik unbestritten, daß der Glaube Auswirkungen auf das sittliche Handeln und dementsprechend auch auf die Reflexion über dieses Handeln, auf die Moraltheologie hat. Allerdings gibt es beträchtliche Unterschiede in der genaueren Bestimmung dieser Relevanz des Glaubens.

Die drei Hauptteile versuchen, den Weg vom Glauben zum sittlichen Handeln modellhaft an drei Problemkreisen aufzuzeigen, und zwar an der Verfügung über menschliches Leben (Josef Fuchs), an den Geschlechtsbeziehungen (Hans Rotter) und an der Welt der Arbeit (Lothar Roos).

Julius Morel

Ordnung und Freiheit

Die soziologische Perspektive

176 Seiten

Haben diejenigen recht, die „Disziplinlosigkeit und Schrankenlosigkeit der neuen Generation" beklagen und nach „law and order" rufen, oder diejenigen, die gegen Unterdrückung und geistlose Reglementierung kämpfen? Heute zerfallen manche althergebrachten Ordnungen; Freiheit und Kreativität sind „in". Deshalb muß gründlich nachgedacht werden, wo, weshalb und inwiefern Ordnung (Regelung, Normierung) notwendig und Freiheit (Ungebundenheit, Selbstbestimmung) möglich ist. Kein Entweder-Oder, da Freiheit nicht nur trotz und gegenüber sozialen Ordnungen bestehen, sondern oft nur durch feste Regelungen ermöglicht und garantiert werden kann. Mündigkeit bedeutet, sowohl Anpassung an die geltenden Ordnungen zu verwirklichen als auch Widerstand gegen dieselben leisten zu können.

Martin Rhonheimer

Natur als Grundlage der Moral

Eine Auseinandersetzung mit autonomer und teleologischer Ethik

450 Seiten

Kann man aus der menschlichen Natur universale und objektive sittliche Normen ableiten? Viele katholische Moraltheologen haben dies während der letzten Jahre zunehmend bestritten. Durch eine Neuinterpretation des Begriffs „Naturgesetz" bei Thomas von Aquin wurde ein Begriff von „theonomer Autonomie" entwickelt, aufgrund dessen der Rekurs auf die menschliche Natur zur Begründung moralischer Normen sowie eine naturrechtliche Fundierung der Ethik als überholt erklärt werden.

Dieses Buch bildet einen wichtigen Beitrag zum Verständnis und zur aktualisierenden Weiterführung der philosophischen Ethik des hl. Thomas von Aquin sowie auch zur Begründung normativer Ethik überhaupt. Es eröffnet damit neue Perspektiven für die Möglichkeit einer naturrechtlichen Fundierung sittlicher Normen gerade auch in den Bereichen Sexualmoral und Bioethik. Es richtet sich an Fachleute, Dozenten und Studenten der Moraltheologie und -philosophie sowie an einen größeren Kreis von interessierten Personen im Bereich der Bildung, Erziehung und Kultur.